高等学校电子信息类教材

大学物理实验与实践

吴慎山　主　编

梁珍珍　张振华　副主编

電子工業出版社
Publishing House of Electronics Industry
北京 · BEIJING

内 容 简 介

全书共 8 章，从物理实验与科学、文化的关系开始，详细地介绍了测量、误差及有效数字运算，基本物理实验仪器、物理实验的基本测量技术和方法。本书实验分为基础性实验、设计性实验和综合性实验，由浅入深和分步骤、有阶段地培养学生的实践动手能力，最后介绍了十大经典物理实验。

本书介绍的实验方法和思路，分析和解决问题的方法对素质教育有着重要意义。该方法是培养学生科学精神、科学态度、科学思维的基础，也是大学生知识—能力—创新协调发展的催化剂。

本书在内容上具有很强的通用性和选择性，适于大、中专理工科各专业的教学需要。同时，也可作为高等职业技术学校相关专业参考书。

图书在版编目（CIP）数据

大学物理实验与实践/吴慎山主编. —北京：电子工业出版社，2011.4
高等学校电子信息类教材
ISBN 978-7-121-13195-0

Ⅰ. ①大… Ⅱ. ①吴… Ⅲ. ①物理学—实验—高等学校—教材 Ⅳ. ①04-33

中国版本图书馆 CIP 数据核字（2011）第 052683 号

策划编辑：王春宁
责任编辑：曲 昕
印　　刷：北京京师印务有限公司
装　　订：北京京师印务有限公司
出版发行：电子工业出版社
　　　　　北京市海淀区万寿路 173 信箱　邮编　100036
开　　本：787×1 092　1/16　印张：13.5　字数：298 千字
版　　次：2011 年 4 月第 1 版
印　　次：2016 年 12 月第 5 次印刷
定　　价：26.00 元

凡所购买电子工业出版社图书有缺损问题，请向购买书店调换。若书店售缺，请与本社发行部联系，联系及邮购电话：（010）88254888。

质量投诉请发邮件至 zlts@phei.com.cn，盗版侵权举报请发邮件至 dbqq@phei.com.cn。

服务热线：（010）88258888。

前言

本着改革的理念和开放的思维，本书高度概括和全面升华了对物理实验的深层认识，挖掘了物理实验的科学内涵和文化魅力——物理实验不仅在物理学的发展中起着决定性作用，而且在科学思想、科学哲学、科学素质的凝练中，在促进两种文化——科学文化和人文文化的融合中，发挥着不可替代的独特作用。

物理实验的卓越构思，不是一般意义上的技能和技巧，它是一种智慧、文化，是人类创造性思维的宝贵财富；物理实验对精神和物质的融合和凝练，物理实验的文化内涵和智慧光芒，将使学生终生受益……

本着这一开放的理念，本书一改实验教材编写的传统思路，不仅把“力、热、声、电、光”的结构体系变为基础理论、基本方法、基本实验、近代物理实验与综合物理实验的新体系，还增加了专题实验，开设了设计性与研究性物理实验、虚拟物理实验，创造性地介绍并引进了定性及半定量物理实验。

在大学物理实验中开设定性及半定量实验，不仅能让学生直观、透明地看到物理学作为一门实验科学的生机勃勃的“原生态”面貌，而且能带来思想的解放、智力的活跃、追求科学的热情和兴趣。本书注重实验的物理思想和设计思路，用简洁、精练的语言浓缩了相关实验的历史沿革、现实意义和应用前景，站在物理实验的前沿回望基础，并展望新的前沿。我们把目光投向历史和未来，不仅是为了寻求新的召唤，也是为了把握现实的尺度，力争使学生既能在实验室对基本的物理规律进行考察，同时又有机会吸取文化和科学的全息营养，受到从能力、素质到科学方法论的最全面的基本训练。

全书共 8 章，从物理实验与科学、文化的关系开始，详细地介绍了测量、误差及有效数字运算，基本物理实验仪器、物理实验的基本测量技术和方法。本书实验分为基础性实验、设计性实验和综合性实验，由浅入深和分步骤、有阶段地培养学生的实践动手能力，最后介绍了十大经典物理实验。

在强调素质教育的今天，本书的实验方法和思路，分析和解决问题的方法有着极其重要的意义。该方法是培养学生科学精神、科学态度、科学思维的基础，也是大学生知识—能力—创新协调发展的催化剂。

本书的绪论和第 3 章由原河南师范大学教授、现商丘学院特聘教授吴慎山编写；第 1 章、第 5 章和第 7 章由商丘学院张振华编写；第 2 章由安徽省砀山县小屯中学王建启编写；第 4 章、第 6 章和附录由商丘学院梁珍珍编写。参与本书编写的还有王建启、郭亚群、屈晓良、郝好贞、卢丹、曹玉梅、张峰、张延丽、陈瑛。

本书是编者多年教学经验的总结、提炼和升华，从认识思维到内容结构都蕴涵了独到的创新性研究成果。

本书在内容上具有很强的通用性和选择性，适合用做大、中专院校相关专业的实验教材，也可供从事电子产品开发、设计、生产的科技人员使用和参考。

由于时间仓促，编者水平有限，加之科学技术的迅猛发展，书中难免存在错误和不足，恳请同行和读者指正。

编者
于商丘学院
2011 年 4 月

目录 CONTENTS

第0章

绪论

0.1 物理实验与科学、文化和社会发展

物理学已经改变了昨天的世界，正在改变今天的世界，还将改变明天的世界。

物理学是改变世界的科学。它的发展壮大了自身，更催生了其他新的学科，为更新的学科奠定了基础。

0.1.1 物理实验与科学的发展

物理学从本质上说是一门实验科学，物理规律的研究都以严格的实验事实为基础，并且不断受到实验的检验。用人为的方法让自然现象再现，从而加以观察和研究，这就是实验。实验是人们认识自然和改造客观世界的基本手段。科学技术越进步，科学实验就显得越重要，任何一种新技术、新材料、新工艺、新产品都必须通过实验才能获得。由实验观察到的现象和测出的数据，加以总结和抽象，找出内在的联系和规律就得到理论，因此实验是理论的源泉。理论一旦提出，又必须借助实验来检验其是否具有普遍意义，实验是检验理论的手段，是检验理论的裁判。麦克斯韦提出的电磁理论（他预言电磁波存在）只有当赫兹做出电磁学实验后才被人们公认；杨振宁、李政道在 1956 年提出的基本粒子在“弱相互作用下的宇称不守恒”的理论，只有在实验物理学家吴健雄用实验验证后，才被同行学者承认，从而获得诺贝尔奖。然而，人们掌握理论的目的是应用它来指导生产实践，促进科学进步，推动社会前进。当理论在实际中应用时，仍必须通过实验，实验是理论和应用的桥梁。任何一门科学的发展都离不开实验，这就使实验物理课有了充实的教学内容。物理实验是主要基础课程之一。

任何物理概念的确立，物理规律的发现，都必须以严格的科学实验为基础。物理实验的重要性，不仅表现在通过实验发现物理定律，而且物理学中的每一项重要突破都与实验密切相关。物理学史表明，经典物理学的形成，是伽利略、牛顿、麦克斯韦等人通过观察自然现象，反复实验，运用抽象思维的方法总结出来的。近代物理的发展，是在某些实验的基础上提出假设，例如，普朗克根据黑体辐射提出“能量子假设”，再经过大量的实验证实，假设才成为科学理论的。实践证明物理实验是物理学发展的动力。在物理学发展的进程中，物理实验和物理理论始终是相互促进、相互制约、相得益彰的。

没有理论指导的实验是盲目的，实验必须经过总结抽象上升为理论，才有其存在的价值，而理论靠实验来检验，同时理论上的需要又促进实验的发展。1752 年富兰克林利用风筝把天空中的电引入室内，进行室内雷鸣闪电实验，证实了雷电与电火花放电有同样的本质，进而找出了雷电的成因，并且在此基础上发明了避雷针。这个简单的实验事实，足以说明物理实验在物理学发展中所起的重要作用。

物理学发展到当今的时代，与实验的关系就更为密切了，而且在许多边缘科学的建立过程中，物理实验也起到了重要的桥梁作用。物理实验在探索和研究新科技领域，以及推动其他自然科学和工程技术的发展中，起到的作用是不可低估的。自然科学迅速发展，新的科学分支层出不穷，但基础学科就是数学和物理。物理实验是研究物理测量方法与实验方法的科学，物理实验的特点在于它具有普遍性——力、热、光、电都有；具有基本性——是其他一切实验的基础；同时它还具有通用性——适用于一切领域，把高、精、尖的复杂实验分解成为“零件”，绝大部分是常见的物理实验。在工程技术领域中，研制、生产、加工、运输等都普遍涉及物理量的测量及物理运动状态的控制，这正是成熟的物理实验的推广和应用。现代高科技发展，设计思想、方法和技术也来源于物理实验。因此，物理实验是自然科学、工程技术和高科技发展的基础，科学技术的发展离不开物理实验。

0.1.2　物理实验与文化

一般认为物理学科只有工具性价值，没有人文价值，人文精神似乎只能在人文学科的教育中培养，物理教育与人文精神教育无关。

事实上，物理学的新知识一旦进入人们的认知机构，必然使原有的思想观念、价值观念以至整个文化传统发生巨大的变化，使人类能重新定位自己，进而拥有更为深刻的人文观念，为人的生命寻找更有意义的人文价值。因此，物理学的发展就是与人文学科相互渗透的过程，从亚里士多德时代的自然哲学，到牛顿时代的经典力学，直至现代物理中的相对论和量子力学等都是物理学家科学素质、科学精神及科学思维的有形体现。

在西方科学发展早期的古希腊、古罗马时代，自然科学和哲学是不分彼此的，因而哲学家就是自然科学家。几百年前，自然科学的主干学科物理学就叫自然哲学，是哲学的一部分。牛顿的力学著作被命名为《自然哲学的数学原理》就说明了这一点。物理学发展史上的许多物理大跃进与哲学思想有着千丝万缕的联系。例如，牛顿万有引力对天体运动规律的揭示，使人类意识到宇宙不再由上帝所支配，这对人类思想的解放产生了极大的推动作用；古希腊的亚里士多德（Aristotle）曾经断言：力的持久作用是保持物体匀速运动的原因，这一曾经统治近 2 000 多年的错误理论终于被伽利略斜面实验引出的惯性定律所否定；托里拆利（E.Torricelli）实验和托里拆利真空打碎了亚里士多德“自然害怕真空”的精神枷锁，带来了精神的解放、思想智力的活跃和追求科学的狂热；开普勒追求行星运动的和谐，是从毕达哥拉斯主义那里得到的启示。牛顿以经验论发展他的理论，以至整个经典物理学的研究方法都涂有实在论的色彩。相对论不仅揭开了原子能的奥秘，还让我们摆脱了刚性空间和绝对时间的禁锢，不仅催生了太空计划，还形成了人们对“创世”的新见解。由历代物理学家精心建造的物理学大厦，集形式美与内容美于一体。具体说来，包括对称有序之美，如静电力平方反比定律与万有引力定律的形式对称；简洁和谐之美，如描述质点运动的牛顿三大定律；统一守恒之美，如动量、能量守恒对空间和时间变化的守恒。此外，还有物理现象的奇特美，如苍穹彩虹、海市蜃楼、长河落日等现象。“惊人的简单”、“神秘的对称”、“美妙的和谐”等美学特征在物理学中也有大量的例证。

物理实验还向人类智慧提出了最深刻的挑战。

在现实世界里，绝对黑体这种物体是不存在的，即使看上去非常黑的物体，当它被你看见时，已经有光反射到你的眼睛里了。怎样做出一个绝对黑体的实验模型呢？

通常，要用某种容器才能把物体储存起来，但是，在受控热核反应的实验研究中，高温等离子体的温度高达上亿度，如果用容器装，世界上还找不到某一种材料可以忍耐这样的高温。怎样才能把高温等离子体储存起来呢？

相干光源需要振动方向、振动频率相同和维持相位差固定的严格条件。如何寻求满足这一条件的相干光源呢？

迈克耳孙-莫雷实验的光学底盘十分庞大，如何保持它的自由旋转和水平状态呢？

让我们探察一下这些实验的巧妙构思。

在一个空心球体上开一个小窗口，当光射入到这个窗口后，在球壳内经过反复的漫反射，光强不断减弱，到达窗口时光强已经接近零了。这个窗口并不是一个物体，但可以认为是一个近似的绝对黑体。于是，用不是物体的物体解决了绝对黑体的实验模型。

在受控热核反应的研究中，用磁约束或惯性约束把上亿度的高温等离子体约束起来，成功地实现了不用容器的“储存”。

在杨氏双缝实验和菲涅耳双棱镜实验中，利用分波阵面法很方便地解决了相干光源的技术难题。

利用液体在重力作用下保持水平表面和水银有最大浮力的特性，迈克耳孙（A.A.Michelson）和莫雷（E.W.Morley）完成了一个最重大的否定性实验。

通过观察在重力和静电场力共同影响下漂浮在空气中的带电油滴的运动情况，精确地测出了基本电荷的数值，明确、定量地验证了电荷的量子化这一突破性、革命性的崭新观念。当走进密立根油滴实验历时七年的漫长时空，观察小油滴宛如夜空中的明星那样缓缓运行，好像直接“看到”一两个电子“跑来”附在油滴上，或从油滴上“跑掉”的时候，谁也不能不为油滴实验的智慧光芒和科学魅力所叹服。

物理实验的卓越构思，不是一般意义上的技能和技巧，它是一种智慧、一种文化，是人类创造性思维的宝贵财富。

0.1.3 物理实验与社会发展

物理实验不仅对物理学的发展起着划时代的作用，而且推动着社会文明的大步前进，其对社会发展的影响要从三次工业革命说起。

第一次工业革命的标志是蒸汽机的使用。英国人瓦特在已有蒸汽机的基础上，发明了高效能蒸汽机。19 世纪 40 年代，整个欧洲和美国都普遍使用了蒸汽机。蒸汽机带动着纺织机、鼓风机、抽水机、磨粉机，促进了纺织、印染、冶金、采矿的迅猛发展，创造了人们以前难以想象的技术奇迹。

蒸汽机的出现和广泛使用，也推动了其他工业部门的机械化，引起了工程技术上的全面改革。在工业上，导致了机器制造业、钢铁工业、运输工业的蓬勃兴起，初步形成了完整的工业技术体系；在科学上，促进了热力学理论的建立。工业革命是一场以技术革命为中心内容的社会变革，在这场变革中，科学技术尤其是物理扮演了举足轻重的角色，造成了社会生产力的巨大进步，第一次凸显了科学技术的生产力功能。

从 18 世纪末到 19 世纪，为了提高蒸汽机和金属冶炼的热效率以及为了解决工业、交通和军事上的若干技术问题，技术的革新有力地推动了物理学的研究：1788 年，拉格朗日的《分析力学》出版，发展了牛顿力学。特别是热力学和统计物理因此完成了形成—发展—成熟的全过程。1798 年，仑福特提出了热的运动说。1824 年，卡诺设计了理想热机并提出卡诺定理。1842—1847 年，迈耳、焦耳和赫姆霍兹等提出了能量守恒定律。1848 年，W.汤姆生创立了热力学温标，提出了绝对零度是温度下限的论点。1850—1865 年，克劳修斯和 W.汤姆生提出了热力学第二定律。对统计物理做出重大贡献的有麦克斯韦、吉布斯和玻耳兹曼等。

第一次工业革命延伸了人的肢体功能。从此，人类进入机械化时代。它极大地提高了劳动生产率，蒸汽机在 100 年内所创造的生产力，比过去一切时代创造的全部生产力还要多，还要大。第一次工业革命深刻地改变了社会形态，也促进了科学（物理学）的发展。

电力革命是继工业革命之后的第二次技术革命，它给人类社会带来了巨大的进步。

1820 年，奥斯特发现了电流的磁效应，首次揭开了磁电统一的神秘面纱。接下来，安培对此做了深入研究，提出了电流间相互作用的安培定律，为电动力学的创立做了开创性的工作。电能生磁，磁能否生电？物理学家对此进行了艰苦的探索。经过 10 年的努力，法拉第终于在 1831 年发现了电磁感应现象，发现了磁生电的规律。

为了解释电磁现象，法拉第还提出了力线，即“场”的概念。从 1861 年起，麦克斯韦对法拉第的“力线”进行了数学比较，于 1873 年建立了经典电磁理论——麦克斯韦方程组。其中，麦克斯韦提出了“涡旋电场”和“位移电流”假说，预言了电磁波的存在，并从理论上证明了光是一种电磁波。10 年后，德国的赫兹用实验证明了电磁波的存在，还证明了电磁波具有反射、折射、干涉、衍射等现象，实现了物理学的第三次大综合，即电、磁、光的综合（第二次大综合是能量的转化和守恒定律）。

电磁学理论使人的肢体功能再次延伸，又一次推动了社会的进步。而这一切都归功于物理实验。因为物理实验可以使假说成为科学的定论。19 世纪 60 年代麦克斯韦系统地总结了从库仑（C.A.Coulomb）到安培（A.M.Ampere）和法拉第（M.Faraday）等人的电磁学的全部成果，并在此基础上提出了有旋电场和位移电流的假说，建立了著名的麦克斯韦方程组，从理论上阐明了电磁波以光速在空间传播，与光波有共同的特性。这是一个极其卓越的理论成果。但是，直到 1888 年，赫兹接收到了由振荡源放电发出的电磁波，并且做了电磁波的反射、折射、衍射和偏振实验，测出了电磁波的传播速度与光速同数量级，从实验上证实了麦克斯韦的全部假说之后，麦克斯韦的电磁理论才开始被普遍接受。德国物理学家、量子力学奠基人之一、诺贝尔物理学奖获得者玻恩（Max Born）精辟地论述到：赫兹“重新论证”了麦克斯韦的电磁理论。千真万确，正是赫兹这些划时代的实验才使麦克斯韦创立的电磁方程——“出于上帝之手的符号”——被公认为是从牛顿的引力场到爱因斯坦的相对论这段历史时期中最重要的理论成就。难怪爱因斯坦说：“一个美妙的实验，通常要比从我们头脑中提取的二十个公式更有价值”，这是科学伟人对物理实验的精彩描述！

19 世纪，伴随着电磁学理论的发展，工程技术专家敏锐地意识到电力技术对人类生活的意义，纷纷投身于电力开发、传输和利用方面的研究。

1834 年，第一台实用电动机诞生，电动机进入了实用化阶段。与此同时，发电机也处于研制阶段。

早期，一台发电机基本上只能供一家或几家照明用，后来，发电机的功率越来越大，供电范围越来越广，企业家们便建起了发电站，于是产生了远距离输电的技术问题。1882 年法国的一位电气技师建造了世界上第一条远距离直流输电实验线路。1890—1891 年，从法国劳芬到德国法兰克福架起了世界上第一条三相交流输电线路。随着交流技术的不断发展完善，交流输电为电力工业的发展开辟了广阔的前景。

电力革命再次大大促进了社会生产力的发展，深刻改变了人类的生活，使产业结构发生了深刻变化。电力、电子、化学、汽车、航空等一大批技术密集型产业兴起，使生产更加依赖科学技术的进步，技术从机械化时代进入了电气化时代。

20 世纪以相对论和量子力学为基础的现代物理学的发展，使人们的视野既深入到微观世界，又延伸到宇宙深处。1905 年，爱因斯坦先后发表了 3 篇具有划时代意义的论文，为相对论、量子理论和布朗运动理论的建立奠定了基础，对现代物理学的发展产生了巨大的影响。

现代物理学的广泛应用使人类文明进入一个日新月异、迅猛发展的时代。由于生产技术的发展，精密、大型仪器的研制以及物理学思想的变革，这一时期的物理学理论呈现出高速发展的状况。研究对象由低速到高速，由宏观到微观，深入到广垠的宇宙深处和物质结构的内部，对宏观世界的结构、运动规律和微观物质的运动规律的认识，产生了重大的变革。相对论的量子力学的建立，克服了经典物理学的危机，完成了从经典物理学到现代物理学的转变，使物理学的理论基础发生了质的飞跃，改变了人们的物理世界图景。1927 年以后，量子场论、原子核物理学、粒子物理学、天体物理学和现代宇宙学，得到了迅速的发展。物理学向其他学科领域的推进，产生了一系列物理学的新部门和边缘学科，并为现代科学技术提供了新思路和新方法。现代物理学的发展，引起了人们对物质、运动、空间、时间、因果律乃至生命现象的认识的重大变化，对物理学理论的性质的认识也发生了重大变化。

现在越来越多的事实表明，物理学在揭开微观和宏观深处的奥秘方面，正酝酿着新的重大突破。原子能、半导体、激光技术、信息技术、超导技术、人工智能技术、纳米技术、航天技术等新技术一个接一个不断涌现，形成一个多元化、大综合、大交叉高科技发展的时代，使整个社会向着电气化、自动化、数字化、信息化、网络化、智能化发展，并且使60亿人在地球上共处一村，创造了高度发展的社会。

实验支撑着雄伟壮观的物理学大厦，促进了高新技术与产业的诞生和迅速发展，出现了步伐越来越快的新技术革命。

没有物理实验就没有物理学，就没有今天的人类文明。

物理学在今后的自身发展及推动自然科学、工程技术乃至人类文明的大步前进中，仍将不断接受着物理实验的检验和挑战。

今天，人类社会已经进入了知识经济的崭新时代，培养智能型、创造型的高素质人才是当今世界面临的共同课题。作为培养高级工程技术人才和研究型人才的高等学校，不仅要使学生具备比较深广的理论知识，而且要使学生具有从事科学实验的较强的能力。物理实验是学生进行科学实验基本训练的一门独立的必修基础课程，是学生进入大学后系统学习科学实验知识和技能的开端，也是后续实验课程的基础。它在使学生深入观察现象，建立合理的实验模型，定量研究变化规律，分析、判断实验结果的可信度，激发学生的想象力、创造力，培养和提高学生开展科学研究工作的素质和能力方面，具有重要的奠基作用。

0.2 物理实验课程的目的和任务

大学物理实验课程对学生能力和素质的培养不仅包含通常意义上的实验技能和操作技能，也包含实验过程中发现问题和解决问题的能力、综合分析能力、创造性思维能力、总结表达能力，还包含实验者的科学态度、求是精神、坚韧不拔的意志、追求真理的勇气及爱护实验仪器、节省实验材料的良好品德和科学习惯。这是其他课程不能完成的，理论思维能力不能替代的。作为对学生系统地进行科学实验能力训练的开端和基础，大学物理实验课程的目的和任务说明如下。

1．学习和掌握物理实验的基本知识

通过对物理实验现象的观察、分析和对物理量的测量，学习和掌握物理实验的基本知识、基本方法、基本技术；懂得如何运用实验方法去研究物理现象和规律，加深对物理学原理的理解；熟悉常用实验仪器的基本原理、结构性能和使用方法；学习物理实验中独特而巧妙的思维方法。

2．培养与提高学生的科学实验能力

（1）自学能力——能够自行阅读实验教材和参考资料，正确理解实验内容和实验原理，做好实验前的准备；对实验中出现的基本问题，能够通过查阅资料使其得到解决。

（2）动手能力——能够借助实验教材或仪器说明书，正确地使用仪器和进行各种基本操作；培养一定的动手能力，能够解决实验中的一般性技术问题，排除实验中的简单故障；在一定的仪器设备条件下，通过努力，得出尽可能好的实验结果。

（3）观察能力——能够通过自身的感觉器官和它们的延伸物——实验仪器，捕捉实验过程所呈现的各种现象，发掘实验现象的各种特征，通过对现象的观察和比较，获得全面的、本质的实验信息。

（4）分析能力——能够运用物理学理论和实验原理对实验现象和实验结果进行初步分析、判断和解释；对各种因素可能引起的误差进行初步估计，对结果进行初步评价。

（5）表达能力——能够正确记录和处理实验数据，设计表格，绘制图线，描述实验现象，说明实验结果，撰写合格的实验报告。

（6）设计能力——对于简单问题，能够从研究对象或课题要求出发，查阅资料；依据基本原理，设计实验方法，确定实验参数，选配实验仪器，拟定实验程序，合理、有效地安排测量方案和实验步骤。

3．培养与提高学生的科学实验素质

培养学生严格、细致、实事求是、刻苦钻研、一丝不苟的科学态度及爱护国家财产的道德品质，培养学生善于动脑、乐于动手、讲究科学方法、遵守操作规程、注意安全等科学习惯。

物理实验课程将通过以上密切相关的3个方面，使学生不仅能在实验室里对自然界的基本规律进行考察，同时又有机会吸取现代科学的最新营养，从而受到从实验能力、人文素质到科学方法论的最全面的基本训练。

0.3 物理实验课的学习方法

0.3.1 物理实验课的基本环节

物理实验是在教师和教材的指导下，由学生独立进行的课程。为达到物理实验课程的目的，完成物理实验课程的任务，必须充分发挥学生的主动精神，调动学生的学习积极性，自觉地、创造性地获得知识和技能。为此，应当高度重视物理实验课程具有的自身特殊性的三个基本教学环节，即课前预习、实验过程和实验报告。

1）课前预习

课前预习是做好实验的关键。一次实验课的时间有限，从熟悉仪器到测出数据，任务繁重。若课前不明确实验的目的、要求、原理和方法，不知道要测量哪些物理量、用什么仪器和怎样测量，不明确实验的思路和基本过程，不了解哪些地方是本次实验的重点，到上课时就不可能做好实验。可以肯定地说，实验能否顺利进行，能否获得预期的结果，在很大程度上取决于预习是否充分。因此，每次做实验之前必须预习，并且必须认真预习。

预习时主要阅读实验教材，必要时还需要参考其他资料，来掌握实验的整体概况，明确实验目的，弄懂实验原理，了解实验内容，知道实验步骤。对实验中使用的仪器和装置，要阅读教材中有关仪器使用说明的部分，了解其使用方法和注意事项。当然，如果有条件，在实验室预习，才是最科学、最合理的方式。总之，要通过课前预习和思考，在脑海中形成一个初步的实验方案，并在此基础上写出预习报告。预习报告的内容包括实验名称、实验目的、实验原理、实验仪器、实验内容与步骤及数据记录和处理表格。表格的设计要清晰、明确、简洁、规范。预习思考题有助于学生对实验原理的理解和对实验方法的掌握，在预习报告中也应对其做出回答。

2）实验过程

实验过程是实验课的中心环节。在动手实验之前，要先认识和清点所用仪器、装置和器具，了解其主要功能、量程、级别、操作方法和注意事项，不要急于测量。在进行实验时，要有目的、有计划地进行操作。

首先是布置、安装（或接线）和调试仪器。仪器的布局要合理，以方便操作和读数，特别要考虑到实验者和仪器的安全。合理选择仪器量程，严格遵守使用说明和操作规程，细致、耐心地把仪器调整到最佳工作状态。在电磁学实验中，当接线完毕后，学生应自己先检查一次，再请指导教师复查，确认正确无误才能接通电源。

调试完毕后即可开始实验。起初可作探索性试验操作，粗略地观察一下实验过程，若无异常现象，便可正式进行实验。如有异常现象，应立即切断电源，认真分析，仔细排查，并向指导教师反映。待找出原因，排除异常后再开始进行实验。

测量时要把原始数据整齐地记录在预习时已经准备好的数据处理表格中，注意数据的有效数字和单位。不要用铅笔记录，也不要先草记在另外的纸上再誊写在数据表格中，这样容易出错，况且这已经不再是第一手的“原始记录”了。如果记录的数据有错误，可用一斜线轻轻画掉，把正确的原始数据写在旁边，但不得涂改数据。永远记住，原始数据是最珍贵的实验资料。

一份完整的实验原始记录，除数据外，还应包括实验日期、环境条件（温度、湿度、气压、阴晴风雨等气象状况）、观察到的有关现象，以及主要仪器的名称、型号、级别、量程、编号等。

在测量过程中要尽量保持实验条件不变，注意操作姿势，不要使仪器受到振动或移动。

当实验完毕后，要暂时保持测试条件，请教师审阅实验记录，必要时要重新测量。最后，经教师确认并签字后，再复原整理仪器，离开实验室。

3）实验报告

实验报告是对所做实验的系统总结，是学生表达能力和信息交流能力的集中体现，也是交流实验成果的媒介。

实验报告应写在专用的实验报告纸上，要求层次分明、字迹清楚、文理通顺、简明扼要、图表规范、结论明确。书写实验报告是培养学生分析、总结问题的习惯，提高文化素养和综合素质的一个重要方面。

实验报告的内容一般为：

（1）实验者姓名。

（2）实验的环境条件。

（3）实验名称。

（4）实验目的。

（5）实验仪器。主要包括型号、编号、量程、精度、最小分度值等。

（6）实验原理。在对实验原理充分理解的基础上，用实验者自己的语言简要叙述有关的物理内容（包括电路图、光路图、原理和实验装置示意图），测量和计算所依据的主要公式，式中各量的物理含义、单位及公式成立必须满足的实验条件等。

（7）实验内容和步骤。除概括地写出实验进行的主要程序之外，还应包括实验中观察了哪些物理现象，测量了哪些物理量，调节的要领和技巧，以便必要时重复或检验已经完成的实验。

（8）数据处理。在数据处理中要完成计算、作图、误差估算及结果表达等工作。要把原始数据按有效数字列成科学的表格，使阅读者能纵观全局，一目了然。在数据处理和误差运算中，应有主要过程，做到言之有据，结果可信。实验结果的表达，不仅要指出测量值的大小，还须按要求用误差范围的估算或不确定度来评定测量结果。

（9）分析讨论。分析讨论的内容相当广泛，可以深入探讨实验现象或进一步进行误差分析，也可以对实验本身的设计思想、实验仪器、实验方法的改进写出自己的心得体会或建设性意见，甚至根本不同的意见。通过对分析讨论题的回答，还可以进一步深入理解物理实验的理论。分析讨论将为学生在更高层次上发挥自己的聪明才智提供一个自由思考的广阔空间。

以上只是提供了实验报告的一般格式。一份成功的实验报告，就是一篇科学论文的雏形，应力求用严谨的结构、流畅的文笔、清晰的思路和个性化的色彩，简洁地描述实验的内容、方法和步骤，表达实验所阐明的物理思想和概念，给出可信明确的结论。实验报告的撰写可以培养和提高学生的分析、表达和信息交流的能力。

实验报告可以和预习报告结合起来完成。

0.3.2 如何上好物理实验课

物理实验课是学生接受系统科学实验训练的开端，是高等教育培养未来科学家、工程师的一系列实践教育的基础和先导。它不仅要使学生掌握物理实验的基本知识，更重要的是通过完成科学实验的基本训练来培养学生的科学实验能力和科学实验素质。为达到物理实验课程的目的，完成物理实验课程的任务，学生必须积极地、主动地、创造性地去学习，有意识地培养和锻炼自己。实验课不同于理论课，也不同于实习课，它既有极强的理论性，更有极强的实践性。作为对学生系统地进行科学实验能力训练的开端，要学好这门课程，不但要花气力、下工夫，而且要有一定的学习方法。

1）注意掌握基本的实验方法和测量技术

基本的实验方法和测量技术不仅会经常用到，而且也是复杂实验和测量的基础，学习时不仅要弄清它的原理、适用条件、操作要领，而且要通过实验实践，逐步熟悉和记牢，达到得心应手，运用自如。对分散在每一个实验中的具有普遍意义的实验方法、测量技术和巧妙构思，要联系起来、举一反三、反复研究、认真思考、不断总结，才能融汇贯通，留下深刻印象。

2）注意培养观察能力

观察是实验者通过自身的感觉器官或它们的延伸物——仪器，来获得研究对象的信息的一种方法，是在相应的实验条件下为一定的实验任务而进行的有计划的知觉过程。

所有的物理规律都是通过相应的现象表现出来的，物理实验就是通过对这些现象的观察和测量来认识它们的。因此，实验的过程离不开观察，观察是实验的基础，通过观察所获得的信息越全面、越本质，对物理实验所呈现规律的认识就越正确、越深刻。观察是认识客观规律的重要途径。

培养学生的观察能力，就是要通过一定的训练，使学生学会从物理过程中去发掘和捕捉研究对象的各种特征，善于全面、深入、正确地认识这些特征。物理实验区别于一般性实用测量的显著特点是它的直观性，即能较好地显示物理过程。学生既要观察过程的定性规律，又要观测过程中各物理量之间的定量关系；既要观测过程的精细结构，又要观察过程的总体趋向，必要时还要创造各种理想化条件，观测各种因素对实验过程的影响。

对实验过程的观察，不限于知觉，应当同积极的思维相结合。实验过程中会出现各种各样的现象，要充分利用感官和大脑思维去观察、试探、估量物理现象是否如预期出现，仪器的工作状态是否正常，仪器显示的物理信息是否受到干扰，观察到的物理现象是正常还是“反常”……实验者要抓住其中的关键，以实验原理为指导，以实验事实为依据，对观察到的现象进行分析、思考、保留或舍弃，必要时还须重复观察实验过程。

有效的观察还需要有明确而具体的观察目的和关于观察对象的预备知识。因此，要提高观察能力，必须做好预习，掌握实验过程，明确观察对象、观察目的和观察任务。

培养观察能力的训练具体还表现在合理地发挥观测仪器的功能，在仪器精度范围内，充分有效地观察和捕捉物理现象，测准物理信息。

总之，学会观察、善于观察甚至多方位观察，是物理实验过程对学生能力培养的重要方面。只有在实验课的每个环节中，养成观察的习惯，才能领悟观察的方法，逐步提高实验观察能力。

3）注意提高科学分析的能力

分析是科学思维的基本过程和方法，能使在实验过程中由观察得到的现象和信息所反映的本质及其变化规律得以显现和总结。分析能力是实验者最重要和最基本的素质。

在物理实验中可以通过对实验过程中的正常和“反常”现象的分析、测试故障的分析、仪器的分析、测试环境影响的分析、误差分析和测量结果的分析等，来培养学生的分析和综合能力。

例如，实验的最后一般都要获取数据结果，数据是否正确靠什么去判断，数据的好坏说明什么问题，实验结果是否可信，这些问题要靠思考分析才能做出综合判断，即必须分析实验方法是否正确，实验条件是否满足，仪器的精度和使用是否配合得当，实验环境有多大影响及上述各种因素可能带来的误差大小，等等。

实际上，任何理论都是在一定基础上的抽象或简化，而客观现实和实验所处的环境条件要复杂得多，实验结果有可能悖于理论公式。问题在于差异的大小是否合理，应通过分析找出其中的原因。千万不可认为，实验就是按教材所列举步骤的机械操作，其目的只是为了做出标准的实验数据。当实验数据和理论计算一致时，有些学生就心满意足，简单地认为自己已经学好了这个实验；一旦实验数据和理论计算差别较大，又感到失望，抱怨仪器装置，甚至拼凑数据。这两种缺乏科学分析态度的表现都是不对的。

在科学实验的历史上曾经出现过这种情况，即实验结果与原有的理论或习惯认识不一致，而通过分析和综合肯定了实验结果在测量误差范围之外，这时，实验者可能已经打开了通向科学发现的一扇大门。例如，1894 年英国物理学家瑞利（T.B.Rayleigh）测定空气中氮气（N_2）的密度为ρ=1.256 5 g/l，而他从分解氨气（NH_3）中得到的氮气的密度为ρ=1.250 7 g/l，两者的测量值在第四位有效数字上发生了差异。经过实验分析，他肯定两者的差异超出了实验的测量误差范围（他当时认为空气中除了氧气以外都是氮气），经过进一步的研究，发现了空气中的氩气。现代量子电动力学的建立过程也有类似的例子：在进行电子磁矩的测量时，发现测量结果与狄拉克方程给出的理论值相差千分之一，通过综合分析，确信这不是测量误差，从而导致了量子电动力学的建立。

由此可见，科学分析在物理实验过程中的极端重要性。简单的实验结果，哪怕与理论值十分接近，甚至于完全相符，也不能替代对实验的科学分析。当然，在我们进行物理实验的课堂上，上述科学发现的概率也许非常小，但是，在实验课程中对科学分析能力的培养将使学生终生受益。

4）注意掌握每次实验的重点

实验是在理论指导下手脑并用的一项实际工作。从某种意义上来说，实验课所面临的问题要比理论课更加丰富多彩、复杂而具体，除了需要重点学习的内容外，总会遇到许多琐碎的问题，甚至要去完成一些旁枝末节的工作。这些工作固然也需要学习和做好，但要想在一次有限的实验学时内把它们完全搞清楚，是不可能的。应当根据实验目的，首先抓住并解决关键性的问题，对某些零散的枝节性问题可以滞后一步解决，以集中精力，提高学习效率。

5）注意培养良好的实验习惯

良好的实验习惯是经过反复训练而巩固下来的已变成自身需要的科学行为方式。它将对保证实验的正常进行，确保实验中人员和仪器的安全，保护实验仪器的正常运作，防止差错的发生产生潜在的影响或直接的作用。良好的实验习惯是科学工作者良好文化修养和综合素质的反映和体现。因此，培养良好的实验习惯应该是学生从事科学实验基本训练开端和基础的物理实验课程的一个重要任务。

怎样培养良好的实验习惯呢？

良好的实验习惯是和严肃认真、一丝不苟的作风紧密相连的，需要从一件件十分具体的“小事”做起。例如，要养成在做每个实验之前，先了解一下该实验全貌的习惯；要养成在使用任何一种仪器之前，先了解它的精度、量程，以及先调整或校正，然后再使用的习惯；要养成在实验记录中尊重实验事实的习惯；要养成在实验报告中记录实验日期和环境条件的习惯；要养成科学摆放实验仪器的习惯；要养成在放置较重仪器时，先部分放下再全部放下，在搬动轻巧仪器时，左手托、右手挡的双手配合习惯；要养成安全用电的习惯；要养成在使用电学仪器时，先开启总电源开关，再开启仪器开关，使用完毕后先关闭仪器开关，再关闭总电源开关的习惯；要养成对某些仪器短路保护的习惯；要养成不用手直接触摸光学元件工作面的习惯；要养成保持实验环境清洁整齐，以及遵守实验室规则、保护实验设备、节约实验材料的习惯，等等。

千万不要认为，良好的实验习惯仅仅是小事而不必重视。不良的实验习惯一旦形成，将很难改正，还会对今后的科学工作产生潜在危害，甚至会造成重大损失。

对于一个孤立的实验来说，良好的实验习惯往往因实验很简单、易明白、好掌握而被初学者所忽视。其实，良好实验习惯的养成并非一件简单的事情。进行实验的目的性、顽强性、果断性和自制性这些具有意志特征的优良品质，以及抓住某些特异现象不放的强烈好奇心和求知欲，是具备良好实验习惯的最高境界。

良好的实验习惯是综合素质的重要组成部分，需要经过很多实验的总结、反思、回顾和实验中的不断磨练才能形成。当你形成了稳定、良好的实验习惯之后，你的科学实验素养就会在不知不觉中进入到一个更高的层次。

物理实验是理论与实践相结合，实验方法与科学思维相结合，课上与课下相结合的一门独立课程。它包括实验方法、实验条件、仪器装置、实验设计、操作测量、数据处理以及实验分析等诸多方面，每一个方面都有其自身的特点和规律，并形成许多实验思想。要学习好物理实验决不是一件轻而易举的事情，必须在掌握基本知识、基本技能和基本方法的训练中，在动手能力、观察能力、分析能力和表达能力的培养中，在养成良好实验习惯的磨练中，以及在感悟和体验物理实验的文化内涵和智慧魅力中把自己逐渐培养成懂理论、能动手、善思维、具有较高科学素养的高级工程技术人才。

第1章

实验数据误差分析和数据处理

1.1 实验数据的误差分析

由于实验方法和实验设备的不完善，周围环境的影响，以及人的观察力和测量程序等的限制，实验观测值和真值之间总是存在一定的差异。人们常用绝对误差、相对误差或有效数字来说明一个近似值的准确程度。为了评定实验数据的精确性或误差，认清误差的来源及其影响，需要对实验的误差进行分析和讨论，由此判定哪些因素是影响实验精确度的主要方面，从而在以后的实验中，进一步改进实验方案，缩小实验观测值和真值之间的差值，提高实验的精确性。

测量是人类认识事物本质所不可缺少的手段。通过测量和实验能使人们对事物获得定量的概念和发现事物的规律性。科学上很多新的发现和突破都是以实验测量为基础的。测量就是用实验的方法，将被测物理量与所选用作为标准的同类量进行比较，从而确定它的大小。

1）真值与平均值

真值是待测物理量客观存在的确定值，也称理论值或定义值。通常真值是无法测得的。若在实验中，当测量的次数无限多时，根据误差的分布定律，正负误差的出现概率应相等。再经过细致地消除系统误差，将测量值加以平均，可以获得非常接近于真值的数值。但是实际上实验测量的次数总是有限的。用有限测量值求得的平均值只能是近似真值，常用的平均值有下列几种。

（1）算术平均值。算术平均值是最常见的一种平均值。

设 $x_1, x_2, \cdots, x_n$ 为各次测量值，n 代表测量次数，则算术平均值为

$$\overline{x} = \frac{x_1 + x_2 + \cdots + x_n}{n} = \frac{\sum_{i=1}^{n} x_i}{n} \tag{1-1}$$

（2）几何平均值。几何平均值是将一组 n 个测量值连乘并开 n 次方求得的平均值。即

$$\overline{x}_{几} = \sqrt[n]{x_1 \cdot x_2 \cdots x_n} \tag{1-2}$$

（3）均方根平均值为

$$\overline{x}_{均}=\sqrt{\frac{x_1^2+x_2^2+\cdots+x_n^2}{n}}=\sqrt{\frac{\sum_{i=1}^{n}x_i^2}{n}} \tag{1-3}$$

（4）对数平均值。在化学反应及热量、质量传递中，其分布曲线多具有对数的特性，在这种情况下表征平均值常用对数平均值。

设两个量 x_1 和 x_2，其对数平均值为

$$\overline{x}_{对}=\frac{x_1-x_2}{\ln x_1-\ln x_2}=\frac{x_1-x_2}{\ln\frac{x_1}{x_2}} \tag{1-4}$$

应指出，变量的对数平均值总小于算术平均值。当 $x_1/x_2 \leqslant 2$ 时，可以用算术平均值代替对数平均值；当 $x_1/x_2=2$，$\overline{x}_{对}=1.443$，$\overline{x}=1.50$，$(\overline{x}_{对}-\overline{x})/\overline{x}_{对}=4.2\%$，即 $x_1/x_2 \leqslant 2$，引起的误差不超过4.2%。

以上介绍各平均值的目的是要从一组测定值中找出最接近真值的那个值。在化工实验和科学研究中，数据的分布规律多属于正态分布，所以通常采用算术平均值。

2）误差的分类

根据误差的性质和产生的原因，一般分为3类。

（1）系统误差。系统误差是指在测量和实验中由未发觉或未确认的因素引起的误差，这些因素影响结果永远朝一个方向偏移，其大小及符号在同一组实验测定中完全相同。实验条件一经确定，系统误差就获得了一个客观上的恒定值。

当改变实验条件时，就能发现系统误差的变化规律。

系统误差产生的原因：测量仪器不良，如刻度不准，仪表零点未校正或标准表本身存在偏差等；周围环境的改变，如温度、压力、湿度等偏离校准值；实验人员的习惯和偏向，如读数偏高或偏低等引起的误差。针对仪器的缺点、外界条件变化影响的大小、个人的偏向，待分别加以校正后，系统误差是可以清除的。

（2）偶然误差。在已消除系统误差的一切量值的观测中，所测数据仍在末一位或末两位数字上有差别，而且它们的绝对值和符号的变化，时大时小，时正时负，没有确定的规律，这类误差称为偶然误差或随机误差。偶然误差产生的原因不明，因而无法控制和补偿。但是，倘若对某一量值做足够多次的等精度测量，就会发现偶然误差完全服从统计规律，误差的大小或正负的出现完全由概率决定。因此，随着测量次数的增加，随机误差的算术平均值趋近于零，所以多次测量结果的算数平均值将更接近于真值。

（3）过失误差。过失误差是一种显然与事实不符的误差，它往往是由实验人员粗心大意、过度疲劳和操作不正确等原因引起的。此类误差无规则可循，只要加强责任感、多方警惕、细心操作，过失误差是可以避免的。

3）精密度、准确度和精确度

反映测量结果与真实值接近程度的量，称为精度（也称精确度）。它与误差大小相

对应，测量的精度越高，其测量误差就越小。“精度”应包括精密度和准确度两层含义。

（1）精密度。测量中测得数值重现性的程度，称为精密度。它反映偶然误差的影响程度，精密度高表示偶然误差小。

（2）准确度。测量值与真值的偏移程度，称为准确度。它反映系统误差的影响精度，准确度高表示系统误差小。

精确度（精度）反映测量中所有系统误差和偶然误差综合的影响程度。在一组测量中，精密度高的准确度不一定高，准确度高的精密度也不一定高，但精确度高，则精密度和准确度都高。

下面用打靶的例子来说明精密度与准确度的区别。

图 1.1（a）表示精密度和准确度都较高，则精确度高；图 1.1（b）表示精密度较高，但准确度不高；图 1.1（c）表示精密度与准确度都不高。在实际测量中没有像靶心那样明确的真值，只能设法测定这个未知的真值。

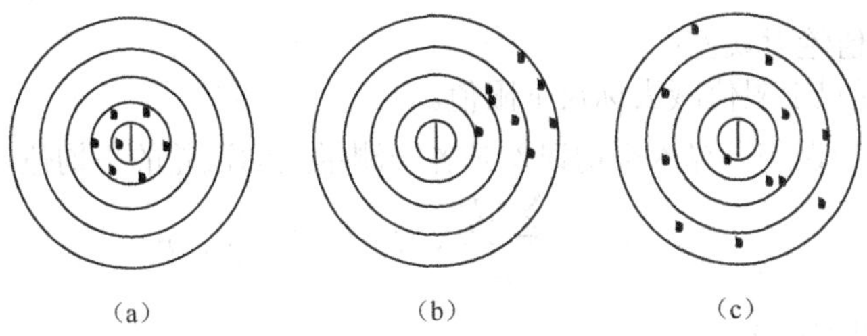

图 1.1 精密度和准确度的关系

某些学生在实验过程中，往往满足于实验数据的重现性，忽略了数据测量值的准确程度。绝对真值是不可知的，人们只能制定一些国际标准作为测量仪表准确性的参考标准。随着人类认识运动的推移和发展，可以逐步逼近绝对真值。

4）误差的表示方法

利用任何量具或仪器进行测量时，总存在误差，测量结果不可能准确地等于被测量的真值，只是它的近似值。测量质量的高低以测量精确度作为指标，可以根据测量误差的大小来估计测量的精确度，测量误差越小，测量越精确。

（1）绝对误差。测量值 X 和真值 A_0 之差为绝对误差，通常称为误差，记为

$$D = X - A_0 \tag{1-5}$$

由于真值 A_0 一般无法求得，因而式（1-5）只具有理论意义。常用高一级标准仪器的示值作为实际值 A 代替真值 A_0。由于高一级标准仪器也存在较小的误差，因而 A 不等于 A_0，但比 X 更接近于 A_0。X 与 A 之差称为仪器的示值绝对误差，记为

$$d = X - A \tag{1-6}$$

与 d 相反的数称为修正值，记为

$$C = -d = A - X \tag{1-7}$$

通过检定，可以由高一级标准仪器给出被检仪器的修正值 C。利用修正值可以求出该仪器的实际值 A，即

$$A = X + C \tag{1-8}$$

（2）相对误差。衡量某一测量值的准确程度，一般用相对误差来表示。示值绝对误差d与被测量的实际值A的百分比值称为实际相对误差，记为

$$\delta_A = \frac{d}{A} \times 100\% \tag{1-9}$$

以仪器的示值X代替实际值A的相对误差称为示值相对误差，记为

$$\delta_X = \frac{d}{X} \times 100\% \tag{1-10}$$

一般来说，除了某些理论分析外，用示值相对误差较为适宜。

（3）引用误差。为了计算和划分仪表精确度等级，提出引用误差概念。其定义为仪表示值的绝对误差与量程范围之比，即

$$\delta_A = \frac{\text{示值绝对误差}}{\text{量程范围}} \times 100\% = \frac{d}{X_n} \times 100\% \tag{1-11}$$

其中，d——示值绝对误差；

X_n——标尺上限值减去标尺下限值。

（4）算术平均误差。算术平均误差是各个测量点的误差的平均值，即

$$\delta_{\text{平}} = \frac{\sum |d_i|}{n}，\ i = 1，2，\cdots，n \tag{1-12}$$

其中，n——测量次数；

d_i——第i次测量的误差。

（5）标准误差。标准误差也称为均方根误差。其定义为

$$\sigma = \sqrt{\frac{\sum d_i^2}{n}} \tag{1-13}$$

式（1-13）适用于无限测量的场合。在实际测量工作中，测量次数是有限的，所以改用下式

$$\sigma = \sqrt{\frac{\sum d_i^2}{n-1}} \tag{1-14}$$

标准误差不是一个具体的误差，σ的大小只说明在一定条件下等精度测量集合所属的每一个观测值对其算术平均值的分散程度，如果σ的值小则说明每一次测量值对其算术平均值分散度小，测量的精度高，反之精度低。

在化工原理实验中最常用的U形管压差计、转子流量计、秒表、量筒、电压等仪表原则上均取其最小刻度值作为最大误差，而取其最小刻度值的一半作为绝对误差计算值。

5）测量仪表精确度

测量仪表的精确等级是用最大引用误差（又称允许误差）来标明的。它等于仪表示值中的最大绝对误差与仪表的量程范围之比的百分数。

$$\delta_{n\max} = \frac{\text{最大示值绝对误差}}{\text{量程范围}} \times 100\% = \frac{d_{\max}}{X_n} \times 100\% \tag{1-15}$$

其中，δ_{max}——仪表的最大测量引用误差；

d_{max}——仪表示值的最大绝对误差；

X_n——标尺上限值减去标尺下限值。

通常情况下是用标准仪表校验较低级的仪表。所以，最大示值绝对误差就是被校表与标准表之间的最大绝对误差。

测量仪表的精度等级是国家统一规定的，把允许误差中的百分号去掉，剩下的数字就称为仪表的精度等级。仪表的精度等级常以圆圈内的数字标明在仪表的面板上。例如某台压力计的允许误差为 1.5%，这台压力计电工仪表的精度等级就是 1.5，通常简称 1.5 级仪表。

仪表的精度等级为 a，它表明仪表在正常工作条件下，最大引用误差的绝对值 δ_{max} 不能超过的界限，即

$$\delta_{max}=\frac{d_{max}}{X_n}\times 100\% \leqslant a\% \tag{1-16}$$

由式（1-16）可知，在应用仪表进行测量时所能产生的最大绝对误差（简称误差限）为

$$d_{max}\leqslant a\%\cdot X_n \tag{1-17}$$

而用仪表测量的最大值相对误差为

$$\delta_{max}=\frac{d_{max}}{X_n}\leqslant a\%\cdot\frac{X_n}{X} \tag{1-18}$$

由式（1-18）可以看出，只是用仪表测量某一被测量所能产生的最大示值相对误差，不会超过仪表允许误差 $a\%$ 乘以仪表测量上限 X_n 与测量值 X 的比。在实际测量中，可用下式对仪表的测量误差进行估计，即

$$\delta_m=a\%\cdot\frac{X_n}{X} \tag{1-19}$$

【例 1.1】 用量限 I_n 为 5 A，精度为 0.5 级的电流表，分别测量出两个电流，I_1=5 A，I_2=2.5 A，求测量 I_1 和 I_2 的相对误差为多少？

$$\delta_{m1}=a\%\times\frac{I_n}{I_1}=0.5\%\times\frac{5}{5}=0.5\%$$

$$\delta_{m2}=a\%\times\frac{I_n}{I_2}=0.5\%\times\frac{5}{2.5}=1.0\%$$

由此可见，当仪表的精度等级选定时，所选仪表的测量上限越接近被测量的值，则测量的误差的绝对值越小。

【例 1.2】 欲测量约 90 V 的电压，实验室现有 0.5 级 0～300 V 和 1.0 级 0～100 V 的电压表。选用哪一种电压表测量较好？

用 0.5 级 0～300 V 的电压表测量 90 V 的相对误差为

$$\delta_{m0.5}=a_1\%\times\frac{U_n}{U}=0.5\%\times\frac{300}{90}=1.7\%$$

用 1.0 级 0～100 V 的电压表测量 90 V 的相对误差为

$$\delta_{m1.0}=a_2\%\times\frac{U_n}{U}=1.0\%\times\frac{100}{90}=1.1\%$$

例 1.1 说明，用量程范围适当的 1.0 级仪表进行测量，比用量程范围大的 0.5 级仪表测量能得到更准确的结果。因此，在选用仪表时，应根据被测量值的大小，在满足被测量值范围的前提下，尽可能选择量程小的仪表，并使测量值大于所选仪表满刻度的三分之二，即 $X>2X_n/3$。这样既可以满足测量误差的要求，又可以选择精度等级较低的测量仪表，降低了成本。

1.2 有效数字及其运算规则

在科学实践与工程应用中，总是以一定位数的有效数字来表示测量或计算结果。并不是一个数值中小数点后面的位数越多越准确，因为实验中从测量仪表上所读数值的位数是有限的，其最后一位数字往往是仪表精度所决定的估计数字（一般为测量仪表最小刻度的十分之一位）。数值准确度由有效数字位数决定。

1.2.1 有效数字

一个数据中除了起定位作用的“0”外，其他数字都是有效数字。如 0.003 7 只有两位有效数字，而 370.0 则有 4 位有效数字。一般要求测试数据的有效数字为 4 位。要注意有效数字不一定都是可靠数字。如测流体阻力所用的 U 形管压差计，最小刻度是 1 mmHg，但我们可以读到 0.1 mmHg，如 342.4 mmHg；等标准温度计最小刻度为 0.1℃，我们可以读到 0.01℃，如 15.16℃。此时有效数字为 4 位，而可靠数字只有三位，最后一位是不可靠的，称为可疑数字。记录测量数值时只保留一位可疑数字。

为了清楚地表示数值的精度，明确地读出有效数字位数，常用指数的形式表示，即写为一个小数与相应 10 的整数幂的乘积。这种以 10 的整数幂来记数的方法称为科学记数法。

如 75 200　有效数字为 4 位时，记为 7.520×10^5

有效数字为 3 位时，记为 7.52×10^5

有效数字为 2 位时，记为 7.5×10^5

0.004 78　有效数字为 4 位时，记为 4.780×10^{-3}

有效数字为 3 位时，记为 4.78×10^{-3}

有效数字为 2 位时，记为 4.8×10^{-3}

1.2.2 有效数字运算规则

（1）记录测量数值时，只保留一位可疑数字。

（2）当有效数字位数确定后，其余数字一律舍弃。舍弃办法是四舍六入，即末位有效数字后边第一位小于5，则舍弃不计；大于5则在前一位数上增1；等于5时，前一位为奇数，则进1为偶数，前一位为偶数，则舍弃不计。这种舍入原则可简述为“小则舍，大则入，正好等于奇变偶”。如保留4位有效数字，则

$$3.71729 \rightarrow 3.717$$

$$5.142\,85 \rightarrow 5.143$$

$$7.623\,56 \rightarrow 7.624$$

$$9.376\,56 \rightarrow 9.376$$

（3）在加减计算中，各数中小数点后保留的位数，应与各数中小数点后位数最少的相同。如24.65，0.008 2，1.632三个数字相加时，应写为 24.65+0.01+1.63=26.29。

（4）在乘除运算中，各数中保留的位数，以各数中有效数字位数最少的那个数为准；其结果的有效数字位数也应与原来各数中有效数字最少的那个数相同。例如，

0.012 1×25.64×1.057 82 应写成 0.012 1×25.64×1.06=0.328。由此说明，虽然这三个数的乘积为0.328 182 3，但应取其积为0.328。

（5）在对数计算中，所取对数位数应与真数有效数字的位数相同。

1.3 误差的基本性质

在化工原理实验中通常直接测量或间接测量得到有关的参数数据，这些参数数据的可靠程度如何？如何提高其可靠性？因此，必须研究在给定条件下误差的基本性质和变化规律。

1.3.1 误差的正态分布

如果测量数列中不包括系统误差和过失误差，从大量的实验中发现偶然误差的大小有如下几个特征：

（1）绝对值小的误差比绝对值大的误差出现的机会多，即误差的概率与误差的大小有关。这是误差的单峰性。

（2）绝对值相等的正误差或负误差出现的次数相当，即误差的概率相同。这是误差的对称性。

（3）极大的正误差或负误差出现的概率都非常小，即大的误差一般不会出现。这是误差的有界性。

（4）随着测量次数的增加，偶然误差的算术平均值趋近于零。这叫误差的低偿性。

根据上述的误差特征，误差出现的概率如图1.2所示。图中横坐标表示偶然误差，纵坐标表示误差出现的概率，图中曲线称为误差分布曲线，以 $y = f(x)$ 表示。其数学表达式由高斯提出，具体形式为

$$y = \frac{1}{\sqrt{2\pi}\sigma} e^{-\frac{x^2}{2\sigma^2}} \tag{1-20}$$

$$或\quad y=\frac{h}{\sqrt{\pi}}e^{-h^2x^2} \tag{1-21}$$

式（1-21）称为高斯误差分布定律，也称为误差方程。式中σ为标准误差，h为精确度指数，σ和h的关系为

$$y=\frac{1}{\sqrt{2}\sigma} \tag{1-22}$$

若误差按函数关系分布，则称为正态分布。σ越小，测量精度越高，分布曲线的峰越高且越窄；σ越大，分布曲线越平坦且越宽，如图 1.3 所示。由此可知，σ越小，小误差占的比重越大，测量精度越高。反之，大误差占的比重越大，测量精度越低。

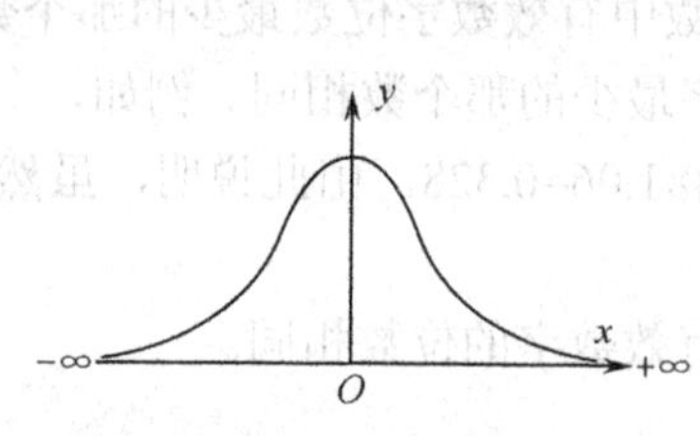

图 1.2　误差出现的概率分布

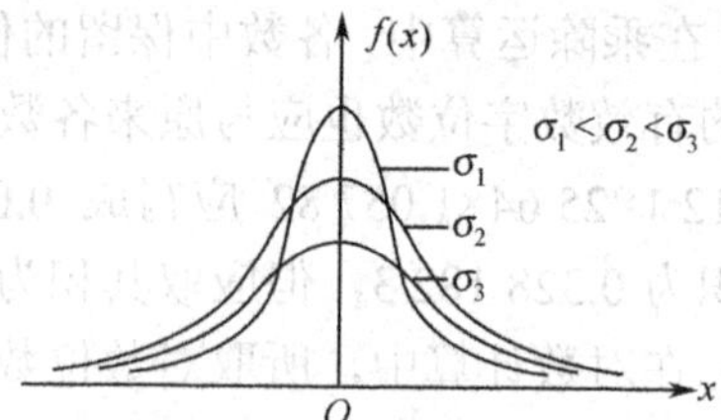

图 1.3　不同σ的误差分布曲线

1.3.2　测量集合的最佳值

在测量精度相同的情况下，测量一系列观测值$M_1, M_2, M_3,\ \ , M_n$所组成的测量集合，假设其平均值为M_m，则各次测量误差为$x_i=M_i-M_m$，i=1，2，　，n，当采用不同的方法计算平均值时，所得到的误差值不同，误差出现的概率也不同。若选取适当的计算方法，使误差最小，而概率最大，由此计算的平均值为最佳值。根据高斯分布定律，只有各点误差平方和最小，才能实现概率最大。这就是最小乘法值。由此可见，对于一组精度相同的观测值，采用算术平均得到的值是该组观测值的最佳值。

1.3.3　有限测量次数中标准误差σ的计算

由误差基本概念可知，误差是观测值和真值之差。在没有系统误差存在的情况下，以无限多次测量所得到的算术平均值为真值。当测量次数有限时，所得到的算术平均值近似于真值，称最佳值。因此，观测值与真值之差不同于观测值与最佳值之差。

令真值为A，计算平均值为a，观测值为M，并令$d=M-a$，$D=M-A$，则

$$\begin{aligned}
d_1&=M_1-a, & D_1&=M_1-A\\
d_2&=M_2-a, & D_2&=M_2-A\\
&\vdots & &\vdots\\
d_n&=M_n-a, & D_n&=M_n-A\\
\sum d_i&=\sum M_i-na & \sum D_i&=\sum M_i-nA
\end{aligned}$$

因为$\sum M_i-na=0$，将$\sum M_i=na$代入$\sum D_i=\sum M_i-nA$中，得

$$a = A + \frac{\sum D_i}{n} \tag{1-23}$$

将式（1-23）代入 $d_i = M_i - a$ 中，得

$$d_i = (M_i - A) - \frac{\sum D_i}{n} = D_i - \frac{\sum D_i}{n} \tag{1-24}$$

将式（1-24）两边各取平方，得

$$d_1^2 = D_i^2 - 2D_1 \frac{\sum D_i}{n} + \left(\frac{\sum D_i}{n} \right)^2$$

$$d_2^2 = D_2^2 - 2D_2 \frac{\sum D_i}{n} + \left(\frac{\sum D_i}{n} \right)^2$$

$$d_n^2 = D_n^2 - 2D_n \frac{\sum D_i}{n} + \left(\frac{\sum D_i}{n} \right)^2$$

对 i 求和

$$\sum d_i^2 = \sum D_i^2 - 2\frac{(\sum D_i)^2}{n} + n\left(\frac{\sum D_i}{n} \right)^2$$

因为在测量中正负误差出现的机会相等，故将（$\sum D_i$）^{2} 展开后，$D_1 \cdot D_2$，$D_1 \cdot D_3$，……的值为正和为负的数目相等，彼此相消，故得

$$\sum d_i^2 = \sum D_i^2 - 2\frac{\sum D_i^2}{n} + n\frac{\sum D_i^2}{n^2}$$

$$\sum d_i^2 = \frac{n-1}{n}\sum D_i^2$$

从上式可以看出，在有限测量次数中，自算数平均值计算的误差平方和永远小于自真值计算的误差平方和。根据标准误差的定义，有

$$\sigma = \sqrt{\frac{\sum D_i^2}{n}}$$

其中，$\sum D_i^2$ 代表观测次数为无限多时误差的平方和，故当观测次数有限时，有

$$\sigma = \sqrt{\frac{\sum d_i^2}{n-1}} \tag{1-25}$$

1.3.4 可疑观测值的舍弃

根据概率积分的知识，随机误差正态分布曲线下的全部积分，相当于全部误差同时出现的概率。

$$p = \frac{1}{\sqrt{2\pi}\sigma}\int_{-\infty}^{\infty} e^{-\frac{x^2}{2\sigma^2}} dx = 1 \tag{1-26}$$

若误差 x 以标准误差 σ 的倍数表示，即 $x=t\sigma$，则在 $\pm t\sigma$ 范围内出现的概率为 $2\Phi(t)$，超出这个范围的概率为 $1-2\Phi(t)$。$\Phi(t)$ 称为概率函数，表示为

$$\Phi(t)=\frac{1}{\sqrt{2\pi}}\int_0^t \mathrm{e}^{-\frac{t^2}{2}}\mathrm{d}t \tag{1-27}$$

$2\Phi(t)$ 与 t 的对应值在数学手册或相关专著中均附有此类积分表，读者可自行查取。在使用积分表时，需已知 t 值。由图 1.4 和表 1-1 给出几个典型及其相应的超出或不超出 $|x|$ 的概率。

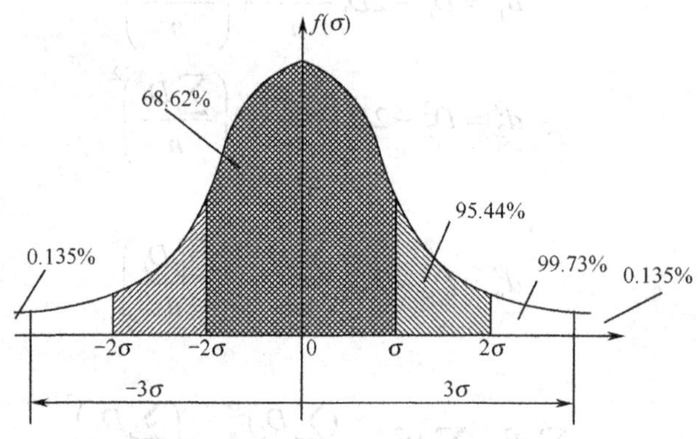

图 1.4　误差分布曲线的积分

表 1-1　误差概率和出现次数

t	$\|x\|=t\sigma$	不超出 $\|x\|$ 的概率 $2\Phi(t)$	超出 $\|x\|$ 的概率 $1-2\Phi(t)$	测量次数 n	超出 $\|x\|$ 的测量次数
0.67	0.67σ	0.497 14	0.502 86	2	1
1	1σ	0.682 69	0.317 31	3	1
2	2σ	0.954 50	0.045 50	22	1
3	3σ	0.997 30	0.002 70	370	1
4	4σ	0.999 91	0.000 09	11 111	1

由表 1-1 可知，当 $t=3$，$|x|=3\sigma$ 时，在 370 次观测中只有一次测量的误差超过 3σ 范围。在有限次的观测中，一般测量次数不超过 10 次，可以认为误差大于 3σ 是由于过失误差或实验条件变化未被发觉等原因引起的。因此，凡是误差大于 3σ 的数据点均舍弃。这种判断可疑实验数据的原则称为 3σ 准则。

1.3.5　函数误差

上述主要讨论直接测量的误差计算问题，但在许多场合下，往往涉及间接测量的变量，所谓间接测量是指通过直接测量的量与被测量量之间的一定的函数关系确定被测量量的测量方法，如传热问题中的传热速率。因此，间接测量值就是直接测量得到的各个测量值的函数，其测量误差是各个测量值误差的函数。

1）函数误差的表示

在间接测量中，函数误差的一般形式为多元函数，而多元函数可以表示为

$$y=f(x_1,x_2,\quad,x_n) \tag{1-28}$$

其中，y——间接测量值；

x_i——直接测量值。

由泰勒级数展开得

$$\Delta y=\frac{\partial f}{\partial x_1}\Delta x_1+\frac{\partial f}{\partial x_2}\Delta x_2+\cdots+\frac{\partial f}{\partial x_n}\Delta x_n \tag{1-29}$$

或

$$\Delta y=\sum_{i=1}^{n}\frac{\partial f}{\partial x_i}\Delta x_i$$

它的最大绝对误差为

$$\Delta y=\left|\sum_{i=1}^{n}\frac{\partial f}{\partial x_i}\Delta x_i\right| \tag{1-30}$$

其中，$\frac{\partial f}{\partial x_i}$——误差传递系数；

Δx_i——直接测量值的误差；

Δy——间接测量值的最大绝对误差。

函数的相对误差 δ 为

$$\begin{aligned}\delta=\frac{\Delta y}{y}&=\frac{\partial f}{\partial x_1}\frac{\Delta x_1}{y}+\frac{\partial f}{\partial x_2}\frac{\Delta x_2}{y}+\cdots+\frac{\partial f}{\partial x_n}\frac{\Delta x_n}{y}\\&=\frac{\partial f}{\partial x_1}\delta_1+\frac{\partial f}{\partial x_2}\delta_2+\cdots+\frac{\partial f}{\partial x_n}\delta_n\end{aligned} \tag{1-31}$$

2）某些函数误差的计算

（1）函数 $y=x\pm z$ 的绝对误差和相对误差。

由于误差传递系数 $\frac{\partial f}{\partial x}=1,\frac{\partial f}{\partial z}=\pm1$，则函数最大绝对误差为

$$\Delta y=\pm(|\Delta x|+|\Delta z|) \tag{1-32}$$

相对误差为

$$\delta_{\rm r}=\frac{\Delta y}{y}=\pm\frac{|\Delta x|+|\Delta z|}{x+z} \tag{1-33}$$

（2）函数形式为 $y=K\frac{xz}{w}$，x、z、w 为变量。

误差传递系数为 $\frac{\partial y}{\partial x}=\frac{Kz}{w}$、$\frac{\partial y}{\partial z}=\frac{Kx}{w}$ 和 $\frac{\partial y}{\partial w}=-\frac{Kxz}{w^2}$，函数的最大绝对误差为

$$\Delta y=\left|\frac{Kz}{w}\Delta x\right|+\left|\frac{Kx}{w}\Delta z\right|+\left|\frac{Kxz}{w^2}\Delta w\right| \tag{1-34}$$

函数的最大相对误差为

$$\delta_r = \frac{\Delta y}{y} = \left|\frac{\Delta x}{x}\right| + \left|\frac{\Delta z}{z}\right| + \left|\frac{\Delta w}{w}\right| \tag{1-35}$$

现将某些常用函数的最大绝对误差和相对误差列于表 1-2 中。

表 1-2　某些函数的误差传递公式

函数式	误差传递公式	
	最大绝对误差 Δy	最大相对误差 δ_r
$y = x_1 + x_2 + x_3$	$\Delta y = \pm(\lvert\Delta x_1\rvert + \lvert\Delta x_2\rvert + \lvert\Delta x_3\rvert)$	$\delta_r = \Delta y / y$
$y = x_1 + x_2$	$\Delta y = \pm(\lvert\Delta x_1\rvert + \lvert\Delta x_2\rvert)$	$\delta_r = \Delta y / y$
$y = x_1 x_2$	$\Delta y = \pm(\lvert x_1\Delta x_2\rvert + \lvert x_2\Delta x_1\rvert)$	$\delta_r = \pm\left(\left\lvert\frac{\Delta x_1}{x_1} + \frac{\Delta x_2}{x_2}\right\rvert\right)$
$y = x_1 x_2 x_3$	$\Delta y = \pm(\lvert x_1 x_2 \Delta x_3\rvert + \lvert x_1 x_3 \Delta x_2\rvert + \lvert x_2 x_3 \Delta x_1\rvert)$	$\delta_r = \pm\left(\left\lvert\frac{\Delta x_1}{x_1} + \frac{\Delta x_2}{x_2} + \frac{\Delta x_3}{x_3}\right\rvert\right)$
$y = x^n$	$\Delta y = \pm(n x^{n-1}\Delta x)$	$\delta_r = \pm\left(n\left\lvert\frac{\Delta x}{x}\right\rvert\right)$
$y = \sqrt[n]{x}$	$\Delta y = \pm\left(\frac{1}{n} x^{\frac{1}{n}-1}\Delta x\right)$	$\delta_r = \pm\left(\frac{1}{n}\left\lvert\frac{\Delta x}{x}\right\rvert\right)$
$y = x_1 / x_2$	$\Delta y = \pm\left(\frac{x_2\Delta x_1 + x_1\Delta x_2}{x_2^2}\right)$	$\delta_r = \pm\left(\left\lvert\frac{\Delta x_1}{x_1} + \frac{\Delta x_2}{x_2}\right\rvert\right)$
$y = cx$	$\Delta y = \pm\lvert c\Delta x\rvert$	$\delta_r = \pm\left(\left\lvert\frac{\Delta x}{x}\right\rvert\right)$
$y = \lg x$	$\Delta y = \pm\left\lvert 0.434\,3\frac{\Delta x}{x}\right\rvert$	$\delta_r = \Delta y / y$
$y = \ln x$	$\Delta y = \pm\left\lvert\frac{\Delta x}{x}\right\rvert$	$\delta_r = \Delta y / y$

【例 1.3】　用量热器测定固体比热容时，采用的公式是

$$C_p = \frac{M(t_2 - t_0)}{m(t_1 - t_2)} C_{p\mathrm{H_2O}}$$

其中，M——量热器内水的质量；

m——被测物体的质量；

t_0——测量前水的温度；

t_1——放入量热器前物体的温度；

t_2——测量时水的温度；

$C_{p\mathrm{H_2O}}$——水的定压热容，4.187 kJ/（kg・K）。

测量结果如下：

M=250±0.2 g　　m=62.31±0.02 g

t_0=13.52±0.01℃　　t_1=99.32±0.04℃

t_2=17.79±0.01℃

试求测量物的比热容的真值，并确定能否提高测量精度。

解：根据题意，计算函数的真值，需计算各变量的绝对误差和误差传递系数。为了

简化计算，令 $\theta_0=t_2-t_0=4.27$℃，$\theta_1=t_1-t_2=81.53$℃，方程改写为

$$C_p=\frac{M\theta_0}{m\theta_1}C_{p\mathrm{H_2O}}$$

各变量的绝对误差为

$$\Delta M=0.2\ \mathrm{g}\qquad \Delta\theta_0=|\Delta t_2|+|\Delta t_0|=0.01+0.01=0.02℃$$

$$\Delta m=0.02\ \mathrm{g}\qquad \Delta\theta_0=|\Delta t_2|+|\Delta t_1|=0.04+0.01=0.05℃$$

各变量的误差传递系数为

$$\frac{\partial C_p}{\partial M}=\frac{\theta_0 C_{p\mathrm{H_2O}}}{m\theta_1}=\frac{4.27\times4.187}{62.31\times81.53}=3.52\times10^{-3}$$

$$\frac{\partial C_p}{\partial m}=-\frac{M\theta_0 C_{p\mathrm{H_2O}}}{m^2\theta_1}=-\frac{4.27\times4.187}{62.31^2\times81.53}=-1.41\times10^{-2}$$

$$\frac{\partial C_p}{\partial \theta_0}=\frac{M C_{p\mathrm{H_2O}}}{m\theta_1}=\frac{250\times4.187}{62.31\times81.53}=0.206$$

$$\frac{\partial C_p}{\partial \theta_1}=-\frac{M\theta_0 C_{p\mathrm{H_2O}}}{m\theta_1^2}=-\frac{250\times4.27\times4.187}{62.31\times81.53^2}=-1.08\times10^{-2}$$

函数的绝对误差为

$$\Delta C_p=\frac{\partial C_p}{\partial M}\Delta M+\frac{\partial C_p}{\partial m}\Delta m+\frac{\partial C_p}{\partial \theta_0}\Delta\theta_0+\frac{\partial C_p}{\partial \theta_1}\Delta\theta_1$$

$$=3.52\times10^{-3}\times0.2-1.41\times10^{-2}\times0.02+0.206\times0.02-1.08\times10^{-2}\times0.05$$

$$=0.704\times10^{-3}-0.282\times10^{-3}+4.12\times10^{-3}-0.54\times10^{-3}$$

$$=4.00\ \mathrm{J/(kg\cdot K)}$$

$$C_p=\frac{250\times4.27}{62.31\times81.53}\times4.187=8.8\times10^2\ \mathrm{J/(kg\cdot K)}$$

故真值为　$C_p=880\pm0.3$ J/（kg · K）

由有效数字位数考虑以上的测量结果，精度满足要求。若不仅考虑有效数字位数，还需要比较各变量的测量精度，确定是否有可能提高测量精度，则本例可从分析比较各变量的相对误差着手。

各变量的相对误差分别为

$$E_M=\frac{\Delta M}{M}=\frac{0.2}{250}=8\times10^{-4}=0.08\%$$

$$E_m=\frac{\Delta m}{m}=\frac{0.02}{62.31}=3.21\times10^{-4}=0.032\%$$

$$E_{\theta_0}=\frac{\Delta\theta}{\theta_0}=\frac{0.02}{4.27}=4.68\times10^{-3}=0.468\%$$

$$E_{\theta_1}=\frac{\Delta\theta}{\theta_1}=\frac{0.05}{81.53}=6.13\times10^{-4}=0.061\,3\%$$

其中，θ_0 的相对误差为 0.468%，误差最大，是 M 的 5.85 倍，是 m 的 14.63 倍。为了提

高 C_p 的测量精度，可改善 θ_0 的测量仪表的精度，即提高测量水温的温度计精度，如采用贝克曼温度计，分度值可达 0.002，精度为 0.001。则其相对误差为

$$E_{\theta_0}=\frac{0.002}{4.27}=4.68\times10^{-4}=0.046\,8\%$$

由此可见，变量的精度基本相当。提高 θ_0 的精度后 C_p 的绝对误差为

$$\Delta C_p=3.52\times10^{-3}\times0.2-1.41\times10^{-2}\times0.02+0.206\times0.002-1.08\times10^{-2}\times0.05$$
$$=0.704\times10^{-3}-0.282\times10^{-3}+0.412\times10^{-3}-0.54\times10^{-3}$$
$$=0.294\ \text{J/（kg·K）}$$

系统提高精度后，C_p 的真值为

$$C_p=880\pm0.3\ \text{J/（kg·K）}$$

1.4 实验数据处理

物理实验中测量得到的许多数据经过处理后才能表示测量的最终结果。对实验数据进行记录、整理、计算、分析、拟合……从中获得实验结果和寻找物理量变化规律或经验公式的过程就是数据处理。它是实验方法的一个重要组成部分，是实验课的基本训练内容。本章主要介绍列表法、作图法、图解法、逐差法和最小二乘法。

1.4.1 列表法

列表法就是将一组实验数据和计算的中间数据依据一定的形式和顺序列成表格。列表法可以简单明确地表示出物理量之间的对应关系，便于分析和发现资料的规律性，也有助于检查和发现实验中的问题，这就是列表法的优点。设计记录表格时要做到：

（1）表格设计要合理，以利于记录、检查、运算和分析。

（2）表格中涉及的各物理量，其符号、单位及量值的数量级均要表示清楚，但不要把单位写在数字后。

（3）表中数据要正确反映测量结果的有效数字和不确定度。列入表中的除原始数据外，计算过程中的一些中间结果和最后结果也可以列入表中。

（4）表格要加上必要的说明。实验室所给的数据或查得的单项数据应列在表格的上部，说明写在表格的下部。

1.4.2 作图法

作图法是在坐标纸上用图线表示物理量之间的关系，揭示物理量之间的关系。作图法有简明、形象、直观、便于比较研究实验结果等优点，它是一种最常用的数据处理方法。

作图法的基本规则是：

（1）根据函数关系选择适当的坐标纸（如直角坐标纸，单对数坐标纸，双对数坐标

纸，极坐标纸等）和比例，画出坐标轴，标明物理量符号、单位和刻度值，并写明测试条件。

（2）坐标的原点不一定是变量的零点，可根据测试范围加以选择。坐标分格最好使最低数字的一个单位可靠数与坐标最小分度相当。纵横坐标比例要恰当，以使图线居中。

（3）描点和连线。根据测量数据，用直尺和笔尖使其函数对应的实验点准确地落在相应的位置上。一张图纸上画几条实验曲线时，每条图线应用不同的标记如“+”、“×”、“·”、“Δ”等符号标出，以免混淆。连线时，要顾及数据点，使曲线呈光滑曲线（含直线），并使数据点均匀分布在曲线（直线）的两侧，且尽量贴近曲线。个别偏离过大的点要重新审核，属过失误差的应剔去。

（4）标明图名，即做好实验图线后，应在图纸下方或空白的明显位置处，写上图的名称、作者和作图日期，有时还要附上简单的说明，如实验条件等，使读者一目了然。作图时，一般将纵轴代表的物理量写在前面，横轴代表的物理量写在后面，中间用“～”连接。

（5）最后将图纸贴在实验报告的适当位置，便于教师批阅实验报告。

1.4.3 图解法

在物理实验中，实验图线画出以后，可以由图线求出经验公式。图解法就是根据实验数据画好的图线，用解析法找出相应的函数形式。实验中经常遇到的图线是直线、抛物线、双曲线、指数曲线和对数曲线。特别是当图线是直线时，采用此方法更为方便。

1. 由实验图线建立经验公式的一般步骤

（1）根据解析几何知识判断图线的类型；

（2）由图线的类型判断公式的可能特点；

（3）利用半对数、对数或倒数坐标纸，把原曲线改为直线；

（4）确定常数，建立起经验公式的形式，并用实验数据来检验所得公式的准确程度。

2. 用直线图解法求直线的方程

如果画出的实验图线是一条直线，则经验公式应为直线方程，即

$$y = kx + b \tag{1-36}$$

要建立此方程，必须由实验直接求出 k 和 b，即斜率测距法。

在图线上选取两点 P_1（x_1，y_1）和 P_2（x_2，y_2），注意不得用原始数据点，而应从图线上直接读取，其坐标值最好是整数值。所取的两点在实验范围内应尽量彼此分开一些，以减小误差。由解析几何知，上述直线方程中，k 为直线的斜率，b 为直线的截距。k 可以根据两点的坐标求出。斜率为

$$k = \frac{y_2 - y_1}{x_2 - x_1} \tag{1-37}$$

其截距 b 为 $x = 0$ 时的 y 值；若原实验中所绘制的图形并未给出 $x = 0$ 段直线，可将直线用虚线延长交于 y 轴，则可量出截距。如果起点不为零，也可以由式

$$b=\frac{x_2y_1-x_1y_2}{x_2-x_1} \tag{1-38}$$

求出截距，将斜率和截距的数值代入方程中就可以得到经验公式。

3．曲线改直，曲线方程的建立

在许多情况下，虽然函数关系是非线性的，但可通过适当的坐标变换画成线性关系，在作图法中用直线表示，这种方法叫做曲线改直。做这样的变换不仅是由于直线容易描绘，更重要的是直线的斜率和截距所包含的物理内涵是我们所需要的。例如：

（1）$y=ax^b$，其中 a、b 为常量，可变换成 $\lg y=b\lg x+\lg a$，$\lg y$ 为 $\lg x$ 的线性函数，斜率为 b，截距为 $\lg a$。

（2）$y=ab^x$，其中 a、b 为常量，可变换成 $\lg y=(\lg b)x+\lg a$，$\lg y$ 为 x 的线性函数，斜率为 $\lg b$，截距为 $\lg a$。

（3）$PV=C$，其中 C 为常量，要变换成 $P=C(1/V)$，P 是 $1/V$ 的线性函数，斜率为 C。

（4）$y^2=2px$，其中 p 为常量，$y=\pm\sqrt{2p}\,x^{1/2}$，y 是 $x^{1/2}$ 的线性函数，斜率为$\pm\sqrt{2p}$。

（5）$y=x/(a+bx)$，其中 a、b 为常量，可变换成 $1/y=a(1/x)+b$，$1/y$ 为 $1/x$ 的线性函数，斜率为 a，截距为 b。

（6）$s=v_0t+at^2/2$，其中 v_0，a 为常量，可变换成 $s/t=(a/2)t+v_0$，s/t 为 t 的线性函数，斜率为 $a/2$，截距为 v_0。

【例 1.4】 在恒定温度下，一定质量的气体的压强 P 随容积 V 而变，画 P—V 图，如图 1.5 所示，为一双曲线。

用坐标轴 $1/V$ 置换坐标轴 V，则 P—$1/V$ 图为一直线，如图 1.6 所示。直线的斜率为 C，即玻-马定律。

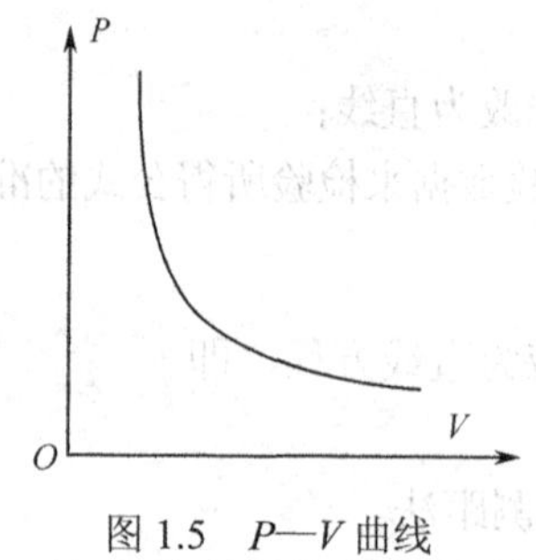

图 1.5　P—V 曲线

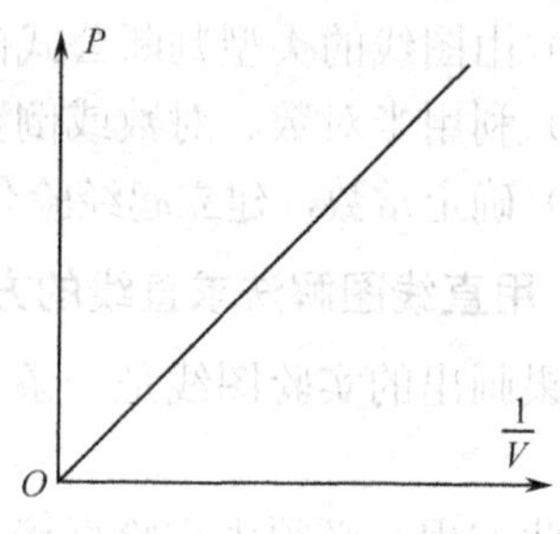

图 1.6　P—$1/V$ 曲线

【例 1.5】 单摆的周期 T 随摆长 L 而变，绘出 T—L 实验曲线为抛物线型如图 1.7 所示。

若作 T^2—L 图则为一直线型，如图 1.8 所示。斜率：$k=\frac{T^2}{L}=\frac{4\pi^2}{g}$。由此可写出单摆的周期公式：$T=2\pi\sqrt{\frac{L}{g}}$。

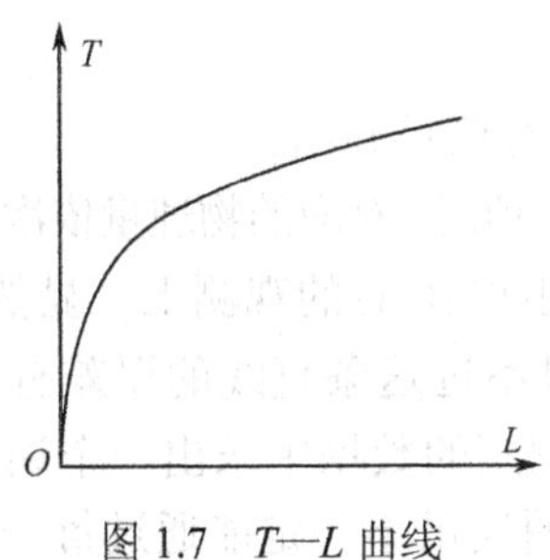

图 1.7 T—L 曲线

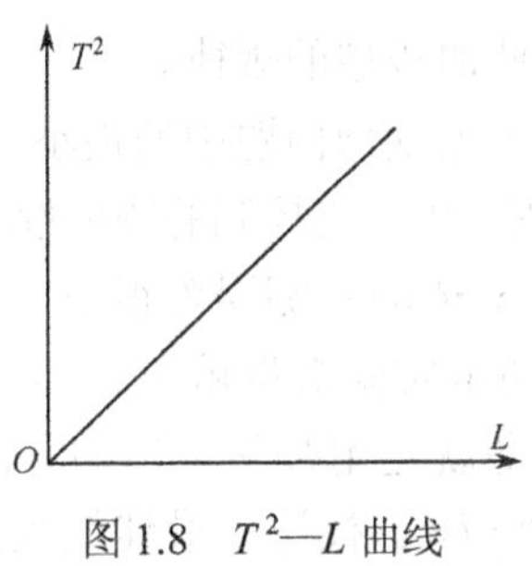

图 1.8 T^2—L 曲线

1.4.4 逐差法

对等间距变化的物理量 x 进行测量且被测量之间的函数形式可以写成 x 的多项式时，可用逐差法进行数据处理。

例如，一空载长为 x_0 的弹簧，逐次在其下端加挂质量为 m 的砝码，测出对应的长度 $x_1,x_2,\cdots,x_5$，为求每加一个单位质量的砝码的伸长量，可将数据按顺序对半分成两组，使两组对应项相减，有

$$\frac{1}{3}\left[\frac{(x_3-x_0)}{3m}+\frac{(x_4-x_1)}{3m}+\frac{(x_5-x_2)}{3m}\right]=\frac{1}{9m}[(x_3+x_4+x_5)-(x_0+x_1+x_2)]$$

这种对应项相减，即逐项求差法简称逐差法。它的优点是尽量利用各测量量，而又不减少结果的有效数字位数，是实验中常用的数据处理方法之一。

注意：逐差法与作图法一样，都是一种粗略处理数据的方法，在普通物理实验中，经常要用到这两种基本的方法。在使用逐差法时要注意以下几个问题：

（1）在验证函数表达式的形式时，要用逐项逐差，不用隔项逐差。这样可以检验每个数据点之间的变化是否符合规律。

（2）在求某一物理量的平均值时，不可用逐项逐差，而要用隔项逐差；否则中间项数据会相互抵消，而只用到首尾项，浪费数据。

如上例，若采用逐项逐差法（相邻两项相减的方法）求伸长量，则有

$$\frac{1}{5}\left[\frac{(x_1-x_0)}{m}+\frac{(x_2-x_1)}{m}+\cdots+\frac{(x_5-x_4)}{m}\right]=\frac{1}{5m}(x_5-x_0)$$

可见只有 x_0 和 x_5 两个数据起作用，没有充分利用整组数据，失去了在大量数据中求平均以减小误差的作用，是不合理的。

1.4.5 用最小二乘法作直线拟合

作图法虽然在数据处理中是一个很便利的方法，但在图线的绘制上往往会引入附加误差，尤其在根据图线确定常数时，这种误差有时很明显。为了克服这一缺点，在数理统计中研究了直线拟合问题（或称一元线性回归问题），常用一种以最小二乘法为基础的实验数据处理方法。由于某些曲线的函数可以通过数学变换改写为直线，例如对函数 $y=a\mathrm{e}^{-bx}$ 取对数得 $\ln y=\ln a-bx$，$\ln y$ 与 x 的函数关系就变成直线型了。因此这一方法

也适用于某些曲线型的规律。

下面就数据处理问题中的最小二乘法原则进行简单介绍。

设某一实验中，可控制的物理量取 $x_1, x_2, \cdots, x_n$ 值时，对应的物理量依次取 $y_1, y_2, \cdots, y_n$ 值。假定对 x_i 值的观测误差很小，主要误差都出现在 y_i 的观测上。显然如果从（x_i，y_i）中任取两组实验数据就可得出一条直线，只不过这条直线的误差有可能很大。直线拟合的任务就是用数学分析的方法从这些观测到的数据中求出一个误差最小的最佳经验式 $y = a + bx$。按这一最佳经验公式画出的图线虽不一定能通过每一个实验点，但是它以最接近这些实验点的方式平滑地穿过它们。很明显，对应于每一个 x_i 值，观测值 y_i 和最佳经验式的 y 值之间存在一偏差 δ_{yi}，称为观测值 y_i 的偏差，即

$$\delta_{y_i} = y_i - y = y_i - (a + bx_i) \quad (i = 1, 2, 3, \cdots, n) \tag{1-39}$$

最小二乘法的原理就是：如果各观测值 y_i 的误差相互独立且服从同一正态分布，当 y_i 的偏差的平方和为最小时，得到最佳经验式。根据这一原则可求出常数 a 和 b。

设以 S 表示 δ_{y_i} 的平方和，它应满足

$$S = \sum(\delta_{y_i})^2 = \sum[y_i - (a + bx_i)]^2 = \min \text{（最小）} \tag{1-40}$$

式（1-40）中的 y_i 和 x_i 是测量值，都是已知量，而 a 和 b 是待求量，因此 S 实际是 a 和 b 的函数。令 S 对 a 和 b 的偏导数为零，即可解出满足上式的 a、b 值。

$$\frac{\partial S}{\partial a} = -2\sum(y_i - a - bx_i) = 0, \quad \frac{\partial S}{\partial b} = -2\sum(y_i - a - bx_i)x_i = 0$$

即

$$\sum y_i - na - b\sum x_i = 0, \quad \sum x_i y_i - a\sum x_i - b\sum x_i^2 = 0$$

其解为

$$a = \frac{\sum x_i y_i \sum x_i - \sum y_i \sum x_i^2}{\left(\sum x_i\right)^2 - n\sum x_i^2}, \quad b = \frac{\sum x_i \sum y_i - n\sum x_i y_i}{\left(\sum x_i\right)^2 - n\sum x_i^2} \tag{1-41}$$

将得出的 a 和 b 代入直线方程，即得到最佳的经验公式 $y = a + bx$。

上面介绍了用最小二乘法求经验公式中的常数 a 和 b 的方法，是一种直线拟合法。它在科学实验中的运用很广泛，特别是有了计算器后，计算工作量大大减小，计算精度也能保证，因此它是很有用又很方便的方法。用这种方法计算的常数值 a 和 b 是“最佳的”，但并不是没有误差，它们的误差估算比较复杂。一般地，一列测量值的 δ_{yi} 大（即实验点对直线的偏离大），那么由这列数据求出的 a、b 值的误差也大，由此确定的经验公式可靠程度就低；如果一列测量值的 δ_{yi} 小（即实验点对直线的偏离小），那么由这列数据求出的 a、b 值的误差就小，由此确定的经验公式可靠程度就高。直线拟合中的误差估计问题比较复杂，可参阅其他资料。

为了检查实验数据的函数关系与得到的拟合直线符合的程度，数学上引进了线性相关系数 r 来进行判断。r 定义为

$$r=\frac{\sum \Delta x_i \Delta y_i}{\sqrt{\sum(\Delta x_i)^2 \cdot \sum(\Delta y_i)^2}} \tag{1-42}$$

其中，$\Delta x_i = x_i - \bar{x}$，$\Delta y_i = y_i - \bar{y}$。$r$ 的取值范围为 $-1 \leqslant r \leqslant 1$。从相关系数的这一特性可以判断实验数据是否符合线性。如果 r 很接近 1，则各实验点均在一条直线上。普通物理实验中如果 r 达到 0.999，就表示实验数据的线性关系良好，各实验点聚集在一条直线附近。相反，相关系数 r=0 或趋近零，说明实验数据很分散，无线性关系。因此用直线拟合法处理数据时要算相关系数。具有二维统计功能的计算器有直接计算 r 及 a、b 的功能。

1.4.6 教学中常用仪器误差限 $\Delta_{仪}$

常用仪器误差限 $\Delta_{仪}$ 给出如下：

米尺	$\Delta_{仪}$ =0.5 mm
游标卡尺（20、50 分度）	$\Delta_{仪}$ =最小分度值（0.05 mm 或 0.02 mm）
千分尺	$\Delta_{仪}$ =0.004 mm 或 0.005 mm
分光计	$\Delta_{仪}$ =最小分度值（1′或 30″）
读数显微镜	$\Delta_{仪}$ =0.005 mm
各类数字式仪表	$\Delta_{仪}$ =仪器最小读数
记时器（1 s、0.1 s、0.01 s）	$\Delta_{仪}$ =仪器最小分度（1 s、0.1 s、0.01 s）
物理天平（0.1 g）	$\Delta_{仪}$ =0.05 g
电桥（QJ23 型）	$\Delta_{仪}$ =$K\%\cdot R$（K 是准确度或级别，R 为示值）
电位差计（UJ33 型）	$\Delta_{仪}$ =$K\%\cdot v$（K 是准确度或级别，v 为示值）
转柄电阻箱	$\Delta_{仪}$ =$K\%\cdot R$（K 是准确度或级别，R 为示值）
电表	$\Delta_{仪}$ =$K\%\cdot M$（K 是准确度或级别，M 为示值）
其他仪器、量具	$\Delta_{仪}$ 是根据实验实际情况由实验室给出的示值误差限

习 题

1. 指出下列各量是几位有效数字，测量所选用的仪器与其精度是多少？

（1）63.74 cm；（2）0.302 cm；（3）0.010 0 cm；

（4）1.000 0 kg；（5）0.025 cm；（6）1.35 ℃；

（7）12.6 s；（8）0.203 0 s；（9）1.530×10^{-3} m。

2. 试用有效数字运算法则计算出下列结果。

（1）107.50−2.5；（2）273.5÷0.1；（3）1.50÷0.500−2.97；

（4）$\dfrac{8.0421}{6.038-6.034}+30.9$；（5）$\dfrac{50.0\times(18.30-16.3)}{(103-3.0)\times(1.00+0.001)}$；

（6）$V=\pi d^2 h/4$，已知 $h=0.005$ m，$d=13.984\times10^{-3}$ m，计算 V。

3．改正下列错误，写出正确答案。

（1）$L=0.010\ 40$ km 的有效数字是 5 位；

（2）$d=12.435\pm0.02$ cm；

（3）$h=27.3\times10^4\pm200\ 0$ km；

（4）$R=6\ 371$ km$=6\ 371\ 000$ m$=637\ 100\ 000$ cm。

4．单位变换。

（1）将 $L=4.25\pm0.05$ cm 的单位变换成 μm，mm，m，km；

（2）将 $m=1.750\pm0.001$ kg 的单位变换成 g，mg，t。

5．已知周期 $T=1.256\ 6\pm0.000\ 1$ s，计算角频率 ω 的测量结果，写出标准式。

6．计算 $\rho=\dfrac{4m}{\pi D^2 H}$ 的结果，其中 $m=236.124\pm0.002$ g；$D=2.345\pm0.005$ cm；$H=8.21\pm0.01$ cm。并且分析 m，D，H 对 σ_ρ 的合成不确定度的影响。

7．利用单摆测重力加速度 g，当摆角很小时有 $T=2\pi\sqrt{\dfrac{l}{g}}$ 的关系。其中 l 为摆长，T 为周期，它们的测量结果分别为 $l=97.69\pm0.02$ cm，$T=1.984\ 2\pm0.000\ 2$ s，求重力加速度及其不确定度。

第2章

物理实验的基本仪器

物理实验中使用力学、电学、热学、光学等各类仪器，本章介绍一些最基本的常用仪器，其他仪器将在后面各实验中进行具体介绍。

2.1 力学基本仪器

力学最基本的量有长度、质量和时间。本节介绍测量这三个基本量的常用仪器。

2.1.1 米尺

米尺的分度值为1 mm。因此，用米尺测量长度时，可以读准到毫米这一位上，毫米以下的一位则需凭视力估计。例如，用米尺测量一个物体的长度$L=I_P-I_Q$，如图2.1（a）所示，如P点位置的读数I_P是1.37 cm，Q点位置的读数I_Q是3.62 cm，则L=3.62−1.37=2.25 cm。

在P点和Q点位置的读数中，毫米及毫米以上的读数"1.3"和"3.6"是米尺上有刻度线的，是读得准的；最后一位即毫米以下的一位读数"7"和"2"是估计的，即读数的偶然误差所在的位数，这位读数与真实值可能有出入，但还是有意义的，不能去掉。

之后，对各种仪表进行读数时，在可能的情况下，都要对小于分度值的数进行估读。读数的最后一位应该是读数的偶然误差所在的位数。这是仪器读数的一般规则。

米尺是有一定厚度的。所以，用米尺测量时，要尽可能把待测物体贴紧米尺的刻度线，以避免视差。视差的来源是由于待测对象与标尺不紧贴，以致测量者从不同角度观看导致的读数差异。图2.1（a）所示的放置方法是正确的，图2.1（b）所示的放置方法是不正确的。

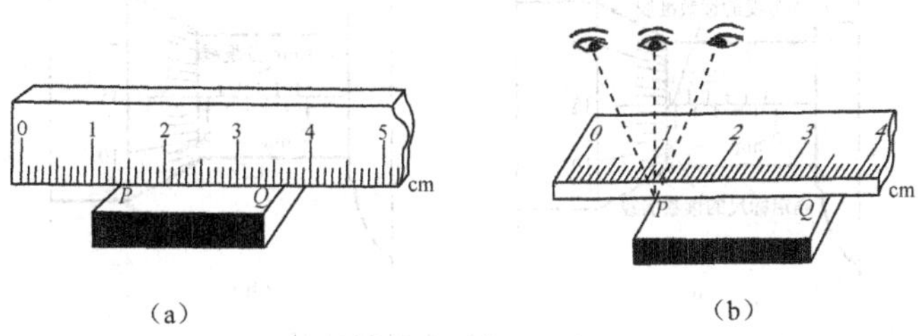

图2.1 米尺读数

在之后的各种测量中，要注意尽量避免视差，或设法减小视差。

有的米尺刻度是从端边开始的，测量时一般不用端边作为测量的起点，以免由磨损带来误差。常常选择米尺上的某一刻度线（如 10.00 cm）作为测量起点。

如果要考虑米尺刻度的不均匀，可以由不同起点进行多次测量。

2.1.2 游标卡尺的使用

使用游标尺测量之前，应先把量爪 A、B 合拢，检查游标卡尺的“0”线和主尺的“0”线是否重合。如不重合，应记下零点读数，加以修正，即待测量 $L=I_1-I_0$。I_1 为未进行零点修正前的读数值，I_0 为零点读数。I_0 可以正，也可以负。

以后，在使用各种测量仪器时，一般都要注意校准零点或进行零点修正。

使用游标卡尺时，可一手拿物体，另一手持尺。要特别注意保护量爪不被磨损。使用时轻轻把物体卡住即可读数。

游标卡尺不允许用来测量粗糙的物体，并切忌把被夹紧的物体在卡口内挪动。

使用游标卡尺读数时要注意，先拧紧锁紧螺旋，再读数。它的值是由主尺和游标尺配合读出的。毫米以上的数值从游标“0”线在主尺上的位置读出，毫米以下的数值从游标读出。图 2.2 所示的木块长度是 2.144 cm。

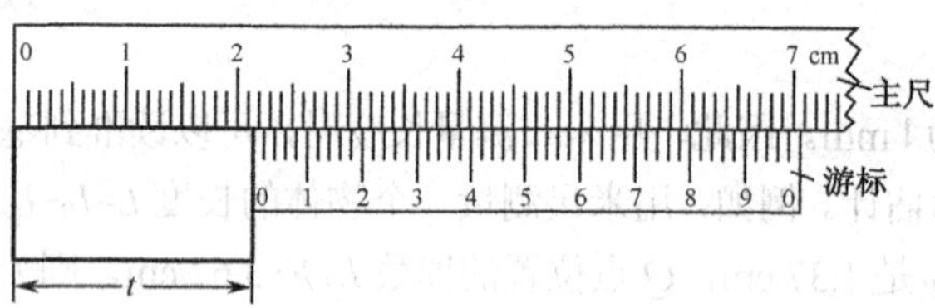

图 2.2 游标卡尺读数

2.1.3 螺旋测微器的使用

螺旋测微器是比游标卡尺更精密的长度测量仪器。使用螺旋测微器测量物体长度时，应轻轻转动螺旋柄后端的棘轮旋柄，推动螺旋杆，把待测物体刚好夹住。读数时，可以从固定标尺上读出整格数（每格 0.5 mm）。0.5 mm 以下的读数则由螺旋柄圆周上的刻度读出，估读到 0.001 mm 这一位上。如图 2.3（a）和图 2.3（b）所示，其读数分别为 5.650 mm（0.565 0 cm）和 5.150 mm（0.515 0 cm）。

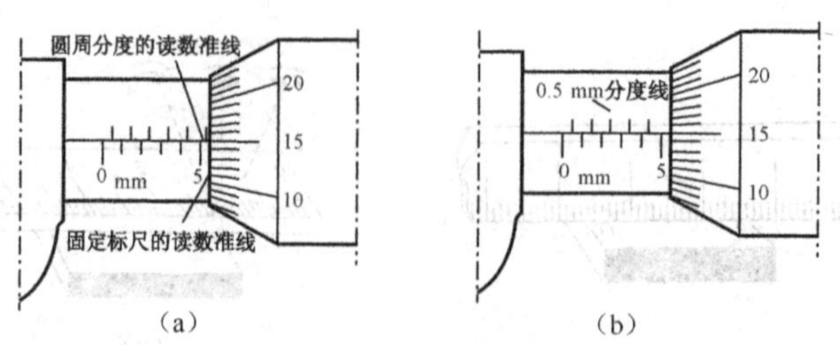

图 2.3 螺旋测微器读数

使用螺旋测微器时应注意：

（1）零点的调整。在使用螺旋测微器时应先检查零点。轻轻转动鼓轮，在测杆接近测砧时转动棘轮旋柄，使测杆缓慢前进。当测杆刚好与测砧接触时，可听到“咯咯”声，此时应停止转动棘轮，鼓轮上的零线应对准固定套筒上的水平线。如果不能对准，可以对测量数据作零点修正，螺旋测微器的零点可以调整，各种牌号的螺旋测微器调零点的方法不同，可见仪器说明书。

（2）零点位置的读数。如果不做（1）中的零点调整，也可以先读出零点位置的数值，即初始数值。

若鼓轮上的零线在固定套筒的水平线之上，初始读数为负值，反之为正值。即初始值为负或正，测量读数之后要进行修正。

（3）螺旋测微器是较精密的仪器。记录零点及把待测物体夹紧测量时，应轻轻转动棘轮旋柄推进螺杆，注意不能直接转动鼓轮以免用力过大夹得太紧，不仅影响测量结果，而且很容易损坏仪器。在测量时也应转动棘轮，只要听到在转动小棘轮时发出“咯咯”的声音，就不要再推进螺杆，而应该进行读数了。

（4）量完后，测砧与测杆间应留出一定间隙，以免因热膨胀而使螺纹受损。

2.1.4 读数显微镜的使用

读数显微镜（又称测距显微镜）是用来测量微小距离或微小距离变化的。读数显微镜的量程一般为几厘米，分度值为 0.001 cm。常见的一种读数显微镜的机械部分是根据螺旋测微原理制造的，一个与螺距为 1 mm 的丝杠联动的刻度圆盘上有 100 个等分格，因此，它的分度值是 0.001 cm。还有一种类型是用带了 1/100 mm 标尺的测微目镜来测量微小位移的。它的读数是由毫米标尺和螺旋测微标尺配合读出的。毫米以上的数值由毫米标尺读出，毫米以下的数值由螺旋测微标尺读出。读数显微镜的示意图如图 2.4 所示。

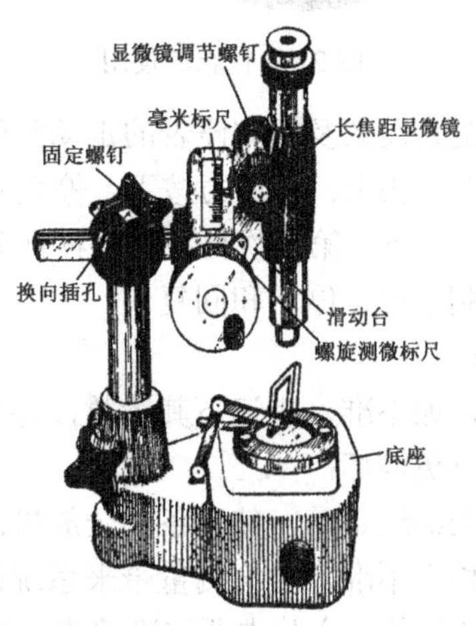

图 2.4 读数显微镜示意图

读数显微镜的操作步骤如下：

（1）将读数显微镜适当安装，对准待测物。

（2）调节显微镜的目镜，以清楚地看到叉丝（或标尺）。

（3）调节显微镜的聚焦情况或移动整个仪器，使待测物成像清楚，并消除视差，即眼睛上下移动时，看到叉丝与待测物的像之间无相对移动。

（4）先让叉丝对准待测物上一点（或一条线）A，记下读数；转动丝杆，对准另一点 B，再记下读数，两次读数之差即这两点 A、B 之间的距离。

（5）注意测量中两次读数时丝杆必须只向一个方向移动，以避免螺距差。

2.1.5 秒表的使用

秒表有多种规格，它们的使用方法略有不同。

一般的秒表有两个针：长针是秒针，每转一圈是 30 s；短针是分针。表盘上的数字分别表示秒和分的数值。这种停表的分度值是 0.1 s，如图 2.5 所示。还有一圈是 60 s、10 s、3 s 的秒表，也有双长针秒表。

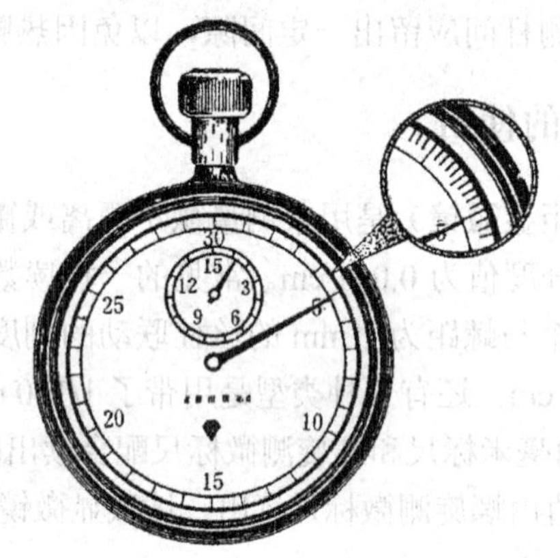

图 2.5 秒表的使用

秒表上端有柄头，用以旋紧发条及控制停表的走动和停止。使用前先上发条，测量时用手握住停表，大姆指按在柄头上，稍用力按下，停表立即走动，随即放手任其自行弹回；当需要停止时，可再按一下；第三次再按时，秒针分针都弹回零点。也有些停表用不同的柄头或键钮分别控制走动、停止和回复。

使用秒表时的注意事项：

（1）检查零点是否准确，如不准，应记下其读数，并对读数进行修正；

（2）实验中切勿摔碰，以免震坏；

（3）实验完毕，应让停表继续走动，使发条完全放松；

秒表的校准方法。如果秒表不准，会给测量带来系统误差。例如，秒表走得太快，测量值一定偏大。为减小系统误差，实验中要校准停表。校准的方法是，用一个数字毫秒计作为标准计时器来校准秒表。例如，秒表走了 614.8 s 时，标准计时器（一般用数字毫秒表）的读数为 613.67 s，则校准系数 $C=\dfrac{613.67}{614.8}$。在实际测量中，需要把测得的时间 t 乘以这个系数 C，才是正确时间。

2.2 热学基本仪器

本节主要介绍温度测量仪。温度测量仪是测温仪器类型中的一种。

2.2.1 分类

根据所用测温物质的不同和测温范围的不同，有煤油温度计、酒精温度计、水银温度计、气体温度计、电阻温度计、温差电偶温度计、辐射温度计和光测温度计、双金属温度计等。

温度测量仪表按测温方式又可分为接触式和非接触式两大类。

（1）通常来说接触式测温仪表比较简单、可靠，测量精度较高；但因测温元件与被测介质需要进行充分的热交换，需要一定的时间才能达到热平衡，所以存在测温的延迟现象，同时受耐高温材料的限制，不能应用于很高的温度测量。

（2）非接触式仪表测温是通过热辐射原理来测量温度的，测温元件不需要与被测介质接触，测温范围广，不受测温上限的限制，也不会破坏被测物体的温度场，反应速度一般也比较快；但受到物体的发射率、测量距离、烟尘和水气等外界因素的影响，其测量误差较大。

2.2.2 常用的几种测温仪器

1）液体温度计

液体温度计一般有 3 种规格：酒精温度计，量度范围是−117℃～78℃；水银温度计，量度范围是 0℃～150℃；煤油温度计，量度范围是−30℃～150℃。

使用液体温度计时需注意：

（1）根据实验的需要，选择合适的温度计。首先使待测物体的温度在选用的温度计量度范围之内，否则测不到结果，甚至造成温度计损坏。其次，温度计的最小分度是否符合精度要求。

（2）要在温度计留在被测液体里时读数，不要把它取出来才读数。

（3）为了减小温度计热容量对实验系统的影响，要求实验系统有足够大的热容量，这样才能使实验结果比较准确。

（4）温度计的水银柱如果出现断丝现象，可用手握住它急速地甩动，或者在桌面上垫一块厚橡皮，用手竖直地拿着温度计，把它的测温泡轻轻撞击橡皮，使水银柱连接起来。

（5）千万不能用水银温度计做搅棒，因为测温泡壁很薄，经不起撞击，务必小心轻放。不用时应该放在盒子里防止跌落。损坏了水银温度计必须及时收集水银，不要任其流失造成公害，因为水银蒸汽有剧毒。

2）热电偶

把两种不同的导体或半导体连接成一个闭合回路，如图 2.6 所示。如两接点分别处于不同的温度 T 和 T_0，则回路中就会产生热电动势，这种现象称做热电效应。同时把这个电路称为 A、B 组成的热电偶，如铂—铑热电偶、铜—铁热电偶等。

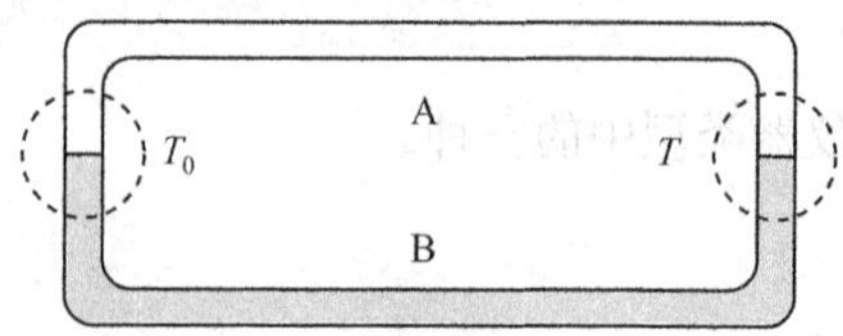

图 2.6　热电偶回路

在图 2.6 所示的热电偶回路中，产生的热电势由接触电势和温差电势两部分组成。温差电势是在同一导体的两端因温度的不同而产生的一种热电势，由于材料中高温端的电子能量比低温端的电子能量大，因而从高温端扩散到低温端的电子数比从低温端扩散到高温端的电子数多，结果使高温端失去电子而带正电荷，低温端得到电子而带负电荷，产生一个附加的静电场。此静电场阻碍电子从高温端向低温端的扩散。在达到动态平衡时，导体的高温和低温端间有一个电位差 $V_T - V_{T_0}$，此即温差电势。在热电偶回路中，导体 A 和 B 分别有自己的温差电势 $e_A(T,T_0)$ 和 $e_B(T,T_0)$。

接触电势的产生原因是两种导体材料的电子密度和逸出功不同。这样，当两种导体接触时，电子在其间扩散的速率就不同，使一种导体因失去电子而带正电荷，另一种导体因得到电子而带负电荷，在其接触面上形成一个静电场，即产生了电位差，这就是接触电势，其数值取决于两种不同导体材料的性质和接点的温度。在热电偶回路中两个接点分别有不同的接触电势 $e_{AB}(T)$，$e_{AB}(T_0)$。

由于温差电势和接触电势的影响，在热电偶回路中产生的总热电势可表达为 $E_{AB}(T,T_0) = e_{AB}(T,T_0) + e_B(T,T_0) - e_{AB}(T_0) - e_A(T,T_0)$，它是材料和温度的函数，对确定的热电偶材料，热电势 E_{AB}（T,T_0）是温度 T 和 T_0 的函数差 $E_{AB}(T,T_0) = f(T) - f(T_0)$。

如果使某接点温度固定（常取水的三相点温度作为 T_0），则总电势成为温度 T 的单值函数 $E_{AB}(T,T_0) = f(T)$。这一关系式可通过实验获得。得到 $f(T)$ 后，我们测出热电偶接点处于某未知温度时的 E_{AB} 值（另一接点温度是 T_0），就可得到此温度值。

3）电阻温度计

热敏电阻是由金属氧化物半导体材料制成的器件，具有阻值对温度反应灵敏、热响应速度快，体积小且无毒等优点，被广泛应用于测温、控温等领域。热敏电阻与金属材料制成的电阻具有明显不同的温度特性，它们多数具有负的温度特性。在一定温度范围内，热敏电阻的阻值和温度有如下关系：$R_T = a\exp\left(\dfrac{b}{T}\right)$，其中，$T$ 为热力学温度（单位为 K），R_T 为温度为 T 时热敏电阻的阻值，a 和 b 是与热敏电阻材料物理性质有关的常量，可从被测量中得到 R_T。

2.3 电学基本仪器

本节主要介绍几种常用的电子测量工具。

2.3.1 电表

电表的结构和原理，国内外基本都一样，可以分为模拟式电表和数字式电表两大类。这两类电表的工作原理截然不同。数字式电压表的基本单元是模数转换器，输入电压通过模数转换器转换成数字量后，通过液晶显示器或数码管直接显示出来。数字式电流表则是使电流通过标准的取样电阻后变成电压量，然后进行测量的。而模拟式电表的基本单元是微安表，其工作原理是载流线圈在磁场中受到力矩而转动，即安培定理。电压表则是将待测电压通过标准电阻产生一个与电压成正比的电流，然后用电流表来测量。

模拟式电表因为有机械运动部件，所以常被称为机械表。它的内部结构如图 2.7 所示。为了尽量使载流线圈所受到的转动力矩与载流线圈所在角位置无关，使力矩的大小只和线圈上通过的电流大小成正比，所以实际使用的电表要专门设计磁极形状以使磁场的大小和方向能满足上述线性化的要求。

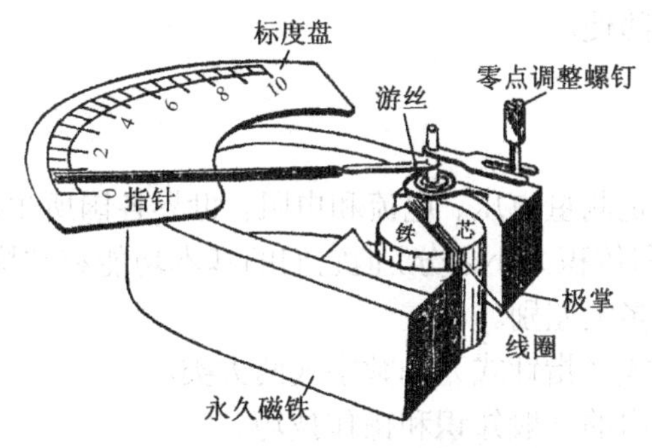

图 2.7 机械表结构图

电表又可分为直流电表和交流电表。直流电表是最基本的；交流电表只是把被测的交流电先进行整流，变成直流电或脉动直流电后再进行测量。

单用途电表的两个最重要参数是它的量程和测量精度。电表的量程是指它的最大可测量值，对模拟式电表，它的量程可直接由该电表表盘上的最大刻度值读出。电表的“测量精度”专业上常用更确切的名词——“测量准确度”来表述。对数字式电表，它可由厂方的产品说明书查到。对模拟式电表，则可由该电表表盘上所刻的准确度等级 A 来读出。

根据我国的国家标准，一般模拟式电表的准确度等级 A 分为 7 等，它们是：0.1，0.2，0.5，1.0，1.5，2.5，5.0。无级别标志的电表可认为它的准确度等级劣于 5.0。

电表的准确度等级表示在该量程范围内的最大误差限，对于模拟式电表，它的计算公式是 A =（最大允许误差/量程）×100%。可见，准确度等级 A 的数值越小的电表越精密，或者说越“高级”。

电表的系统误差则由两部分组成：基本误差和其他附加误差。即电表的系统误差=基本误差+其他附加误差。

电表的基本误差在规定的使用情况下，可按该量程范围内的最大误差限来计算，即电表的基本误差=量程×A%。可见，同一个电表，在不同量程时它们的基本误差是不一样的。请记住：电表每一次换量程挡后，它们的基本误差就变了。

电表的“规定使用情况”是电表保证它的最大误差限（即允许误差极限）不会大于它的准确度等级所表示的值的条件，或者说前提。模拟式电表要求的“规定使用情况”一般由电表的生产厂家根据国家标准，用统一的符号标记在电表的面板上。例如，

模拟式电表的放置方式：⊥表示该电表使用时应垂直放置；⊓表示水平放置（数字式电表没有放置方式的要求）。

电表的使用环境：Ⅱ级防外磁场。

电表的其他附加误差是指电磁场环境和温、湿度等的影响。在实验室的正常工作条件下一般较小，可以忽略。注意，模拟式电表的放置方式对电表测量的准确度的影响很大。不按规定方式放置，例如，有的学生坐着做实验，为了读数方便，常常把电表倾斜放置（在工作中我们也可常常见到类似的错误方式）。对模拟式电表的错误放置一般会引起人为测量误差，使电表的系统误差远大于表的基本误差，在实验中必须禁止。数字式电表的放置方式可以随便。

2.3.2 万用表

万用表的基本功能是测量电压、电流和电阻。世界各国所生产和使用的万用表虽有价格高低、准确度不同和体积大小之分，但它们的基本功能和结构原理都是大致相同的，基本的使用方法也没有多大差别。

万用表可分为模拟式（指针式）和数字式两大类。

下面介绍万用表使用的一般知识和操作技巧。

1. 万用表测试表笔的连接和使用

万用表都有“+”端和“-”端两个输入端（测量孔）（“-”端有的标以“*”，或者标以文字“COM”，通常称为“公共端”），同时附带红、黑两色测试表笔。使用时，红色表笔接“+”端，黑色表笔接“-”端（“公共端”）。

在进行电流或电压测量时，红表笔接电源的“+”端（或者电路的高电位端），黑表笔接电源的“-”端（或者电路的低电位端）。如果接反，一般只是使电表的指针向反方向偏转，不会造成电表损坏。在进行电阻测量时，就不必区分红、黑表笔，也就是说红、黑表笔无论接电阻的哪一端，测量结果都一样。

2. 正确、合理地选择挡位和量程

万用表进行测量前，必须预先把万用表置于正确、合理的量程挡上。这是使用万用表最重要的操作要领。一旦违反，轻则表毁，重则造成人身伤亡事故。这种恶性事故多数发生在测量电压时。当用万用表的电流挡测量电压时，万用表必定烧毁无疑。同样，

当用万用表的电阻挡测量电源电压时，万用表也必毁无疑。这种烧毁非常快，在测量表笔接触电路的一刹那，操作者还没有反应过来时，几百元一个的万用表已经烧毁了。操作者常常因此目瞪口呆，但已无法挽救。

"置万用表于正确的挡位"是指，测量什么量，万用表应该置于对应量的挡位上。所有万用表都有测量直流电流、直流电压、交流电流、交流电压和电阻五个挡位。测量直流电压时，必须预先把万用表置于直流电压挡上，决不能置于电流或者电阻挡上。测量交流电流时，就应把万用表预先置于交流电流挡……

合理的量程选择包括如下两方面内容：

（1）量程的预置。在测量某一未知大小的电量时，应该预先把万用表置于该量的最大量程处；如果已知该量的大概范围，则把万用表预先置于接近于它的最大值量程处。例如，在检修某一日光灯电路时，应该预先把万用表置于交流电压的250 V或500 V量程处。又如，当要测量晶体管收音机电路中某一点的电压时，已知该机的电源电压为6 V，由此可估计出该点的电压必在0～6 V之间，所以应该把万用表置于最接近于它的直流10 V处。

（2）万用表量程的精确选择，这里分两种情况：

① 当待测量是电流或电压（无论交流或直流）时，万用表量程精确选择的基本原则是使电表的指针尽量接近满刻度。这一原则，对数字式仪表也适用。其原因是这样能获得最好的测量准确度。读者通过本实验的数据处理，将会清楚地认识到这一点。

② 当测量电阻时，对模拟式万用表，选择量程的原则是，使电表的指针尽量靠近表盘的中央。在中学时我们学过，当用万用表测量电阻时，测量电路是通过万用表本身所带的电池来提供电源的。随着使用时间的增加，电池电压会逐渐降低，特别是在万用表置于R×1挡测量低电阻时，电源的消耗非常大，电池电压会很快降低。模拟式万用表为了防止电池电压的降低造成测量精度的变化，特地设置了一个校零电位器。在用不同电阻挡进行测量时，一般该电位器所处位置（电阻值）都不一样。所以测量电阻时，每换一次量程，都必须校一次零。例如，当万用表拨到R×1挡时，测量前，必须校零。当测量过程中发现该量程不合适，拨到R×10挡，就必须再次校零。在测量下一个电阻时，如果需要再次返回到R×1挡，则不用再校零了。频繁校零，不但增加电表的磨损，更增加测量时间。为了减少电阻换挡校零的次数，可先在不校零的情况下用不同的量程挡进行粗测，以选择最佳的量程挡位。当确信该量程测量最为合理时（电表指针最接近表盘的中间），再对该量程校零，最后进行精确测量。

3. 正确读数

为了保证正确的读数，模拟式万用表使用时需要注意掌握下面几点：

（1）万用表应按表盘上规定的方式放置（本实验所用的MF35型万用表使用时必须平放）。

（2）读数时，视线应保持与表盘相垂直。现在中高档的万用表的表盘上都安装有一个圆弧形的反射镜。这样，读数应在指针和它在镜中的像重合时进行。这样做的目的，是为了避免不同的人对表针的同一位置有不同的读数。

（3）选择表盘上合理的刻度线进行读数。对模拟式万用表来说，它能测量交、直流电流和电压以及电阻五个量，对每一个量又有好几个量程。为了使电表面板尽量简洁，除了电阻挡有专用的刻度线外，交、直流的电流和电压的不同量程挡常常共用一条刻度线。读数时除了必须选择对应量的刻度线外，还应选择容易读数的刻度线来读。

例如，当用 MF35 万用表测量交流 220 V 电压时，如果把万用表置于交流 250 V 量程挡，为了读出待测电压的正确数值，首先要找到正确的刻度线。仔细观察表盘可以看到，它的最上面的一条刻度线的左边标有 VA 记号，这表示该刻度线是用作交、直流的电流和电压测量用的，注意它是多种分度的。表盘的中间刻度线的左边记有Ω符号，这表示该刻度线是专门为电阻测量设立的，其右端为零，左端为∞，刻度值分布是不均匀的。

显然，当把万用表置于交流 250 V 挡进行交流电压测量时，读数应按最上面的刻度线来进行。其次要注意到，最上面刻度线标有三组不同的读数值，它们分别表示满量程分别按 10、25 和 50 来分度。显然，当万用表置于交流 10 V 挡进行测量时，用满量程为 10 的读数线来读最方便。对于表盘上没有对应读数线的量程时，例如，交流 250 V 挡，显然，用满刻度为 25 的读数线最方便。这时只要把该刻度线上的值乘以 10 就可以了。当然也可用满刻度为 10 的读数线来读数，然后把每个刻度线上的值乘以 25。显然，这样要麻烦些。万用表在测量交、直流电流和电压的其他量程时的读数方法也都如此，不再赘述。

电阻挡设置了专用的读数线，由于测量电路本身结构原理上的原因，电阻刻度线比较特殊。首先它的零点在表盘刻线的右边，而不像电流、电压刻度线那样在左边。其次，它的读数线是不均匀的，越到左边，刻度线越挤，分辨率越差。在刻度线的右边，能读出的测量值的有效数字的位数变少。只有在中间部分，能读出的测量值的有效数字的位数最多，也就是说中间部分的测量准确度最高。事实上，根据模拟式万用表的设计原理，工厂对万用表的各电阻挡的标定，都是以中间的电阻值（称“中值电阻”）为基准进行的。所以电阻测量以中间部分的读数测量最为精确。注意在电阻测量读数时，要把刻度线上的值乘上该挡所示的倍率。

4．读数时，必须在刻度线的最小分度值后再进行估读

这里，最小分度值所提供的是测量值的可靠数字的最低位，估读数是可疑数字。估读的原则是：测量者按照可以明显辨别的原则，尽量读得更精细一些，估读数也可达两位，一般要读到最小分度的 1/10 或 1/5。实验测量结果最后要保留到的那一位，由不确定度所在的位决定。

5．实验完毕，万用表应置于交流电压挡的最大量程处

万用表不用时应置于交流电压挡的 500 V 或 1 000 V 处。原因有二：

（1）高电压挡是万用表最安全的挡位。用万用表检修电灯照明和仪器仪表的电源故障是经常遇到的工作，任务常常很急。急切中即使有经验的操作人员也会忘记在测量前必须预先置合理的挡的原则，错误地直接用万用表去测量市电电压。如万用表平时已置于交流电压 500 V 处，这种错误就不会造成事故；相反，如果平时万用表随意置挡，这时恰处于电流挡或电阻挡，则这种错误就会立刻变成事故，造成很大的经济损失。

(2) 万用表的两个测试笔常常因各种偶然因素而短路。如果平时万用表置于电阻挡，长时间的短路会造成电表内的蓄电池迅速耗电而发生漏液，电解液流淌到万用表仪器内，引起元部件腐蚀而使整个万用表报废。这种事故很常见。如果万用表置于电压挡，万用表内的干电池是被关断的，就没有这种危险隐患。

2.3.3 灵敏电流计

1．灵敏电流计的结构与原理

灵敏电流计的基本结构如图 2.8 所示，可以把它分为三个部分。

（1）磁场部分：永磁铁磁掌 N、S 极和圆柱形软铁心的间隙内，磁场呈均匀辐射状。

（2）偏转部分：线圈在磁场内可自由转动。线圈的上下端用称为张丝的金属丝张紧，张丝作为线圈的电流引线又作为线圈的转轴，代替了普通电表的转轴和轴承，可以避免机械摩擦。提高了电流计的灵敏度。

（3）读数部分：灵敏电流计的读数系统，如图 2.9 所示。从光源发出的光照到固定在张丝上的小镜上，反射后形成带准线像的光标投射到读数标尺上。

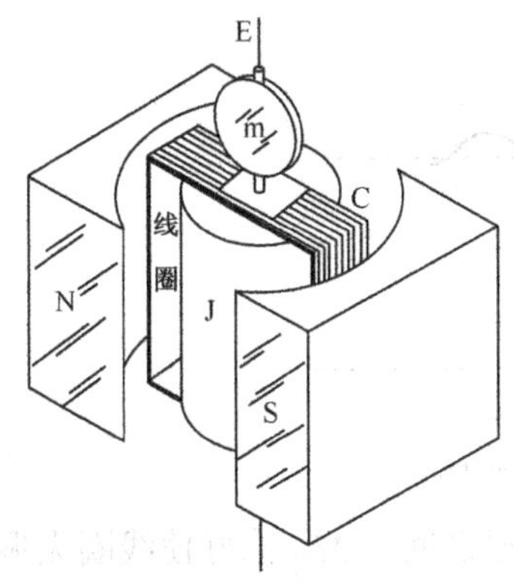

图 2.8 灵敏电流计的基本结构

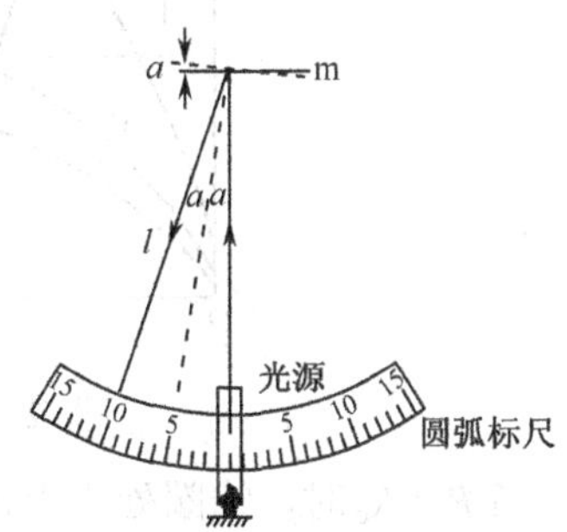

图 2.9 灵敏电流计的读数系统

2．灵敏电流计的读数原理

当电流通过线圈时，线圈带动小镜转过α角，光标偏转角为 2α。光标在标尺上移动的距离为 $d = 2\alpha l$，l 是小镜与标尺之间的距离。显然，这种读数系统采用了光杆原理。提高了电流计的灵敏度。

可以证明光标偏转量 d 与通过线圈的电流 I 成正比，即 $d = KI$，其中 K 称为灵敏电流计的电流常数，单位是 A/mm，即光标偏转 1 mm 所对应的安培数。K 的倒数 $1/K=S$，称为电流计的灵敏度，表示通过单位电流时引起的光标偏转量，S 越大，电流计越灵敏。

3．灵敏电流计的运动状态

了解电流计线圈的运动状态，便于根据需要选用适当状态进行测量，以达到缩短测量等待时间或者提高测量精度的目的。

灵敏电流计工作时线圈转动切割磁场线，故线圈内产生感应电动势 E。由于灵敏电

流计内阻 R_G 与外电路电阻 R 构成回路，因而有感生电流通过线圈。感生电流为 $i=\frac{E}{R_G+R}$。感生电流 i 在磁场中也受到磁力作用。所产生的力矩将阻碍线圈转动，该力矩称为电磁阻尼力矩，用 $M_{阻}$ 表示。它的大小与 R 近似成反比，因而，控制 R 的大小可以控制 $M_{阻}$ 的大小，从而控制线圈的运动状态。

当灵敏电流计工作时，光标的准线从零点偏转，最后稳定在 α 处。运动过程可分为欠阻尼、过阻尼和临界阻尼三种运动状态。

（1）当 R 较大时，$M_{阻}$ 较小，线圈作减幅振荡，线圈需较长时间才能停在 α 处，如图 2.10 的曲线 I 所示，这种情况称为欠阻尼运动状态。若外电路断开，则 $R\to\infty$，$M_{外}\to 0$，这时线圈只受到空气阻尼，其数值很小，常忽略不计，可称为无阻尼运动状态，振动一次的时间称为自由振动周期，用 T 表示。

（2）当 R 较小时，$M_{外}$ 较大，线圈将缓慢地趋于 α，而又不超过 α，如图 2.10 曲线 II 所示，这种情况称为过阻尼运动状态。如果在灵敏电流计两端并联一个“阻尼开关”，要使光标尽快稳定下来，可按下“阻尼开关”，使 R=0，$M_{外}$ 最强，线圈停止偏转，可使光标停在平衡位置，缩短复零时间。

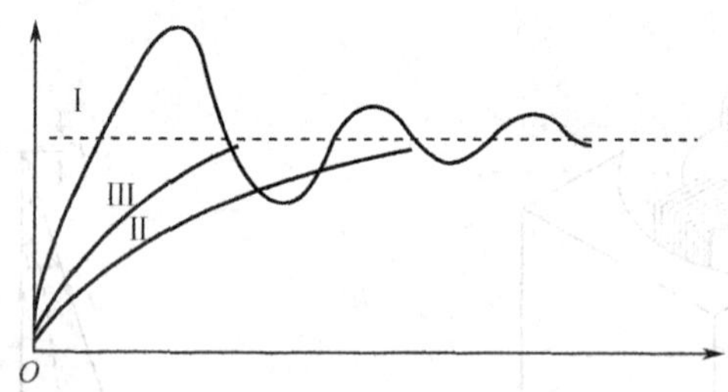

图 2.10　灵敏电流计三种状态

（3）当 $R=R_c$ 时，线圈处于上述欠阻尼和过阻尼之间，$M_{外}$ 恰好使线圈无振动地最快转到平衡位置 α 处，如图 2.10 曲线 III 所示，这种情况称为临界阻尼运动状态，R_c 称为灵敏电流计的外临界电阻。在实验中，为了缩短等待读数的时间，应尽可能使灵敏电流计工作在临界阻尼或接近临界阻尼状态。为此，应选用 R_c 接近 R 的灵敏电流计。

4．灵敏电流计的维护

灵敏电流计不可以剧烈振动，以免损坏转动部分。

灵敏电流计是一种高灵敏度的仪表，一般只可以用来测量微弱电流（$10^{-6}\sim10^{-10}$ A）或微小电压（$10^{-3}\sim10^{-6}$ V）。切不可测量超过该量程的电流或电压。

灵敏电流计应该水平存放，避免太阳直射，要远离热源。

2.3.4　电位器及电阻箱

电位器是一种可调电阻，也是电子电路中用途最广泛的元器件之一。它对外有三个引出端，其中两个为固定端，另一个是中心抽头。转动或调节电位器转动轴，其中心抽头与固定端之间的电阻将发生变化。线性电位器的抽头点位于等分电阻串的位置，如图 2.11 所示。

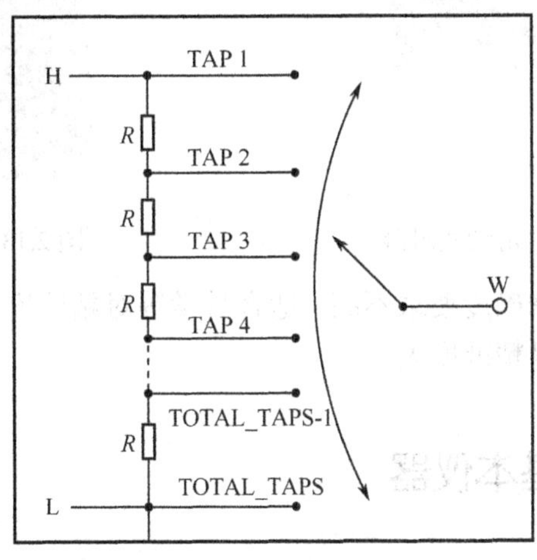

图 2.11 电位器

电位器与电阻器的性能指标含义在标称阻值、允许偏差、额定功率等方面是一致的。

1）阻值变化规律

阻值变化规律是指电位器旋转角度（或行程）与作为分压器使用时输出电压的关系。常见电位器的阻值变化规律有线性变化型、指数变化型和对数变化型。

2）滑动噪声

当电刷在电阻体上滑动时，电位器中心端与固定端之间的电压出现无规则的起伏，这种现象称为电位器的滑动噪声。它是由材料电阻率分布的不均匀及电刷滑动时接触电阻的无规律变化引起的。

3）分辨力

分辨力是指对输出量可实现的最精细的调节能力。线绕电位器的分辨力较差。

4）极限电压

极限电压是指电位器在短时间内能承受的最高电压。

5）机械耐久性

机械耐久性通常以旋转（或滑动）多少次为标志，它是表示电位器使用寿命的指标。

一般地，电位器就是滑动变阻器，在工业和家电上称为电位器，在实验室称为滑动变阻器，它们可以平滑地调节电阻值。电阻箱基本上是实验室用，它调节电阻是跳变的但可以马上读出当前阻值。一般滑动变阻器功率较大，电位器功率最小。

滑动变阻器：可以连续地改变电阻，但不能明确知道具体数值，如图 2.12 所示。

电阻箱可以直观地显示数值大小，但不能连续地改变电阻值，如图 2.13 所示。

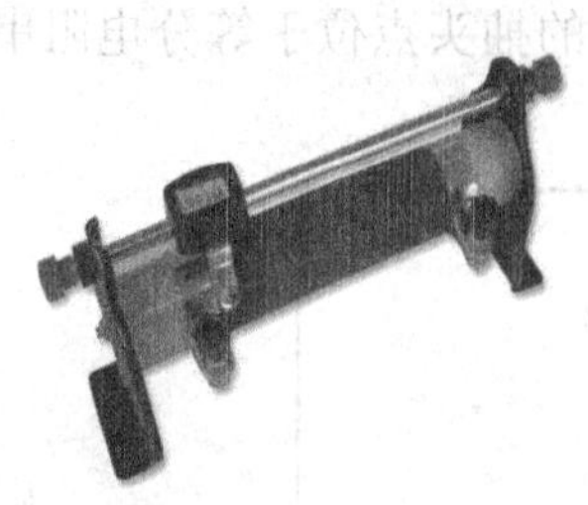

图 2.12　滑动变阻器

图 2.13　电阻箱

电位器和变阻器的精确度要求不高，适合教学等对精确度要求不高的场合；电阻箱的制备要求比较高，所以精准度大。

2.4　光学基本仪器

本节主要介绍几种常用的光学测量仪器。

2.4.1　光学仪器基本原理

1）透镜成像原理

透镜是根据光的折射规律制成的。透镜是由透明物质（如玻璃、水晶等）制成的一种光学元件。透镜是折射镜，其折射面是两个球面（球面一部分），或一个球面（球面一部分）和一个平面组成的透明体。它所成的像有实像也有虚像。透镜一般可以分为两大类：凸透镜和凹透镜。凸透镜成像示意图如图 2.14 所示。

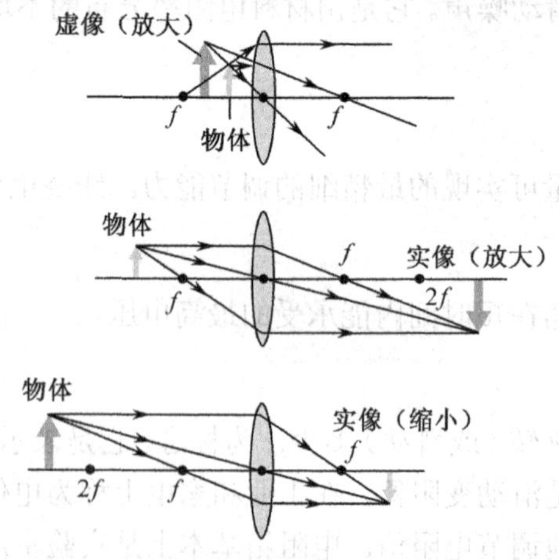

图 2.14　凸透镜（会聚透镜）成像示意图

透镜成像公式为：$\frac{1}{u}+\frac{1}{v}=\frac{1}{f}$，其中，$u$ 表示物距；v 表示像距；f 表示透镜焦距。

2）人眼观察物体的原理

人眼是一个由角膜、水状液、晶状体和玻璃液所组成的，物、像方折射率近似相等的，可变焦距的，共轴复杂光学系统（光具组）。它能在视网膜上清晰成像。人眼有一定的自调节功能。当人眼看远点处的物体时，睫状肌处于完全松弛的状态，晶状体曲面的曲率半径最大；而当人眼看近点处的物体时，睫状肌处于最紧张的状态，晶状体曲面的曲率半径最小。人眼对物体大小的感觉是以该物体在视网膜上所成像对光心所张角度的大小衡量的。一切助视仪器设计的出发点都是增大人眼的视角。

2.4.2 光学仪器

1）光学仪器及分类

（1）定义

光学仪器是由多种光学元件按一定的要求组成的系统。

（2）分类

按性能可分为显微镜、望远镜、照相机和分光镜。

按成像性质可分为成实像和成虚像的光学仪器。

成实像的光学仪器包括照相机、幻灯机、电影放映机、投影仪等。

成虚像的光学仪器——助视仪器包括放大镜、显微镜、望远镜等。

2）放大镜

放大镜将被观察物体成一个放大虚像，从而增大其对人眼的视角，并非将物体移近。它是帮助人眼看清微小物体及其细节的助视仪器。

3）显微镜

帮助人眼观察微小物体的放大镜，称为显微镜，其结构如图 2.15 所示。其物镜和目镜均由共轴光具组构成。显微镜的放大本领远大于简单放大镜和目镜。

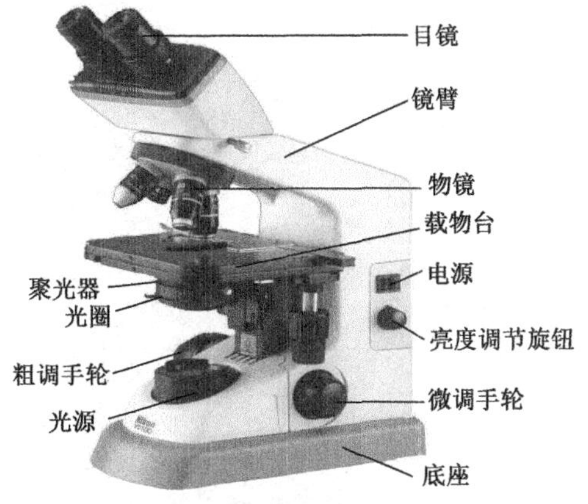

图 2.15　显微镜结构图

4）望远镜

望远镜将远物从物空间移至望远镜的像空间，从而增大对人眼的视角。它也是一种放大镜，但不是将物体直接放大，而是将远物移近，从而增大视角。

望远镜按物镜的种类分为反射式望远镜（物镜为反射镜）和折射式望远镜（物镜为透镜）；按目镜种类分为开普勒望远镜（目镜为会聚透镜）和伽利略望远镜（目镜为发散透镜）。

第3章

物理实验的方法与技术

3.1 物理实验思想和方法的形成

物理学是研究物质的基本结构、基本运动形式、相互作用和转化规律的学科。它本身及它与各个自然学科、工程技术部门的相互作用创造了今天的科技进步和人类文明，对当代及未来高新科技的进步、相关产业的建立和发展提供了巨大的推动力。

在人类追求真理、探索未知世界的过程中，物理学展现了一系列科学的世界观和方法论，深刻影响着人类对物质世界的基本认识、人类的思维方式和社会生活，是人类文明的基石。

物理学发展的历史证明，正确的科学思想及由此产生的科学方法是科学研究的灵魂。

伽利略（G .Galileo）是最早运用我们今天所称的科学方法的人。这种方法就是经验（以实验和观察的形式）与思维（以创造性构筑的理论和假说的形式）之间的动态的相互作用。伽利略是近代科学的奠基者，是科学史上第一位现代意义上的科学家，他首先为自然科学创立了两个研究法则，即观察实验和量化方法，将实验和数学相结合、真实实验和理想实验相结合的科学方法。从而创造了和以往科学研究方法不同的近代科学研究方法，使近代物理学从此走上了以实验精确观测为基础的道路。伽利略在用实验方法发现真理的过程中，获得了一个极其重要的科学概念，即自然法则和物理定律的概念。伽利略通过亲身的科学实验，认识到寻求自然法则是科学研究的目的，自然法则是自然现象千变万化的秘密所在，而一旦发现自然法则便可以认识自然。这个观念一经确立，人们才逐渐认识到，不仅天文学和运动学，一切自然现象都有其自身的规律，于是在力学的带领下，逐渐发展出近代科学的各个分支。伽利略在建立系统的科学思想和实验方法中，开创了实验物理学，开创了近代物理学，对物理学的发展做出了划时代的贡献。正如他自己在《两种新科学的对话》一书中所述："我们可以说，大门已经向新方向打开，这种将带来大量奇妙成果的新方法，在未来年代会博得许多人的重视。"事实正是如此，当代著名物理学家爱因斯坦在《物理学的进化》一书中，对伽利略的科学思想方法给予了高度评价。他指出："伽利略的发现，以及他所用的科学推理方法，是人类思想史上最伟大的成就之一，而且标志着物理学的真正开端。"

伽利略开创的实验物理学，包括实验的设计思想、实验方法开创了自然科学发展的新局面。在实验物理学数百年的发展进程中，涌现出了众多卓越的在物理学发展史上起过重要里程碑作用的实验。它们以其巧妙的物理构思、独到的处理与解决问题的方法、精心设计的仪器、完善的实验安排、高超的测量技术、对实验数据的精心处理和无懈可击的分析判断等，为我们展示了极其丰富和精彩的物理思想，开创出解决问题的途径和方法。这些思想和方法已经超越了各个具体实验而具有普遍的指导意义。学习和掌握物理实验的设计思想、测量和分析的方法，对物理实验课及其他学科的学习和研究都是大有裨益的。

3.2 物理实验的测量和分析方法

一切描述物质状态和运动的物理量都可以从几个最基本的物理量中导出，而这些基本物理量的定量描述只有通过测量才能得到。将待测的物理量直接或间接地与作为基准的同类物理量进行比较，得到比值的过程，叫做测量。测量的方法和精确度随着科学技术的发展而不断得到丰富和提高。例如，对时间的测量，远古时代，人们“日出而作，日落而息”。原始的计时单位是“日”，人们利用太阳东升西落，周而复始，循环出现的天然时间变化周期，逐渐产生了日的概念。人们从月亮圆缺产生了“月”的概念。当人们知道太阳是一颗恒星时，地球绕太阳的运动周期便成了计量时间的科学标准。人们发明了日晷、滴漏和各种各样的计时器来计量时间。

随着物理学的发展，测量较短时间间隔的精度在不断提高。人们把单摆吊在时钟上，做出了摆钟，提高计时精度约 3 个数量级；随后人们用石英晶体振荡牵引时钟钟面，做出了石英钟，将计时精度提高了近 6 个数量级；1949 年，美国国家标准局首先利用氨分子跃迁做出了氨分子钟，1955 年英国皇家物理实验室终于把铯原子用在了时钟上，做成了世界上第一架铯原子钟（量子频标），测时精度达到10^{-9} s，到 1975 年铯原子钟的测量精度已经达到10^{-17} s，其他类型的原子钟相继问世，其中主要有氢原子钟和铷原子钟等。图 3.1 显示了从 14 世纪的机械钟到现代的原子钟，计时精度大约按指数规律在提高。

由此可见，测量的精度与测量方法和测量手段密切相关。同一种物理量，在量值的不同范围，测量方法不同，即使在同一范围内，精度要求不同也可以有多种测量方法，选用何种方法要依据待测物理量在哪个范围和我们对测量精度的要求。例如，对长度的测量，覆盖了整个物理学研究的尺度范围——小到微观粒子，大到宇宙深处（10^{16}～10^{26} m）。人们利用高分辨率电子显微镜和扫描隧道显微镜或原子力显微镜已经可以测量原子的直径和原子的间隔，其分辨率已达10^{-11} m；前苏联哈尔科夫的射电望远镜已经可以测近10^{10} ly（光年）的距离（约2.6×10^{26} m）。而宏观物理的范围，一般采用力、电磁和光的放大方法进行测量，例如，我们在物理实验中常用的直尺、游标卡尺、螺旋测微计、电感和电容式测微仪、线位移光栅、光学显微镜、阿贝比长仪和激光干涉仪等。随着人类对物质世界更深入的了解，待测物理量的内容越来越广泛，随着科学技术的飞速发展，测量方法和手段也越来越丰富，越来越先进。本文只就物理实验中常见的、最基本的几种测量方法做概括性的介绍。

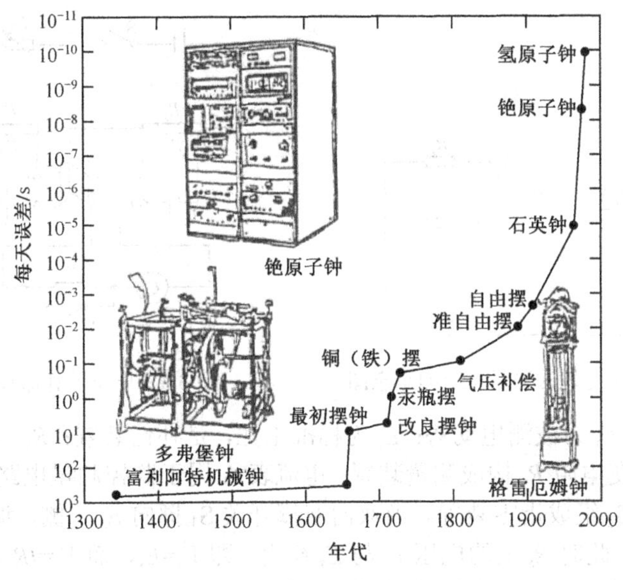

图 3.1 计时精度的发展

1）比较法

比较法是最基本和最重要的测量方法之一。所谓测量，就是把待测的物理量直接或间接地与作为基准（或标准单位）的同类物理量进行比较，得到比值的过程。比较法可分为直接比较和间接比较。

（1）直接比较测量法把待测物理量 X 与已知的同类物理量或者标准量 S 直接比较，这种比较通常要借助仪器或者标准量具。例如，用米尺来测量某一物体的长度就是最简单的直接比较法。其中最小分度毫米就是作为比较用的标准单位。

（2）间接比较测量法。当一些物理量难以用直接比较法测量时，可以利用物理量之间的函数关系将待测物理量与同类标准量进行间接比较测量。图 3.2 给出了一个利用间接比较法测量电阻的示意图。将一个可调节的标准电阻与待测电阻相连接，保持稳压电源的输出电压 V 不变，调节标准电阻 R_s 的阻值，使开关 S 在“1”和“2”两个位置时，电流指示值不变，则 $R_x=R_s=V/I$。

2）补偿法

把标准值 S 选择或调节到与待测物理量 X 值相等，用于抵消（或补偿）待测物理量的作用，使系统处于平衡（或补偿）状态，处于平衡状态的测量系统，待测物理量 X 与标准值 S 具有确定的关系，这种测量方法称为补偿法。补偿法的特点是测量系统中包含标准量具和平衡器（或示零器），在测量过程中，待测物理量 X 与标准量 S 直接比较，调整标准量 S，使 S 与 X 之差为零（故也有人称其为示零法）。这个测量过程就是调节平衡（或补偿）的过程，其优点是可以免去一些附加系统误差，当系统具有高精度的标准量具和平衡指示器时，可以获得较高的分辨率、灵敏度及测量的精确度。

电位差计是典型的补偿电路应用，其原理如图 3.3 所示。

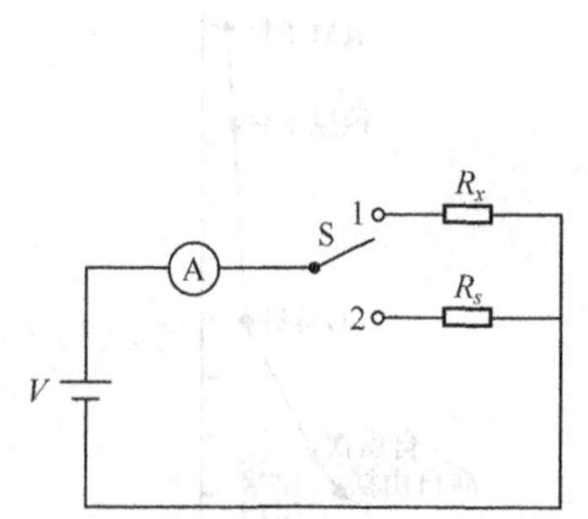

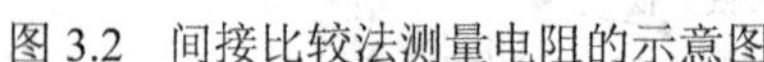
图 3.2 间接比较法测量电阻的示意图

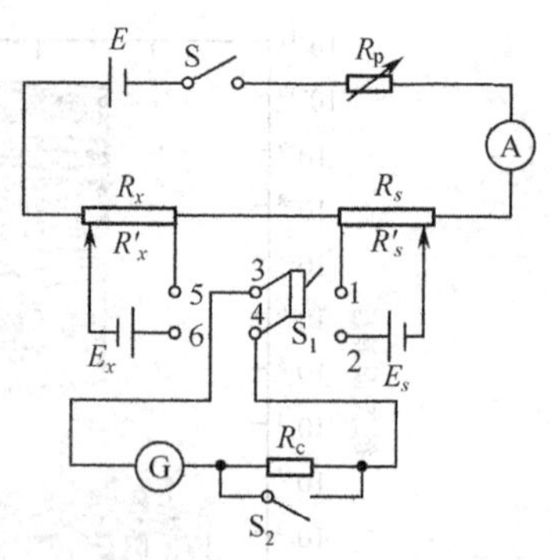

图 3.3 电位差计原理图

在图 3.3 中，E_x 为被测电动势；E_s 为标准电池，是补偿装置；R_x、R_s 均为标准电阻，它与电源 E 和可变电阻 R_p 构成测量装置；电流表 A 用于监控测量电路中电流 I 的大小；检流计 G、R_c 和 S_2 组成指零装置。当双向双掷开关 S_1 掷向 E_s 一侧，调节 R_s，使检流计 G 中无电流显示，此时 R_s 上的电压 V_s 与 E_s 补偿，即 $V_s=E_s$，而 $V_s=IR_s$，即 $E_s=IR_s$；再将 S_1 掷向 E_x 一侧，在保证 I 不变的情况下，调节 R_x，使检流计 G 中无电流显示，于是 R_x 上的电压 V_x 与 E_x 补偿，$V_x=E_x=IR_x$。所以

$$\frac{E_x}{E_s}=\frac{V_x}{V_s}=\frac{IR_x}{IR_s} \qquad E_x=\frac{R_x}{R_s}E_s$$

由于标准电池 E_s 和标准电阻 R_x、R_s 的精度都很高，再配上高精度的检流计 G，电位差计便具有很高的精度。

3）平衡法

平衡原理是物理学的重要基本原理，由此而产生的平衡法是分析、解决物理问题的重要方法，也是物理量测量普遍应用的重要方法。

例如，天平和电子秤是根据力学平衡原理设计的，可以用来测量物质的质量、密度等物理量；根据电流、电压等电子量之间的平衡设计的桥式电路，可以用来测量电阻、电感、电容、介电常数和磁导率等物质的电磁特性参量。

历史上一些重要的物理定律的确定和验证，就是通过平衡法来实现的。例如，匈牙利物理学家厄缶通过扭摆实验验证了物体的质量和引力质量相等，扭摆实验的基本原理是平衡原理。如图 3.4（a）所示，用悬丝吊起的物体 A 只受 3 个力的作用，即指向地心的引力 F_g，指向地球自转轴的惯性离心力 F_w 和悬丝的张力 F_t。在实验中，按图 3.4（b）吊起的两个物体 A 和 B 达到平衡，厄缶比较了具有相同质量不同材质的物体，即保持物体 A 的材质不变，物体 B 分别用不同的材质做成，结果看不出固定于悬丝 S 上的反射镜 M 有任何偏转，从而证明了引力质量与惯性质量相等，与物质的材料无关。

4）放大法

在物理量的测量中，有时由于被测量量过分小，以至无法被实验者或仪器直接感受和反应，此时可先通过一些途径将被测量量放大，然后再进行测量，放大被测量量所用

的原理和方法称为放大法。常用的放大法有累积放大法、机械放大法、电学放大法和光学放大法等。

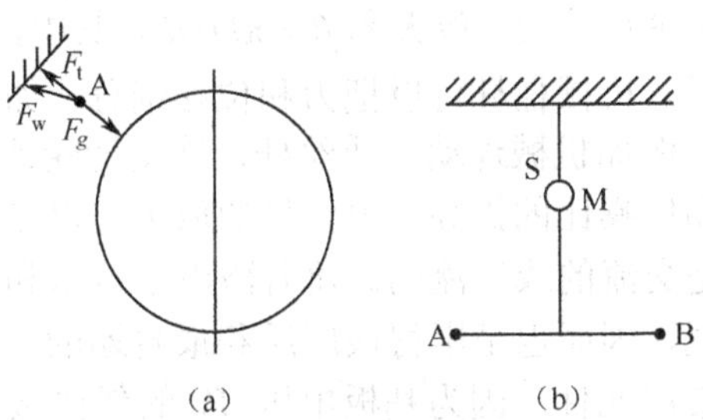

图 3.4 厄缶的扭摆实验示意图

（1）积累放大法：在物理实验中我们常常会遇到这样一些问题，即受测量仪器精度的限制，或存在很大的本底噪声或受人的反应时间的限制，单次测量的误差很大或者无法测量出待测量的有用信息，采用积累放大法进行测量，就可以减少测量误差、降低本底噪声和获得有用的信息。例如，最简单的单摆实验的周期测量，假定单摆周期 T 为 1.50 s，人工开启和关闭秒表的平均反应时间为$\Delta T=0.2$ s，则单次测量周期的相对误差为$\Delta T/T=13\%$，若测量 50 个周期，则将由人工开启和关闭秒表的平均反应时间引起的误差降到$\Delta T/50T=0.3\%$。再如激光器，为了获得高度集束光，采用一对平行度很高的半透半反射膜，使光在两个半透半反射膜之间多次反射，光强不断增强，其中与反射面不垂直的光会由于多次反射而最终被筛除，如图 3.5 所示。

回旋加速器也利用了积累放大的原理，电子每通过加速器半圆的出口一次进行一次加速，使电子的能量不断增加，如图 3.6 所示，电子的速度不断增加，$v_1 < v_2 < v_3 < v_4 < \cdots < v_{10}$，即动能不断增加。在拉曼光谱或红外光谱的测量中，由于受到电子噪声、机械振动噪声和环境噪声等的影响，单次扫描往往不能获得高分辨率和高信噪比的谱图或曲线。所以常常采用积累放大法进行多次扫描测量来降低本底噪声，提高测量的分辨率和获取有用信息。

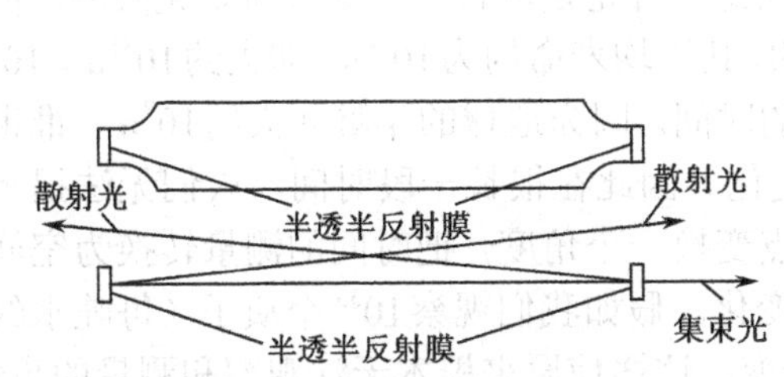

图 3.5 激光器半透半反射膜选择放大示意图

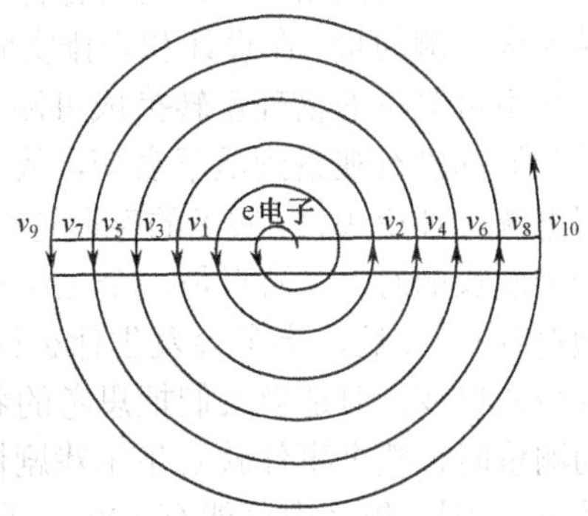

图 3.6 回旋加速器累计加速示意图

（2）机械放大法：机械放大法是最直观的一种放大方法，例如，利用游标可以提高测量的细分程度，原来分度值为 y 的主尺，加上一个 n 等分的游标后，组成的游标尺的分度值$\Delta y=y/n$，即，将y细分为之前的$1/n$，这对直标尺和角游标都是适用的（参阅长度测量的有关实验）。螺旋测微原理也是一种机械放大，将螺距（螺旋进一圈的推进距离）通过螺母上的圆周来进行放大。放大率$\beta=\pi D/d$，其中，d是螺距，D是螺母连接在一起的微分套微的直径。机械杠杆可以把力和位移细分，如各种不等臂的秤杆。滑轮也可以把力和位移细分，例如机械连动杆或丝杆，连动滑轮或齿轮等。

（3）电信号的放大和信噪比的提高：电信号的放大可以是电压放大、电流放大、功率放大，电信号也可以是交流的或直流的。随着微电子技术和电子器件的发展，各种电信号的放大都很容易实现，因而也是用得最广泛和最普遍的。例如，三极管是在任何电子电路中都可能遇到的常用元件，因为基板电压 V_b 的任何微小变化都会产生集电极电流I_c的很大变化，所以三极管常用做放大器。现在各种新型的高集成度的运算放大器不断涌现，把弱电信号放大几个至十几个数量级已不再是难事。因此，可以把其他物理量转换成电信号放大以后再转回去（如压电转换、光电转换、电磁转换等）。把电学量放大，在提高物理量本身量值的同时，还必须注意减少本底信号，提高所测物理量的信噪比和灵敏度，降低电信号的噪声。提高信噪比的方法是多种多样的，详见电子线路的有关书籍。

（4）光学放大法：进行光学放大的仪器有放大镜、显微镜和望远镜。这类仪器只是在观察中放大视角，并不是实际尺寸的变化，所以并不增加误差。因而许多精密仪器都是在最后的读数装置上加一个视角放大装置以提高测量精度。微小变化量的放大原理常用于检流计和光杠杆等装置中。光杠杆镜尺法通过放大被测量的微小长度变化进行测量，其原理如实验杨氏模量的测量中有关公式$b=2D\Delta L/l$所示，ΔL原来是一个微小的长度变化量，当取D远大于光杠杆的臂长（光杠杆的支脚尖到刀口的垂直距离）后，经光杠杆转换后的变化量却是一个较大的量，可在标尺上直接读出。其中，$2D/d$为光杠杆装置的放大倍数。一般在实验中，l约为4～8 cm，D约为1～2 m，因此光杠杆的放大倍数可达25～100倍。

5）转换测量法

（1）参量转换测量法：利用各种参量之间的变换及其变化的相互关系，把不可测的量转换成可测的量。在设计和安排实验时，当预先估计不能达到要求时，常常另辟蹊径，把一些不可测量的物理量转换成可测量的物理量。例如，质子衰变实验，长期以来，物理学家们都没有观察到质子衰变，故认为它是一种稳定的粒子，其寿命是无限的。但根据弱电统一理论预言，质子的寿命是有限的，其平均寿命约为10^{38}s，即大约10^{31}a，10^{31}a是一个漫长的时期，简直是一个无法测量的时间。因为地球的年龄才大约10^{9}a，谁也无法预料到10^{31}a后，宇宙会发生什么样的变化。因此在很长一段时间，人们无法揭示质子寿命的奥秘。但是当人们把思考的着眼点变换一个角度，把时间的测量转换为空间概率的测量时，整个事件就发生了戏剧性的变化。假如我们观察10^{33}个质子（每吨水约有10^{29}个），则一年之内可能有100个质子衰变，这样使原来根本无法观察和测量的事情，变得可以测量了。例如关于引力波的实验，根据爱因斯坦关于引力波的理论，任何做相对加速运动的物体都可以发射引力波，因而，双星体ζ可能是引力波源。而目前实验室中引力波天线的灵敏度都不足以达到既可以直接测量到宇宙内的引力波，同时又能排除电磁辐射干扰。于是，物理学家们就把着眼点放在了双星座引力辐射阻尼上，即测量双星由于辐射引力波而导致轨道周期的减小来检验引力波的存在。有时某些物理量虽然可以测定，但要精确测量却并不容易，或所需要的条件苛刻或所需要的测量仪器复杂、昂贵等，但是换个途径，事情就变得简单多了，而且能够较精确地测量。因为在实际测量工作中，可以改变的条件很多，于是我们可以在一定范围内找到那些易于测量的量，绕开不易测量的量，实行变量代换。最经典的例子便是利用阿基米德原理测量不规则物体的体积或密度。当用流体静力称衡法测量几何形状不规则物体的密度时，其体积无法用量具测定，为了克服这一困难，利用阿基米德原理，先测量物体在空气中的质量 m，再将物体浸没在密度为 ρ_0 的某液体中，测量溢出液体的质量为 m_1，则该物体的密度为 $\rho=\dfrac{m}{m-m_1}\rho_0$，因此将对物体的体积测量转化为对 m 和 m_1 的测量，m 和 m_1 均可由分析天平和电子天平精确测量。

（2）能量转换测量法：是指某种形式的物理量，通过能量变换器，变成另一种形式物理量的测量方法。随着各种新型功能材料的不断涌现，如热敏、光敏、压敏、气敏、湿敏材料以及这些材料性能的不断提高，各种敏感器件和传感器也应运而生，为科学实验和物理测量方法的改进提供了很好的条件。考虑到电学参量具有测量方便、快速的特点，电学仪表易于生产，而且常常具有通用性，所以许多能量转换法都是使待测物理量通过各种传感器和敏感器件转换成电学参量来进行测量的。最常见的有以下几种：

① 光电转换即利用光敏元件将光信号转换成电信号进行测量。例如，在弱电流放大的实验中，把激光（或其他光，如日光、灯光等）照射在硒光电池上直接将光信号转换成电信号，再进行放大。在物理实验中常用的光电元件还有光敏三极管、光电倍增管和光电管等。

② 磁电转换即利用磁敏元件（或电磁感应组件）将磁学参量转换成电压、电流或电阻再进行测量。最经典的磁敏元件是霍尔元件、磁记录元件（如读/写磁头、磁带、磁盘等）、巨磁阻元件等。

③ 热电转换即利用热敏元件（如半导体热敏元件、热电偶等），将对温度的测量转换成对电压或电阻的测量。

④ 压电转换即利用压敏元件或压敏材料（如压电陶瓷、石英晶体等）的压电效应，将压力转换成电信号进行测量。反过来，也可以用某一特定频率的电信号去激励压敏材料使之产生共振，来进行其他物理量的测量。

6）模拟法

模拟法是以相似性原理为基础，从模型实验开始发展起来的，研究物质或事物物理属性变化规律的实验方法，在探求物质的运动规律和自然奥妙以及解决工程技术和军事问题时，常常会遇到一些特殊的、难以对研究对象进行直接测量的情况。例如，被研究的对象非常庞大或非常微小（巨大的原子能反应堆、同步辐射加速器、航天飞机、宇宙飞船、物质的微观结构、原子和分子的运动……），非常危险（地震、火山爆发、发射原子弹或氢弹……），或者是研究对象变化非常缓慢（天体的演变、地球的进化……）。根据相似性原理，可以人为地制造一个类似于被研究对象或者运动过程的模型来进行实验。模型法可以按其性质和特点分成两大类：物理模拟和计算机模拟。物理模拟可以分为3类：几何模拟、动力相似模拟、替代或类比模拟（包括电路模拟）。

（1）几何模拟将实物按比例放大或缩小，对其物理性能及功能进行试验。如流体力学实验室常采用水泥造出河流的落差、弯道、河床的形状，用一些挡水物模拟泥沙的沉积、沙洲、水坝对河流运动的影响。又如，研究建筑材料及结构的承受能力，可将原材料或建筑群体设计，按比例缩小几倍到几十倍，进行模拟实验。

（2）动力相似模拟。物理系统常常是不具有标度不变性的。即一般来说，几何上的相似性并不等于物理上的相似性。因而在工程技术中做模拟实验时，如何保证缩小的模型与实物在物理上保持相似性是一个关键问题，为了达到模型与原型在物理性质或规律上的相似性或等同性，模型的外形往往不是原型的缩型。例如，1943年美国波音飞机公司用于试验的模型飞机，其外表根本就不像一架飞机，然而风速对它翼部的压力却与风速对原型机翼的压力相似。在航空技术验机中，人们不得不建造使压缩空气作高速旋转的密封型风洞，从而使试验条件更符合实际状态。

（3）替代或类别模型利用物质材料的相似性或类比性进行实验，它可以用别的物质、材料或者别的物理过程，来模拟所研究的材料或物理过程。例如，在模拟静电场的实验中，就是用电流场模拟静电场的实例。又如，可以用超声波代替地震波，用岩石、塑料、有机玻璃等做成各种模型，来进行地震模拟实验。更进一步的物理之间的替代，就导致了原型试验和工作方式都改变了的特殊的模拟方法。应用最广的就是电路模拟，因为在实际工作中，要改变一些力学量不如改变电阻、电容、电感来得容易。

7）光的干涉、衍射法

在精密测量中，光的干涉、衍射法具有重要的意义。

在干涉现象中，不论是何种干涉，相邻干涉条纹的光程差的改变都等于相干光的波长。可见，光的波长虽然很小，但干涉条纹间的距离或干涉条纹的数目却是可以计量的。因此，通过对条纹数目或条纹改变的计量，可以获得以波长为单位的对光程差的计量。利用光的等厚干涉现象可以精确测量微小长度或角度的变化，测量微小的形变及其相关的其他物理量，也可以用来检验物体表面的平面度、球面度、光洁度及工件内应力的分布等。

光的衍射原理和方法可以广泛地应用于测量微小物体的大小。光的衍射原理和方法在现代物理实验方法中具有重要的地位。光谱技术与方法、X射线衍射技术与方法、电子显微技术与方法都与光的衍射原理与方法相关，它们已成为现代物理技术与方法的重要组成部分，在人类研究微观世界和宇宙空间中发挥着重要的作用。

当今高新技术的发展日益趋于交叉综合，信息技术、新材料技术和新能源技术已成为高新技术的重要组成部分。近代物理的实验方法、实验技术和分析技术在高新技术的各个学科和领域都得到了广泛的应用，并对高新技术的发展和人类社会起着巨大的推动作用。磁共振技术与方法、低温和真空技术、核物理技术与方法，扫描隧道显微技术与方法、薄膜制备技术与物性研究等现代物理实验方法与技术是高新技术领域常用的近代物理实验方法，其详细原理和方法在这里不再赘述。

第4章 基础性实验

本章主要针对工科类专业选择了一些力学和电磁学的基本实验，有复摆的研究、三线摆测转动惯量、声速的测定、金属比热容的测定、直流电位差计的使用、静电场的描绘、惠斯通电桥实验、霍尔效应实验、电子荷质比的测定，示波器的使用等。通过这些实验培养学生的基本实验技能和水平，奠定实验能力的基础。

4.1 复摆的研究

4.1.1 实验目的

（1）了解复摆的原理；

（2）研究复摆摆动周期与回转轴到重心距离之间的关系；

（3）测定复摆转动惯量、回转半径和等效摆长，验证平行轴定理；

（4）掌握一种比较精确的测量重力加速度的方法。

4.1.2 实验仪器

（1）复摆实验仪；

（2）通用计时器。

4.1.3 实验原理

摆是一种最简单的质点振动系统。绕一个悬点来回摆动的物体，都称为摆，但其周期一般和物体的形状、大小及密度的分布有关。若把尺寸很小的物体悬于一端固定的长度为 L 且不能伸长的细绳上，把质块拉离平衡位置，使细绳和过悬点铅垂线所成角度小于 5°，放手后质块将往复振动，可视为质点的简谐振动，其周期 T 与质块的质量、形状和振幅的大小都无关系，只与 L 和当地的重力加速度 g 有关，即

$$T = 2\pi\sqrt{L/g} \tag{4-1}$$

其运动状态可用简谐振动公式表示，这类摆称为单摆或数学摆。如果振动的角度大于 5°，则振动的周期将随振幅的增加而变大。

如果摆球的尺寸相当大，绳的质量不能忽略，周期就和摆球的尺寸有关了。在重力作用下，能绕着通过自身某固定水平轴摆动的刚体，称为复摆，又称物理摆，如图 4.1 所示。复摆的转轴与过刚体质心 G 并垂直于转轴平面的交点 O 称为支点或悬挂点。在摆动过程中，复摆只受重力和转轴的反作用力，重力矩起着回复力矩的作用。设质量为 m 的刚体绕转轴的转动惯量为 I，支点至质心的距离为 h，则复摆微幅振动的周期为

$$T = 2\pi\sqrt{I / mgh} \tag{4-2}$$

开特摆是一种特殊形式的复摆。图 4.2 是开特摆的示意图。一根 600 mm 长的金属摆杆上有一系列直径为 8 mm 的孔洞，作刀口悬挂之用。就摆杆的外形而言，摆杆各部分处于对称状态，其目的在于抵消实验时空气浮力以及减少阻力的影响。调节刀口悬挂位置 E 和 F 可以改变等值摆长 l。

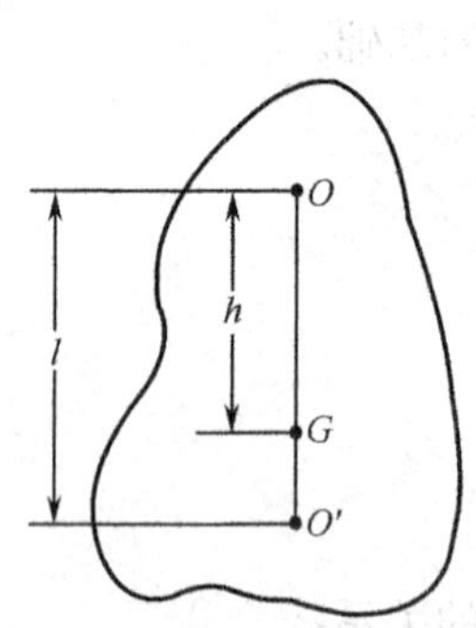

图 4.1　复摆示意图

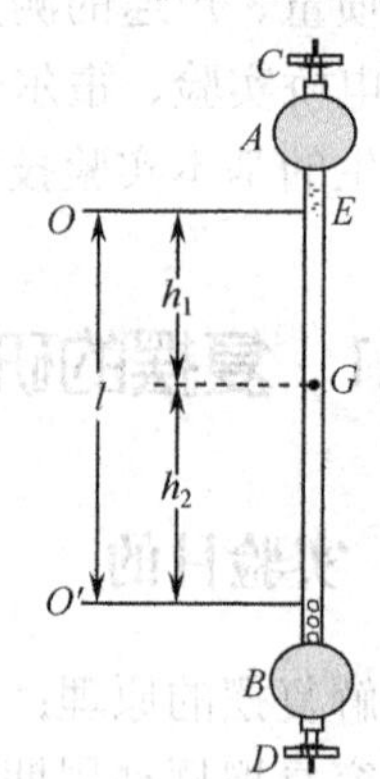

图 4.2　开特摆示意图

根据平行轴定理，式（4-2）中复摆绕转动轴转动的转动惯量为

$$I = I_G + mh^2 = mR_G^2 + mh^2 \tag{4-3}$$

其中，I_G 为复摆绕过质心轴的转动惯量，只与复摆自身的质量和回转半径 R_G 有关。由式（4-2）和式（4-3）得

$$T = 2\pi\sqrt{\frac{R_G^2}{gh} + \frac{h}{g}} \tag{4-4}$$

由此，可以看出，复摆的摆动周期只与转动轴到质心的距离 h 有关，对 h 求导，有

$$\frac{\mathrm{d}T}{\mathrm{d}h} = \pi\left(\frac{R_G^2}{gh} + \frac{h}{g}\right)^{-\frac{1}{2}}\left(\frac{1}{g} - \frac{R_G^2}{h^2 g}\right) \tag{4-5}$$

当 $\mathrm{d}T/\mathrm{d}h=0$，即 $h=h_1=R_G$，T 有极小值，这里 h 没有方向性，即将复摆倒过来悬挂也存在一个 $h=h_2=R_G$，T 有极小值。则

$$R_G = \frac{h_1 + h_2}{2} \tag{4-6}$$

$$I_G = mR_G^2 = m\frac{(h_1 + h_2)^2}{4} \tag{4-7}$$

因此也可以通过测量复摆摆动周期极小值点来测定复摆的回转半径 R_G，进而求得刚体绕过质心轴的转动惯量 I_G。

1）复摆共轭性

将式（4-2）与式（4-1）对比，复摆可看做以 O 点为固定轴，摆长为

$$L=\frac{I}{mh}=\frac{R_G^2}{h}+h \tag{4-8}$$

若式（4-8）为单摆的摆长，则 L 称为复摆的等效摆长。以在质心 G 的另一侧距质心距离为

$$H'=L-h=R_G^2/h \tag{4-9}$$

的 O'点为悬挂点，复摆的摆动周期为

$$T'=2\pi\sqrt{\frac{I_G+mh'^2}{mgh'}} \tag{4-10}$$

将式（4-9）代入式（4-10）得 $T'=T$，两个悬挂点 O 和 O' 称为两个共轭点。与复摆周期 T 对应的等效摆长为周期相等的两点之间的距离。

2）利用复摆测量重力加速度 g

（1）方法一。

对于固定的刚体而言，I_G 是固定值，实验时只需要改变质心到转轴的距离 h_1（h_2），则刚体周期分别为

$$T_1=2\pi\sqrt{\frac{I_G+mh_1^2}{mgh_1}} \tag{4-11}$$

$$T_2=2\pi\sqrt{\frac{I_G+mh_2^2}{mgh_2}} \tag{4-12}$$

合并式（4-11）和式（4-12）得

$$g=4\pi^2\frac{h_2^2-h_1^2}{h_2T_2^2-h_1T_1^2} \tag{4-13}$$

为了方便确定复摆质心的位置，可直接将复摆放在桌面的“平衡刀口”上，通过反复调节支点位置使复摆在刀口上大致平衡来确定质心的位置。

（2）方法二。

将式（4-3）代入式（4-2）得

$$T=2\pi\sqrt{\frac{R_G^2+h^2}{gh}} \tag{4-14}$$

设 $y=T^2h$， $x=h^2$ 将式（4-14）改写为

$$y=\frac{4\pi^2}{g}x+\frac{4\pi^2}{g}R_G^2 \tag{4-15}$$

式（4-15）为一直线方程，设其截距为 $A=\frac{4\pi^2}{g}R_G^2$，斜率为 $B=\frac{4\pi^2}{g}$，则

$$R_G = \sqrt{\frac{A}{B}} \qquad g = \frac{4\pi^2}{B} \tag{4-16}$$

因此，只要选择不同的 h 并测得复摆对应的摆动周期 T，就能得到一组（x，y）值，用作图法或最小二乘法求直线的截距 A 和斜率 B 就可求得回转半径 R_G 和重力加速度 g。

（3）方法三。

使复摆绕 O 点和 O'点摆动的周期 $T_1=T_2=T$，由式（4-13），此时若 $h_1 \neq h_2$，则

$$g = \frac{4\pi^2}{T^2}(h_1 + h_2) \tag{4-17}$$

对比单摆周期公式，$h_1 + h_2$ 对应为复摆的等效摆长 L，则

$$g = \frac{4\pi^2}{T^2}L \tag{4-18}$$

由式（4-18）可知，测出复摆正挂与倒挂时相等的周期值 T 和 L，就可算出当地的重力加速度值。式中 L 为两悬挂点间的距离，能测得很精确，所以能使测量 g 值的准确性提高。

4.1.4 实验内容与步骤

复摆质量为 $m = 585.6$ g 。

（1）研究复摆周期与摆动轴位置的关系、复摆的共轭性和等效摆长。

选择靠摆杆两端的各约 26 个孔，记录两组周期 T'。

选择质心一侧的悬挂点与质心的距离 h 为正方向，另一侧为负方向。数据记录表如表 4-1 和表 4-2 所示。

表 4-1 数据记录表（h 为正方向）

周期 T/s								
悬挂点与质心距离 h/m								

表 4-2 数据记录表（h 为负方向）

周期 T/s								
悬挂点与质心距离 h/m								

复摆的共轭特性指出在复摆质心 G 的两旁总可以找到两个共轭点 O 和 O'($h_1 \neq h_2$)，当两点之间的距离等于等效摆长 L 时，以 O 点和 O'点为悬挂点的周期 T 正好相等。

（2）不加摆锤，测量悬挂点与质心之间的距离，以及响应的周期。并由式（4-2）得 $I = \left(\frac{T}{2\pi}\right)^2 mgh$，计算复摆绕不同悬挂点的转动惯量，记入表 4-3 中。

表 4-3 转动惯量的计算

I									
mh^2									
$I_G=I-mh^2$									

利用不同的悬挂点，测得复摆绕质心轴的转动惯量 I_G 为一固定值，间接验证平行轴定理。对 I_G 求平均值，根据式（4-7），求复摆的回转半径 R_G。

（3）根据测量重力加速度 g 的方法一和方法二，间接计算当地的重力加速度 g，并与当地标准值比较，计算测量误差。

（4）把实验步骤（1）测得的 T 和 L 代入式（4-18）中，计算当地重力加速度值，并与当地标准值比较，计算测量误差。

4.1.5 注意事项

（1）复摆的摆幅不超过 5°；

（2）正确计算周期次数，为减小计时器误记或漏记的概率，一般设置计时器 N 值为 20，同一个周期测量 5 组，如有偏差特别大的值则舍弃或重测；

（3）确保复摆不发生扭转（可调节复摆三角形底板的水平调节旋钮）。

4.1.6 思考题

（1）什么是回转轴、回转半径和等值摆长？当改变悬挂点时，等值摆长和摆动周期会改变吗？

（2）结合误差计算，你认为影响开特摆测重力加速度 g 精度的主要因素是什么？

通用计时器使用说明

通用计时器结合光电门使用，通过对光电门输出脉冲计数并计时，可测量输入周期脉冲的周期，最多可储存 5×60 组周期，计时范围为 0～99.999 s，显示精度为 1 ms，采用薄膜开关设置周期数等参数，并有计算平均值和查询等功能。通用计时器面板如图 4.3 所示。

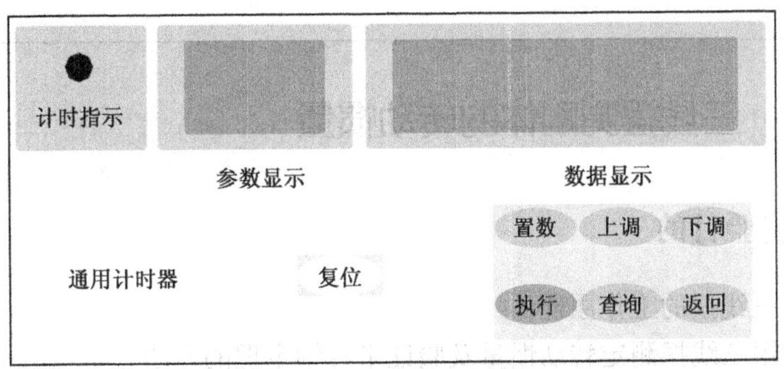

图 4.3 通用计时器面板

具体功能说明如下。

1）开机

开启主机电源后参量显示“——”，数据显示“————”。若情况异常（死机），可按复位键，即可恢复正常。按键“置数”、“执行”、“查询”、“返回”有效。

2）置数（预置测量周期数 n）

按“置数”键，参量显示“n=”，数据显示“30”（为系统默认计时周期数），按“上调”键，周期数依次加 1，按“下调”键，周期数依次减 1，周期数可在 1～60 范围内任意设定。再按“置数”键确认，显示“St End”。更改后的周期数不会保存，一旦切断电源或按“复位”键，便又恢复为默认周期数 30。周期数只要预置完毕，除切断电源、复位和再次置数外，其他操作均不改变预置的周期数。

3）执行

“置数”结束后，即可进行测量。再按“执行”键，计时仪器显示“P1 00.000”。当光电门第一个脉冲输入时开始计时，这时计时指示灯亮，并伴有一声蜂鸣。连续脉冲输入，仪器开始连续计时，直到脉冲数等于设定值，停止计时，计时指示灯熄灭，并伴有一声蜂鸣。此时仪器显示第一次测量的总时间。重复上述步骤，可进行多次测量。本机设定重复测量的最多次数为 5 次，即 P1、P2、P3、P4、P5，超过 5 次后，又从 P1 开始。执行键还具有重新测量功能，例如要重新测量第三组数据，在没有脉冲信号输入的情况下，按“执行”键直到出现“P3 00.000”后输入脉冲信号，即可重新测量第三组数据。

4）查询

按“查询”键，可查询每次测量的周期（C1～C5）和多次测量的周期平均值 CA，及当前的周期数 n，若显示“No”则表示没有数据。

5）返回

按“返回”键，系统将无条件地回到初始状态，参量显示“FU”，数据显示“— — — —”，这一操作将清除当前状态的所有执行数据，但预置周期数不改变。

6）复位

按“复位”键，实验所得数据全部清除，所有参数恢复初始时的默认值。

4.2 三线摆测刚体的转动惯量

4.2.1 实验目的

（1）熟悉三线摆的工作原理；

（2）掌握用三线摆测定转动惯量及验证平行轴定理的方法。

4.2.2 实验仪器

三线摆实验仪、三线摆测试仪、米尺、待测样品（圆环以及外形尺寸和质量都相同的两个圆柱体）。

三线摆实验仪面板示意图如图 4.4 所示，各部分的解释如下所述。

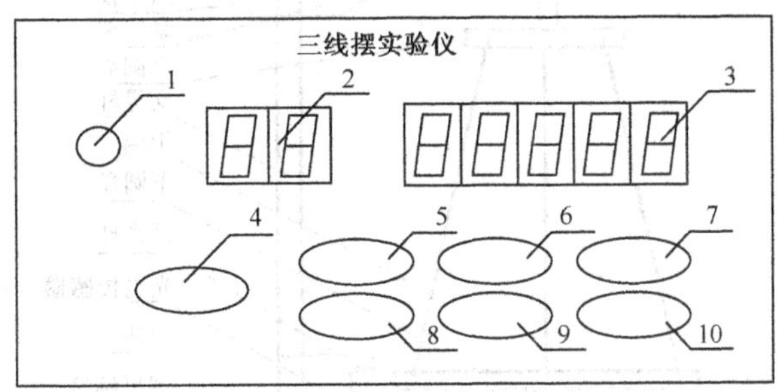

1—计数指示；2—参数显示；3—数据显示；4—复位按钮；5—置数按钮；

6—上调按钮；7—下调按钮；8—执行按钮；9—查询按钮；10—返回按钮

图 4.4 实验仪面板图

（1）计数指示：实验仪处于计数状态时，指示灯亮。

（2）参量显示：显示当前实验仪按键选择的功能参量。

（3）数据显示：显示调节每个参量或计数时的具体数据。

（4）复位按钮：按“复位”键，实验所得数据全部清除，所有参量恢复初始时的默认值。

（5）置数按钮：按“置数”键，参量显示“$n=$”，数据显示“30”，按“上调”键，周期数依次加 1，按“下调”键，周期数依次减 1，周期数能在 1～60 范围内任意设定，再按“置数”键确认，显示“St End”。更改后的周期数不具有记忆功能，一旦切断电源或按“复位”键，便恢复原来的默认周期数。周期数一旦预置完毕，除切断电源、复位和再次置数外，其他操作均不改变预置的周期数。

上调按钮：在置数状态下，可将预置次数上调。

下调按钮：在置数状态下，可将预置次数下调。

（6）执行按钮：按“执行”键，数据显示为“00.000”，表示仪器已处于等待测量状态，当被测物体上的挡光杆第一次通过光电门时，测试仪便开始记时；待周期数与预置次数相同时，测试仪停止记时，此时，P1（第一次测量）测量完毕；再次按“执行”键，“P1”变为“P2”，数据显示又回到“00.000”，仪器处在第二次待测状态。本机设定重复测量的次数最多为 5 次，即 P1，P2，　，P5。

（7）查询按钮：按“查询”键，可查询每次测量的周期（C_1～C_5）和多次测量的周期平均值 C_A，及当前的周期数 n，若数据显示“NO”，则表示没有数据。

（8）返回按钮：按“返回”键，系统将无条件地回到最初状态，清除当前状态的所有执行数据，但预置周期数不改变。

三线摆实验仪结构图如图 4.5 所示。

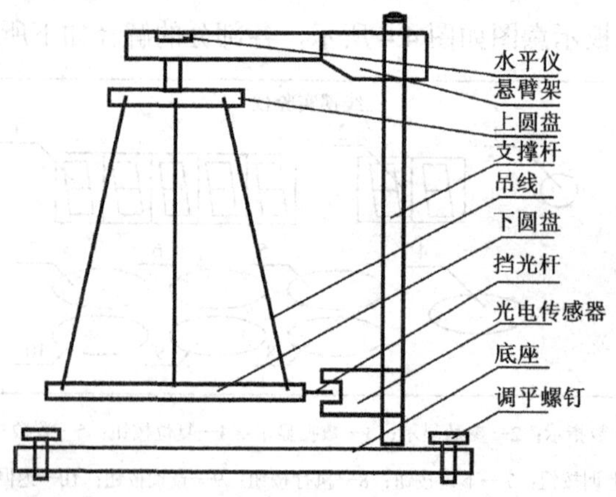

图 4.5 三线摆实验仪结构图

4.2.3 实验原理

三线摆是通过扭转运动测量转动惯量的一种装置，参见图 4.5，它是将半径不同的两个圆盘，用 3 条等长的线连接而成，将上盘吊起时，两圆盘面均被调节成水平，两圆心在同一垂直线 Q_1Q_2 上（如图 4.6 所示）。下盘可绕 Q_1Q_2 扭转，其扭转周期 T 和下盘的质量分布有关，当改变下盘的转动惯量（即改变质量分布）时，扭转周期也相应地发生变化。三线摆就是通过测定它的扭转周期来测定待测物的转动惯量的。

设下圆盘质量为 m，当它绕 Q_1Q_2 进行小角度扭动（扭转角度为 θ）时，圆盘位置升高了 h，则

$$E_P = mgh \tag{4-19}$$

$$E_K = \frac{1}{2}I_0\omega^2 = \frac{1}{2}I_0\left(\frac{\mathrm{d}\theta}{\mathrm{d}t}\right)^2 \tag{4-20}$$

I_0 为下圆盘 Q_1Q_2 轴的转动惯量，若不计摩擦阻力，则下圆盘的势能与动能之和应保持不变，即

$$mgh + \frac{1}{2}I_0\left(\frac{\mathrm{d}\theta}{\mathrm{d}t}\right)^2 = 常量 \tag{4-21}$$

设悬线长为 L，上下圆盘半径分别为 r 和 R，当上下圆盘扭转角度为 θ 时，从上圆盘 B 点作下圆盘垂线，与升高 h 前、后的下圆盘分别交于 C 和 C_1（如图 4.7 所示），则

$$h = BC - BC_1 = \frac{BC^2 - BC_1^2}{BC + BC_1} \tag{4-22}$$

而

$$BC^2 = AB^2 - AC^2 = L^2 - (R-r)^2$$
$$BC_1^2 = A_1B^2 - A_1C_1^2 = L^2 - (R^2 + r^2 - 2Rr\cos\theta)$$

所以

$$h = \frac{2Rr(1-\cos\theta)}{BC+BC_1} = \frac{4Rr\sin^2\left(\dfrac{\theta}{2}\right)}{BC+BC_1} \tag{4-23}$$

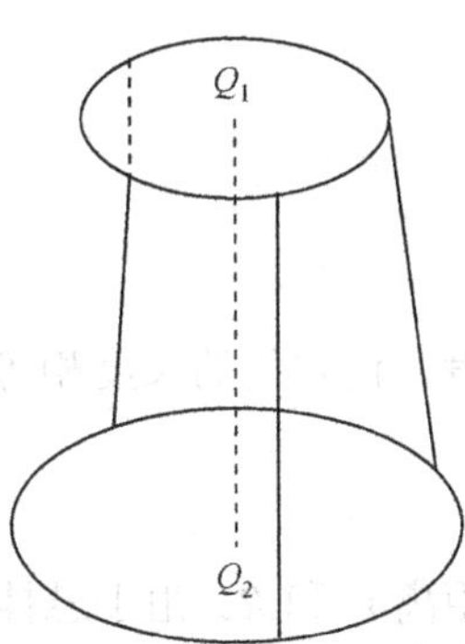

图 4.6 三线摆示意图

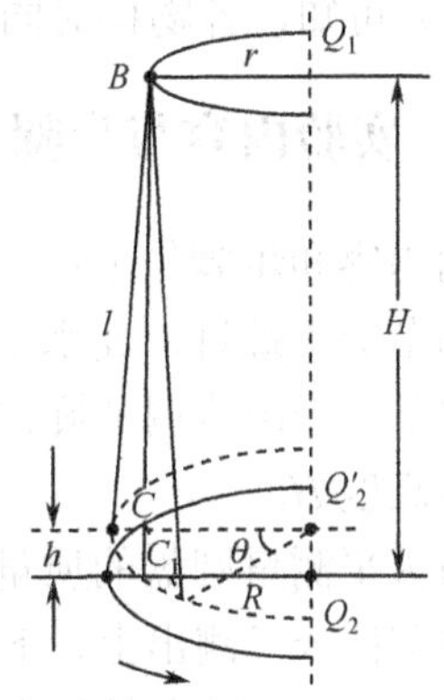

图 4.7 三线摆扭摆示意图

在偏转角很小时，$\sin\dfrac{\theta}{2} \approx \dfrac{\theta}{2}$，而 $BC+BC_1 \approx 2H$，则

$$h = \frac{Rr\theta^2}{2H} \tag{4-24}$$

将式（4-24）代入式（4-21），并对 t 进行微分可得

$$I_0 \frac{\mathrm{d}\theta \mathrm{d}^2\theta}{\mathrm{d}t\mathrm{d}t^2} + mg\frac{Rr}{H}\theta\frac{\mathrm{d}\theta}{\mathrm{d}t} = 0 \tag{4-25}$$

即

$$\frac{\mathrm{d}^2\theta}{\mathrm{d}t^2} = -\frac{mgRr}{I_0 H}\theta \tag{4-26}$$

式（4-26）为简谐振动方程，故该振动的角频率 ω 的平方应为

$$\omega^2 = \frac{mgRr}{I_0 H} \tag{4-27}$$

那么其振动周期 T_0 的平方应为

$$T_0^2 = \frac{4\pi^2 I_0 H}{mgRr}\left(T_0 = \frac{2\pi}{\omega}\right) \tag{4-28}$$

由此得出

$$I_0 = \frac{mgRr}{4\pi^2 H} T_0^2 \tag{4-29}$$

式（4-29）是测量下圆盘绕线中心轴转动惯量的计算公式。若在实验过程中，分别测出 m、R、r、H 及 T，就可以从式（4-29）求出圆盘的转动惯量 I_0。如果在下圆盘上放上另一个质量为 M，转动惯量为 I（对 Q_1Q_2 轴）的物体时，则有

$$I + I_0 = \frac{(m+M)gRr}{4\pi^2 H} T^2 \tag{4-30}$$

将式（4-29）代入式（4-30）得

$$I=\frac{gRr}{4\pi^2 H}[(m+M)T^2-mT_0^2] \tag{4-31}$$

由式（4-31）可知，各物体对同一转轴的转动惯量满足线性相加减的关系。

4.2.4 实验内容与步骤

实验的内容和步骤如下：

（1）调节调平螺钉，使水平仪处于中间位置。

（2）调节三个吊线调节旋钮，改变三条吊线的长度，使它们的长度相等，用米尺测量上下圆盘高度 H。

（3）用天平测量圆盘的质量 m。

（4）用游标卡尺测出上、下圆盘圆心到悬挂点的距离 r 和 R。由于悬挂点构成一个正三角形，测量出上圆盘悬挂点之间的距离 a，则 $r=(\sqrt{3}/3)a$，同法可测 R。上述各个量都进行单次测量，下圆盘及待测样品和质量已给出。

（5）开机，假设将次数设为 20 次，按下置数按钮，此时显示 n=30，按下调按钮，使得 n=20，再按一次置数按钮，此时显示 St End，说明置数成功。按下执行按钮，此时显示为“P1　00.000”。

（6）调整传感器与挡光杆至合适位置。轻轻扭动上圆盘，使下盘摆动，当挡光杆经过光电传感器时，实验仪便自动开始记时，当下盘摆动周期达到 20 次时，实验仪自动停止计时，数据显示下盘扭摆 20 次所需的时间是 T_0，再按执行键，重复做 5 次。

（7）按查询按钮查询，C_1～C_5 分别表示 P1～P5 单组的平均值。C_A 为 5 组数的平均值，即下圆盘的摆动周期 T_0，计算下圆盘的转动惯量 I_0。

（8）检验下圆盘的转动惯量 I_0。将测量值 I_0 与计算值 I'（$I'=\frac{1}{8}mD^2$，D 为下圆盘直径）进行比较，观察二者差异是否超过测量误差范围。如果差异较大，分析其原因，重新做实验。

（9）把待测圆环置于下圆盘的中心位置上，重复步骤（4），测出圆环与下圆盘的共同振动周期 T。在以上操作中要注意：使下圆盘做扭转运动时，应避免产生左右摆动，另外摆动的转角不宜过大，否则不能按简谐运动来处理，一般上圆盘来回扭动一次便可。

（10）算得此时的转动惯量并减去下圆盘的转动惯量即为圆环的转动惯量。

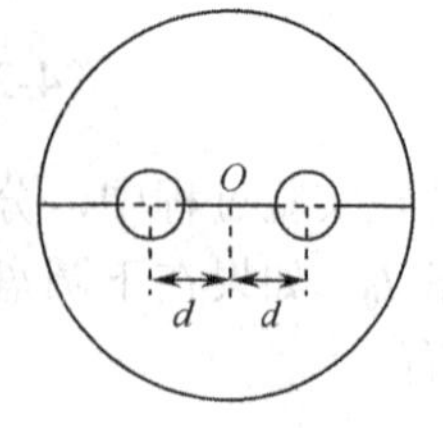

图 4.8　验证转动惯量示意图

（11）验证转动惯量的平行轴定理。将两个相同的圆柱体对称地置于下圆盘上（见图 4.8），圆柱体的中心到下圆盘中心的距离为 d。设圆柱体的质量为 m_1，对圆柱轴线的转动惯量为 I_1，则根据平行轴定理，当如图放置圆柱体时，下圆盘加圆柱体后的转动惯量为 $I_0+2(I_1+m_1d^2)$，其总质量为 $m+2m_1$，参照公式（4-28）可推算出

$$T^2 = \frac{4\pi^2 H}{(m+2m_1)gRr}\left[I_0 + 2(I_1 + m_1 d^2)\right] \tag{4-32}$$

展开式（4-32）得

$$T^2 = \left[\frac{4\pi^2 H}{(m+2m_1)gRr}(I_0 + 2I_1)\right] + \left[\frac{4\pi^2 H \cdot 2m_1}{(m+2m_1)gRr}\right]d^2 \tag{4-33}$$

从 d=0 改变圆柱体的位置，测出各 d 值对应的周期值 T，然后用坐标纸或用计算机绘制 T^2—d^2（T^2 为纵坐标，d^2 为横坐标）直线，该直线的纵轴截距将等于式（4-33）中的 $\frac{4\pi^2 H}{(m+2m_1)gRr}(I_0 + 2I_1)$，直线斜率为 $\frac{4\pi^2 H \cdot 2m_1}{(m+2m_1)gRr}$，直线的截距和斜率的比值为 $\frac{I_0 + 2I_1}{2m_1}$。

若要验证平行轴定理，需要检验：

① 作 T^2—d^2 的关系曲线，判断其是否为线性关系。

② 下圆盘加上圆柱体后的转动惯量为 I_0+2（I_1+m_1d^2），取 d=0，结合式（4-30）求出总的转动惯量 I_0+2I_1。比较直线 T^2—d^2 的截距和斜率之比是否等于 $\frac{I_0 + 2I_1}{2m_1}$（在测量范围之内）。求 T^2—d^2 直线的截距和斜率，可用直线拟合法拟合直线求出。

4.2.5 数据处理

下圆盘转动惯量为 $I_0 = \frac{mgRr}{4\pi^2 H}T_0^2$；

下圆盘上质量为 M 的圆环的转动惯量为 $I = \frac{gRr}{4\pi^2 H}[(m+M)T^2 - mT_0^2]$；

直径为 D，质量为 m 的圆盘的转动惯量理论计算公式为 $I' = \frac{1}{8}mD^2$。

4.2.6 注意事项

1. 实验仪各部件及测试样品均为精密器件，切勿做其他用途；

2. 在使用过程中，若遇强磁场等原因而使系统死机，可按“复位”键或关闭电源重新启动，但以前的一切数据都将丢失。

4.3 声速的测定

4.3.1 实验目的

（1）了解声波在空气中传播的特性；

（2）了解压电换能器的功能；

（3）了解声波的产生、发射和接收方法；

（4）进一步掌握示波器，信号发生器的使用方法；

（5）加深对波的传播、干涉、驻波、振动合成等理论知识的理解；

（6）学习用驻波法和相位比较法测试超声波在空气中的传播速度。

4.3.2 实验仪器

采用的实验仪器包括声速测试仪、低频信号发生器（带频率显示）和示波器。

4.3.3 实验原理

1）声波

声波是一种在弹性媒质中传播的机械波，它是纵波，其振动方向与传播方向一致。振动状态的传播是通过媒质各点间的弹性力来实现的，因此波速取决于媒质的状态和性质（密度和弹性模量）。液体和固体的弹性模量与密度的比值一般比气体大，因而其中的声速也比较大。由于在声波传播过程中波速 v、波长 λ 与频率 f 之间存在着 $v=f\lambda$ 的关系，若能同时测出媒质中声波传播的频率 f 及波长 λ，即可求得此种媒质中声波的传播速度 v。通过测试也可了解被测媒质特性或状态的变化，这在工业生产及科学实验上有广泛的实用意义。

在弹性媒质中，频率低于 20 Hz 的声波称为次声波；频率在 20 Hz～20 kHz 的振动所激起的机械波称为声波，可以被人听到，也称为可闻声波；频率在 20 kHz 以上的声波称为超声波，一般超声波的频率在 2×10^4～5×10^8 Hz 之间。超声波的传播速度就是声波的传播速度，超声波具有波长短，易于定向发射等优点，用超声波段进行声速测试比较方便。

2）超声波的发射和接收——压电换能器

本实验采用压电陶瓷超声换能器来实现声压和电压的转换。压电陶瓷超声换能器作为波源具有平面性和单色性好以及方向性强等特点。同时，由于频率在超声波范围内，一般的音频对它没有干扰。频率 f 提高，波长 λ 就短，在不长的距离内可测得多个 λ，取其平均值，λ 的测定就较准确了。这些都可以使实验的精度大大提高。

压电陶瓷超声换能器由压电陶瓷片和轻、重两种金属组成。压电陶瓷片（如钛酸钡、锆钛酸铅等）是由一种多晶结构的压电材料做成的，在一定的温度下经极化处理后，具有压电效应。在简单情况下，压电材料受到与极化方向一致的应力 T 时，在极化方向上产生一定的电场强度 E，它们之间有一个简单的线性关系 $E=gT$；反之，当与极化方向一致的外加电压 U 加在压电材料上时，材料的伸缩形变 S 与电压 U 也有线性关系 $S=dU$。比例系数 g、d 称为压电常数，与材料性质有关。由于 E，T，S，U 之间具有简单的线性关系，因此可以将正弦交流电信号转变成压电材料纵向长度的伸缩，成为声波的波源，同样也可以使声压变化转变为电压的变化，用来接收声信号。

在压电陶瓷片的头尾两端胶粘两块金属，组成夹心型振子。头部用轻金属做成喇叭形，尾部用重金属做成锥形或柱形，中部为压电陶瓷圆环，紧固螺钉穿过环中心。这种结构增大了辐射面积，增强了振子与介质的耦合作用。由于振子是以纵向长度的伸缩直接影响头部轻金属作同样的纵向长度伸缩（对尾部重金属作用小）的，因而这样所发射的波方向性强，平面性好。

3）声速测试仪

声速测试仪的主要部件由两个压电陶瓷换能器和一个精密丝杆导轨移动装置组成。压电片是由一种多晶结构的压电材料（如石英、锆钛酸铅陶瓷等）做成的。它在电场作用下又能产生应变，称逆压电效应。利用压电陶瓷的逆压电效应可将压电材料制成压电换能器，通过信号发生器信号的激励引起振动，把电能转换为声能，发出平面声波，作超声波发射器用，向空气中发出超声波。在应力作用下又能产生电场，称正压电效应。利用压电陶瓷正压电效应可将压电材料制成压电换能器，来接收空气的振动，把声能转换为电能，做超声波接收器用，并将转换的电信号输入示波器进行测试，同时还反射一部分超声波。压电陶瓷超声换能器有一定的谐振点，即在某些频率处，其输出最大。我们选用频率特性大致相等的两只压电陶瓷，一只用来发射，另一只用来接收。本测试仪就是利用上述可逆效应将压电材料制成压电换能器，以实现声能与电能的相互转换。压电换能器有谐振频率 f_0，当外加电信号的频率等于系统的谐振频率 f_0 时，压电换能器产生机械谐振，这时产生的声波最强。超声波声速测试仪的示意图如图 4.9 所示，信号发生器输出的正弦电压加在发射换能器 S_1 上产生声波，换能器 S_2 接收声波，并将声压转换成电信号输入到示波器。当系统处于谐振时，示波器上显示的信号强度最大，发射换能器 S_1 与接收换能器 S_2 之间的距离可以从导轨上的标尺读出。

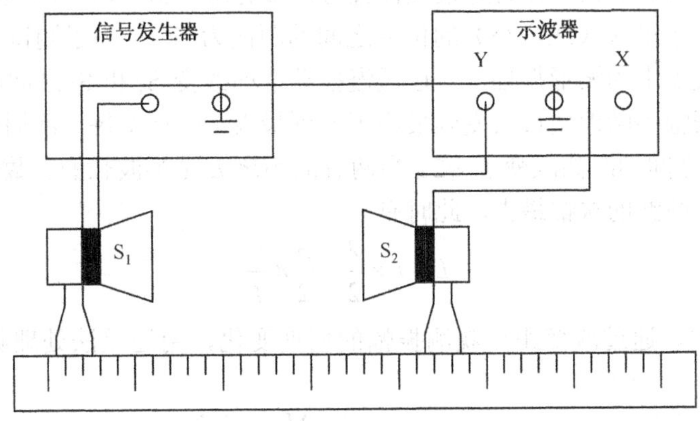

图 4.9 超声波声速测试仪示意图

4）驻波法（共振干涉法）测波速

由声源发出的平面波沿 x 方向传播，经反射后，入射波和反射波叠加。这两列波有相同的振动方向、振幅、频率和波长，是一对相干波，在 x 轴上以相反的方向传播。设这两列波在原点的相位相同，则它们的波动方程分别是 $y_1=A\cos2\pi\ (ft-x/\lambda)$，$y_2=A\cos2\pi$

$(ft+x/\lambda)$。叠加后合成波为 $y=y_1+y_2=A\cos2\pi(ft-x/\lambda)+A\cos2\pi(ft+x/\lambda)=2A\cos2\pi(x/\lambda)\cos2\pi ft$。

可以看出，当 x 一定，即考察平衡位置位于 x 处的质点时，后面的时间因子表示这个质点作简谐振动，考察不同 x 处的所有质点时，可知两波合成后介质中各点都在作同频率的简谐振动。各点的振幅为 $2A\cos2\pi(x/\lambda)$，与时间 t 无关，是位置 x 的余弦函数。对应于 $|\cos2\pi(x/\lambda)|=1$ 的各点振幅最大，称为波腹；对应于 $|\cos2\pi(x/\lambda)|=0$ 的各点振幅最小，称为波节。要使 $|\cos2\pi(x/\lambda)|=1$，应有 $2\pi(x/\lambda)=\pm n\pi$（$n=0,1,2,3,\cdots$）。

因此在 $x=\pm n(\lambda/2)$（$n=0,1,2,3,\cdots$）处就是波腹的位置，相邻两波腹间的距离为 $\lambda/2$（半波长）。

同理，可求出波节的位置是 $x=\pm(2n+1)(\lambda/4)$（$n=0,1,2,3,\cdots$）。

相邻两波节间的距离也是 $\lambda/2$，所以，只要测得相邻两波腹（或波节）的位置 x_n、x_{n+1}，即可得 $\lambda=|x_{n+1}-x_n|$。

如果把超声波发射换能器 S_1 与接收换能器 S_2"面对面"放置，两者之间的距离是 L，低频信号发生器提供正弦交流电信号，激励发射换能器引起振动，把电能转换为声能，发出平面超声波。接收换能器接收空气的振动，把声能转换为电能，并将转换的电信号输入示波器，同时还反射一部分超声波，在示波器上可以看到一组由声压信号产生的正弦波形。这时每个换能器都相当于一个不完全的反射器，发射的声波、反射的声波振幅虽有差异，但二者周期相同且在同一条直线上沿相反方向传播，于是发射换能器 S_1 发射的超声波和接收换能器 S_2 反射的超声波在两换能器之间的区域干涉而形成驻波。我们在示波器上观测到的实际上是两个相干波合成后在接收换能器处的振动情况。移动接收换能器 S_2 的位置（即改变 S_1 到 S_2 之间的距离），可以发现当 S_2 在某些位置时示波器上正弦波形振幅有最大值，在另外某些位置时振幅有最小值。由上面理论推导可知，任何两个相邻的振幅最大（或最小）的位置之间的距离为 $\lambda/2$。为了测试声波的波长，可以一边观测示波器上的波形振幅，一边缓慢摇动手柄改变 S_1 和 S_2 之间的距离，会发现示波器上波形振幅不断地由最大变到最小再变到最大，而幅度每一次周期性的变化，都相当于 S_1 和 S_2 之间的距离改变了 $\lambda/2$。当两者的距离 L 是半波长的整数倍时，每个换能器都靠近波腹，驻波的振幅最大，此时有

$$L=n\times\frac{\lambda}{2}=\frac{n}{2}\times\frac{v}{f} \tag{4-34}$$

其中，n 是整数。通过改变距离观测振幅的周期变化，用逐差法处理测量数据，可求出声速，即

$$v=2f\times\frac{\Delta L}{\Delta n} \tag{4-35}$$

其中，$\Delta L=[(X_7-X_1)+(X_8-X_2)+(X_9-X_3)+(X_{10}-X_4)+(X_{11}-X_5)+(X_{12}-X_6)]/6$; $\Delta n=6$。

5）相位比较法测波速

如果把输入发射换能器的正弦波信号与示波器的垂直（Y 轴）输入端连接，同时把接收换能器检测到的声—电转换信号与示波器的水平（X 轴）输入端连接，即将这两个

信号分别送至示波器内示波管相互垂直的偏转板进行合成，就可以利用李沙育图形的相位比较法，观测示波器上 S_1、S_2 之间的距离改变时合成信号的相位变化。在同一时刻这两个信号的相位差 φ 和角速度 ω（$\omega=2\pi f$）、传播时间 t、声速 v、距离 L，以及波长 λ 之间的关系为 $\varphi=\omega t=2\pi f(L/v)=2\pi(L/\lambda)$，可见相位差 φ 正比于两个换能器之间的距离 L，S_1、S_2 之间的距离每改变一个波长 λ，相位差 φ 就改变 2π。如果调整接收换能器的位置，恰好使两个信号同相位，然后移远（或移近）接收换能器，直到两个信号再度同相位，则接收换能器移过的距离正好是一个波长 λ。根据波长与波速的关系 $v=f\lambda$，两个相互垂直的简谐振动的叠加可以得到李沙育图形。如果这两个简谐振动的频率相同，则可得到最简单的李沙育图形。当两个同频率的简谐振动的相位差在 0～π 变化时，图形会由斜率为正的直线变为椭圆再变为斜率为负的直线。

6）理论计算

声波在空气中传播的速度与压强、温度和湿度等有关。一般情况下在干燥的空气中可用下式进行计算，即

$$v=\sqrt{\frac{rP_0}{\rho_0}} \tag{4-36}$$

式中，r 是空气定压比热容和定容比热容之比（$r=C_P/C_V$）；P_0 和 ρ_0 分别为没有声波时的压强和密度，ρ_0 与温度和压强有关。干燥空气在 0℃，760 mmHg 时的密度 ρ 为 1.293 2 kg/m^2，在温度为 t，气压为 H 时的空气密度 ρ_0 可求得

$$\rho_0=\frac{1.293\,2}{1+0.003\,67\times t}\times\frac{H}{760},$$

则由式（4-36）可算得

$$v_{理}=\sqrt{\frac{rP_0}{\rho_0}}=\sqrt{\frac{1.40\times 0.101\,3}{1.293\,2}}=331.2\ \text{m/s}$$

当 P_0=760 mmHg，H=760 mmHg，温度 t=0℃时，根据式（4-36）求得在温度 t 时的声速

$$v_t=v_{理}\sqrt{1+\frac{t}{273.15}} \tag{4-37}$$

4.3.4 实验内容

1）寻找系统的谐振频率 f_0

按图 4.9 接线，由于换能器 S_1 和 S_2 的谐振频率在一般情况下不可能做到完全相同，为了使换能器 S_2 更有效地接收超声波，转动丝杆使两换能器有合适的距离，调节正弦信号发生器的频率和幅度，同时调整信号接收端的示波器，使示波器屏幕上有适当的信号幅度。转动丝杆寻找信号幅度最强的位置，找到后调节信号发生器的频率，使示波器上的信号幅度最大，再用微调旋钮调节信号发生器的频率，使示波器上的信号幅度更大，

此时信号发生器输出的频率值即为本系统的谐振频率 f_0。可以反复上述过程数次，以寻找本系统准确的谐振频率 f_0，频率值可由信号发生器的显示屏读出，也可以由频率计测量，本系统的谐振频率在 35 kHz 左右，下面的测量将在谐振频率 f_0 下进行。

2）驻波法测波长和声速

按图 4.9 接线，转动丝杆将接收换能器从一端缓慢移向另一端，并来回几次，观察示波器上的信号幅度变化，了解波的干涉现象。当测量时，S_1 与 S_2 之间的距离从近到远或从远到近均可，选择一个示波器上的信号幅度最大处（驻波的波腹）为起点，记下 S_2 的位置，缓慢移动 S_2，依次记下每次信号幅度最大时 S_2 的位置（波腹的位置）X_1，X_2，　，X_{12}，共 12 个值，注意利用游标尺上的微动螺旋准确地确定 X 值。要求如下：

（1）用逐差法处理数据，求出 λ。由谐振频率 f_0 和测出的 λ，利用式（4-35）算出声速 v；

（2）记下实验室的室温 t（℃），由式（4-37）算出理论值 v_t，与测量值比较，计算误差，并对结果进行讨论。

3）相位比较法测波长和声速

按图 4.9 接线，将信号发生器输出的信号连接到发射换能器的同时连接到示波器的 X 输入端，将示波器 X 扫描旋钮旋至“外接”。调节示波器，使屏上出现李沙育图形，缓慢地增加（或减小）S_1 和 S_2 之间的距离（改变两输入波的相位差），屏上就会反复出现李沙育图形的变化。测量时，S_2 从声源 S_1 附近慢慢移开，依此测出屏上出现直线（每移动半个波长就会出现 1 次直线）时所对应的 S_2 的位置 X_1，X_2，　，X_{12}，用逐差法处理数据，求出波长和声速。结果与理论计算值比较，计算误差，并对结果进行讨论。

4.3.5　注意事项

（1）两个换能器的面应相互平行，移动过程中这种关系仍应保持不变；
（2）换能器接出线均应良好屏蔽；
（3）当使用相位比较法测波长时，正弦信号发生器产生的正弦波失真要小。

4.3.6　思考题

（1）驻波法测波速时，示波器信号最小值为什么不为零？
（2）风是否会影响声波的传播速度？
（3）实验室所在的当地大气压是如何影响声速的？
（4）固定两个换能器的距离改变频率来求声速，是否可行？
（5）在声速测试试验中采用“逐差法”来处理实验数据有什么好处？
（6）在声速测试实验中为什么要在换能器谐振状态下测试空气中的声速？为什么换能器的发射面和接收面要保持互相平行？

4.4 金属比热容的测量

根据牛顿冷却定律，用冷却法测定金属或液体的比热容是热学中常用的方法之一。若已知标准样品在不同温度的比热容，通过作冷却曲线可测得各种金属在不同温度时的比热容。本实验以铜样品为标准样品，而测定铁、铝样品在100℃时的比热容。通过实验了解金属的冷却速率和它与环境之间的温差以及进行测量的实验条件的关系。热电偶数字显示测温技术是当前生产实际中常用的测试方法，它相比一般的温度计测温方法，具有测量范围广、计值精度高、可以自动补偿热电偶的非线性因素等优点。

4.4.1 实验目的

（1）了解热电偶测量温度的方法；

（2）掌握冷却法测量金属比热容的方法。

4.4.2 实验仪器

（1）金属比热容测量实验仪；

（2）物理天平或精密电子秤（精度为0.01 g）。

4.4.3 实验原理

1. 金属比热容

单位质量的物质，其温度升高1 K（或1℃）所需的热量称为该物质的比热容，其值随温度而变化。将质量为 M_1 的金属样品加热后，放到较低温度的介质（如室温的空气）中，样品将会逐渐冷却。其单位时间的热量损失（$\Delta Q/\Delta t$）与温度下降的速率成正比，于是得到

$$\frac{\Delta Q}{\Delta t}=C_1 M_1\frac{\Delta\theta_1}{\Delta t} \tag{4-38}$$

其中，C_1——该金属样品在温度 θ_1 时的比热容；

$\Delta\theta_1/\Delta t$——金属样品在 θ_1 时温度的下降速率。

根据冷却定律有

$$\frac{\Delta Q}{\Delta t}=\alpha_1 S_1(\theta_1-\theta_0)^m \tag{4-39}$$

其中，α_1——热交换系数；

S_1——该样品外表面的面积；

m——常数；

θ_1——金属样品的温度；

θ_0——周围介质的温度；

由式（4-38）和式（4-39），可得

$$C_1M_1\frac{\Delta\theta_1}{\Delta t}=\alpha_1S_1(\theta_1-\theta_0)^m \tag{4-40}$$

同理，对质量为 M_2，比热容为 C_2 的另一种金属样品，可有同样的表达式，即

$$C_2M_2\frac{\Delta\theta_1}{\Delta t}=\alpha_2S_2(\theta_1-\theta_0)^m \tag{4-41}$$

由式（4-40）和式（4-41），可得

$$\frac{C_2M_2\dfrac{\Delta\theta_2}{\Delta t}}{C_1M_1\dfrac{\Delta\theta_1}{\Delta t}}=\frac{\alpha_2S_2(\theta_2-\theta_0)^m}{\alpha_1S_1(\theta_1-\theta_0)^m} \tag{4-42}$$

所以

$$C_2=C_1\frac{M_1\dfrac{\Delta\theta_1}{\Delta t}}{M_2\dfrac{\Delta\theta_2}{\Delta t}}\frac{\alpha_2S_2(\theta_2-\theta_0)^m}{\alpha_1S_1(\theta_1-\theta_0)^m} \tag{4-43}$$

假设两样品的形状尺寸都相同（例如细小的圆柱体），即 $S_1=S_2$，两样品的表面状况也相同（如涂层、色泽等），而周围介质（空气）的性质当然也不变，则有 $\alpha_1=\alpha_2$。于是当周围介质温度不变（即室温 θ_0 恒定），两样品又处于相同温度 $\theta_1=\theta_2=\theta$ 时，式（4-43）可以简化为

$$C_2=C_1\frac{M_1\left(\dfrac{\Delta\theta}{\Delta t}\right)_1}{M_2\left(\dfrac{\Delta\theta}{\Delta t}\right)_2} \tag{4-44}$$

如果已知标准金属样品的比热容 C_1、质量 M_1、待测样品的质量 M_2 及两样品在温度 θ 时冷却速率之比，就可以求出待测的金属材料的比热容 C_2。

2．热电偶测温及冷端补偿

热电偶是一种使用最多的温度传感器。它的原理是 1821 年发现的塞贝克效应，即两种不同的导体或半导体 A 和 B 组成一个回路，其两端相互连接，只要两节点处的温度不同，一端温度为 T，另一端温度为 T_0，则回路中就有电流产生（见图 4.10（a）），即回路中存在电动势，该电动势被称为热电势（或热电动势）。

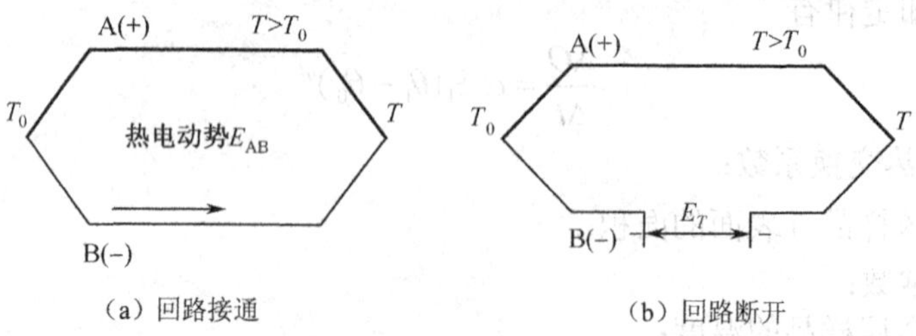

图 4.10　热电偶示意图

当回路断开时，见图 4.10（b），在断开处有电动势 E_T，其极性和量值与回路中的

热电势一致，并规定在冷端，当电流由 A 流向 B 时，称 A 为正极，B 为负极。实验表明，当 E_T 较小时，热电势 E_T 与温度差（$T-T_0$）成正比，即

$$E_T = S_{AB}(T - T_0) \tag{4-45}$$

S_{AB} 为塞贝克系数，又称为热电势率，它是热电偶的最重要的特征量，其符号和大小取决于热电极材料的相对特性。

1）热电偶的基本定律

（1）均质导体定律。

由一种均质导体组成的闭合回路，不论导体的截面积和长度如何，也不论各处的温度分布如何，都不能产生热电势。

（2）中间导体定律。

用两种金属导体 A 和 B 组成热电偶时，在测温回路中必须通过连接导线接入仪表测量温差电势 E_{AB}（T，T_0），而这些导体材料和热电偶导体 A、B 的材料往往并不相同。在这种引入了中间导体的情况下，回路中的温差电势是否发生变化呢？热电偶中间导体定律指出：在热电偶回路中，只要中间导体 C 两端温度相同，那么接入中间导体 C 对热电偶回路总热电势 E_{AB}（T，T_0）没有影响。

（3）中间温度定律。

如图 4.11 所示，热电偶的两个节点温度为 T_1，T_2 时，热电势为 E_{AB}（T_1，T_2）；两节点温度为 T_2，T_3 时，热电势为 E_{AB}（T_2，T_3）。当两节点温度为 T_1，T_3 时的热电势则为

$$E_{AB}(T_1, T_2)+ E_{AB}(T_2, T_3)=E_{AB}(T_1, T_3) \tag{4-46}$$

式（4-46）就是中间温度定律的表达式。如果 T_1=100℃，T_2=40℃，T_3=0℃，有

$$E_{AB}(100, 40)+E_{AB}(40, 0)=E_{AB}(100, 0) \tag{4-47}$$

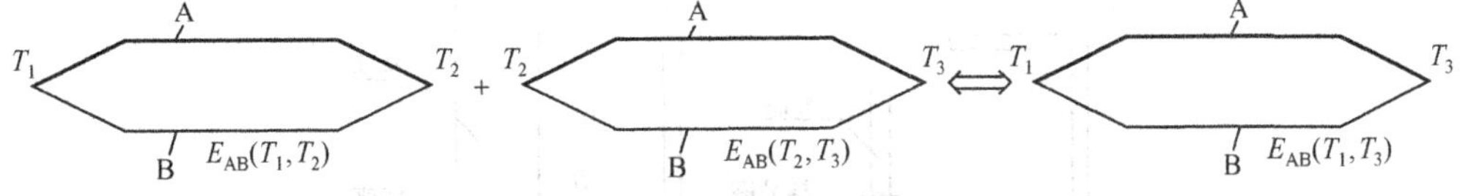

图 4.11 热电偶中间定律示意图

2）热电偶的分度号

热电偶的分度号是其分度表的代号（一般用大写字母 S、R、B、K、E、J、T、N 表示）。它是在热电偶的参考端为 0℃的条件下，以列表的形式表示热电势与测量端温度的关系的。

为了利用热电偶的分度表准确测量温度，就必须使冷端的温度保持在恒定的 0℃。但一般实验室实现这一条件比较麻烦，为此可采用其他修正方法来补偿冷端温度不等于零度时对测温的影响。热电偶温度—热电势曲线的非线性是影响补偿精度的一个因素。但实际应用中热电偶冷端温度变化较小，在这个范围内近似为直线所带来的误差极小。可采用绝对温度—电流具有标准化（1 μA/K）线性输出的温度传感器 AD590 进行冷端补偿。当热电偶处于 0℃环境中时，冷端无须补偿，但 0℃时 AD590 仍有 273.2 μA 的电流输出，若使它不在冷端产生补偿电压，必须有补偿电路。补偿电路如图 4.12 所示。

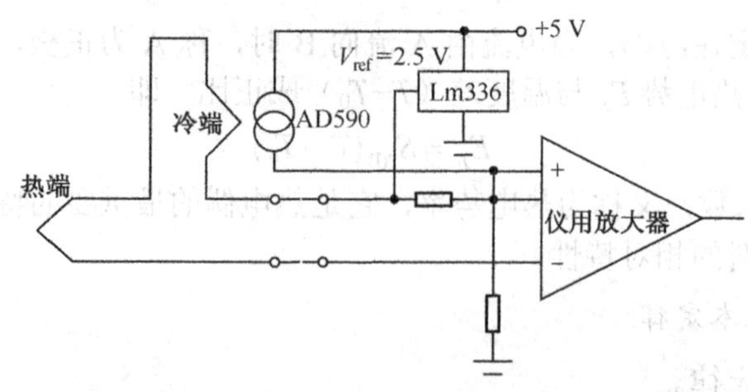

图 4.12 K 型热电偶冷端补偿电路

本实验装置由实验仪和测试仪组成，实验仪结构如图 4.13 所示。实验仪的加热器可以通过调节手轮自由升降。加热器电源由测试仪提供，分两挡可调，也可断开，并由加热指示灯指示。被测样品安放在有较大容量的防风圆筒即样品室内的样品座上，测温热电偶放置于样品座内的小孔中。当加热装置向下移动到底后，对被测样品进行加热；样品需要降温时则将加热装置移上。仪器内设有过热保护装置，防止因长期不切断加热电源而引起温度不断升高，并有过热报警指示灯，只有当加热器温度低于报警温度后，按复位键可重新加热。

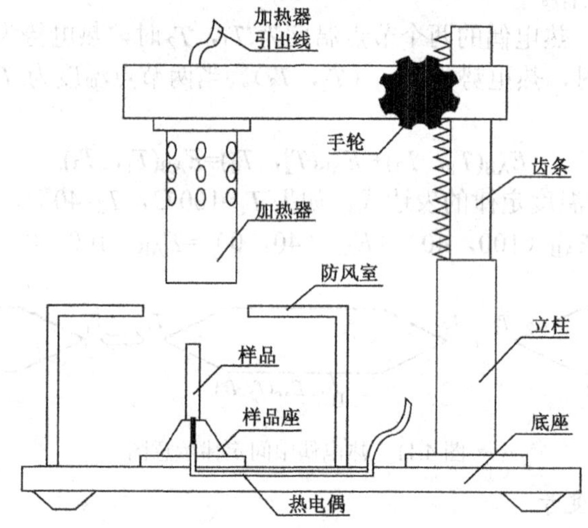

图 4.13 金属比热容测量实验仪结构图

采用常用的铜-康铜做成的 K 型热电偶测量试样温度，将热电偶带有测量扁叉的一端接到测试仪的“输入”端。实验室内环境作为冷端，经电路补偿后将热端的温度显示在测试仪温度指示仪表上，最高测量温度为 200℃，分辨率为 0.1℃。

4.4.4 实验内容与步骤

1）开机前准备

开机前将加热电源选为“断”开状态，连接好加热器电源线和热电偶输入线。

2）温度校准

开机后，加热指示灯不亮，记下实验室温度，与测试仪温度指示值比较，如不同，则用螺丝刀调节温度补偿旋钮进行温度校准。

3）测量样品冷却速率

（1）样品选取。选取长度、直径、表面光洁度尽可能相同的三种金属样品（铜、铁、铝），用物理天平或电子天平测出它们的质量 M，再根据 $M_{Cu}>M_{Fe}>M_{Al}$ 的特点，把它们区别开。

（2）加热操作。将被测样品放入样品座中；取掉防风室盖子，并放入底座上的凹槽内；调节手轮将加热器向下移动到底；接上热电偶；加热器连接线插入加热器电源输出插座中；打开实验仪开关；加热器输出挡位调至“慢”挡或者“快”挡对被测样品进行加热（同一次实验中的所有加热过程应采用相同的挡位，以免产生实验误差）。

当样品加热到 130.0℃时，加热电源自动“断”开，“过热保护”指示灯亮，“加热指示”指示灯灭，此时，调节手轮将加热器上调至最高位置，盖上防风室盖子。将加热挡位打至“断”挡。样品继续安放在与外界基本隔绝的防风室内，使其自然冷却，记录样品的冷却速率 $(\Delta\theta/\Delta t)_{\theta=100℃}$。具体做法为记录温度指示从 102.0℃降到 98.0℃所需的时间 Δt 。实验开始第一组数据舍弃，因为第一次加热丝为冷却状态，加热时间较长，影响实验数据。

（3）防风室移开，使样品自然冷却至室温。重新做实验只需重复实验步骤（2）中加热操作步骤，并按复位按钮，“过热保护”指示灯灭，“加热指示”指示灯亮。

4）数据记录

根据以上步骤做实验，每种样品重复测量6次（实验结束后必须将加热挡位打至“断”挡）。每种样品测量之后，取出样品，待环境温度降到室温后，测量下一组数据，并将实验结果填入表 4-4 中，计算测量复性误差和材料铁与铝的冷却速率。

表 4-4 金属比热容的测量

次数 样品	t_1	t_2	t_3	t_4	t_5	t_6	平均值 $\overline{t}$
Fe							
Cu							
Al							

4.4.5 实验报告

根据表 4-4 记录的实验数据计算数据的重复性。

测量结果表示为

$$t=\overline{t}\pm\overline{\Delta t}$$

重复性误差为

$$E = \frac{\overline{\Delta t}}{\bar{t}} \times 100\%$$

$$\bar{t} = (t_1 + t_2 + t_3 + t_4 + t_5 + t_6)/5$$

$$\overline{\Delta t} = (|t_1 - \bar{t}| + |t_2 - \bar{t}| + |t_3 - \bar{t}| + |t_4 - \bar{t}| + |t_5 - \bar{t}| + |t_6 - \bar{t}|)/5$$

以铜的比热容 C_1 为标准，计算铁的比热容 C_2 为

$$C_2 = C_1 \frac{M_1 (\Delta t)_2}{M_2 (\Delta t)_1}$$

铝的比热容 C_3 为

$$C_3 = C_1 \frac{M_1 (\Delta t)_3}{M_3 (\Delta t)_1}$$

并与参考值比较，标准值详见表 4-5。

表 4-5 金属比热容标准值

物 质	铝（Al）	铁（Fe）	黄铜（Cu）
比热容 $C/(10^2\,\mathrm{J \cdot kg^{-1} \cdot ℃^{-1}})$	9.04	4.48	3.70

实验中会出现实验误差，实验误差来源如下：

（1）现存多种教科书对各种材料的金属比热容标准值不统一，本实验以朱俊孔主编的《普通物理实验》中的数据为标准；

（2）书中提供的为纯铜、纯铝、纯铁的标准值，但样品中存有少量杂质且表面平滑程度存在差异；

（3）仪器误差与操作误差。

4.4.6 注意事项

（1）在加热器未给样品加热时，必须将加热挡位调至“断”挡。加热器给样品加热时，可选择“快”加热和“慢”加热，加热指示灯亮度不同。当升到指定温度后，应将加热挡位调至“断”挡。如果热电偶未连好或加热温度过高（超过 130℃），加热器自动保护，切断加热器输出，此时，“加热指示”指示灯不亮，“过热保护”指示灯亮。接线无误后，按复位按钮即可工作。

（2）在记录降温时间时，按“计时/暂停”按钮应迅速、准确，以减小人为误差。

（3）当加热装置向下移动时，应注意被测样品必须垂直放置，以使加热器能完全套入被测样品。

（4）实验开始记录的第一组数据应舍弃，因为加热丝初始状态为冷却状态，加热时间较长，影响实验数据。

（5）每次测量之后必须待环境温度降到室温之后再进行下一组实验。

（6）样品为精密器件，表面切勿划伤，请勿作其他用途。

（7）注意用电安全。

4.5 直流电位差计的原理和使用

4.5.1 实验目的

（1）学习和掌握电位差计的补偿工作原理、结构和特点；

（2）学习用十一线式电位差计来测量未知电动势或电位差的方法和技巧；

（3）培养正确连接电学实验线路、分析线路和实验过程中排除故障的能力。

4.5.2 实验仪器

（1）直流电位差计实验仪，它集成了 4.5 V 直流稳压电源、1.018 6 V 标准电动势、E_{x1} 和 E_{x2} 两个待测电动势、数字检流计 G、0～999 Ω可调变阻器（电阻箱）和保护电阻 R_p 等。

（2）滑线式十一线电位差计。

4.5.3 实验原理

1. 补偿原理

在直流电路中，电源电动势在数值上等于电源开路时两电极的端电压。因此，在测量时要求没有电流通过电源，测得电源的端电压，即电源的电动势。但是，如果直接用伏特表去测量电源的端电压，由于伏特表总要有电流通过，而电源具有内阻，因而不能得到准确的电动势数值，所测得的电位差值总是小于电位差真值。为了准确地测量电位差，必须使分流到测量支路上的电流等于零，直流电位差计就是为了满足这个要求而设计的。

补偿原理就是利用一个电压或电动势去抵消另一个电压或电动势，其原理可用图 4.14 来说明。两个电源 E_n 和 E_x 正极对正极、负极对负极，其中 E_n 为可调标准电源电动势，E_x 为待测电源电动势，中间串联一个检流计 G 接成闭合回路。如果要测电源 E_x 的电动势，可通过调节电源 E_n，使检流计读数为 0，电路中没有电流，此时表明 $E_x = E_n$，即 E_x 两端的电位差和 E_n 两端的电位差相互补偿，电路处于补偿状态。若已知补偿状态下 E_n 的大小，就可以确定 E_x，这种利用补偿原理测电位差的方法称为补偿法，该电路称为补偿电路。由上可知，为了测量 E_x，关键在于如何获得可调节的标准电源，并要求电源具有以下特点：

- 便于调节；
- 稳定性好，能够迅速读出准确的数值。

2. 电位差计原理

根据补偿法测量电位差的实验装置称为电位差计，其测量原理可分别用图 4.15 和图 4.16 来说明。图 4.15 为电位差计定标原理图，其中 ABCD 为辅助工作回路，由电源 E、电阻箱 R 和 11 m 长粗细均匀的电阻丝 AB 串联成一个闭合回路；MN 为补偿电路，由待测电源 E_n 和检流计 G 组成。电阻箱 R 用来调节回路工作电流 I 的大小，通过调节 I

可以调整每单位长度电阻丝上电位差 V_0 的大小，M、N 为电阻丝 AB 上的两个活动触点，可以在电阻丝上移动，以便从 AB 上取适当的电位差来与测量支路上的电位差补偿，它相当于补偿电路 4.14 图中的 E_n（提供了一个可变电源）。当回路接通时，根据欧姆定律可知，电阻丝 AB 上任意两点间的电压与这两点间的距离成正比。因此，可以改变 MN 的间距，使检流计 G 读数为 0，此时 MN 两点间的电压就等于待测电动势 E_x。要测量电动势（电位差）E_x，必须分两步进行。

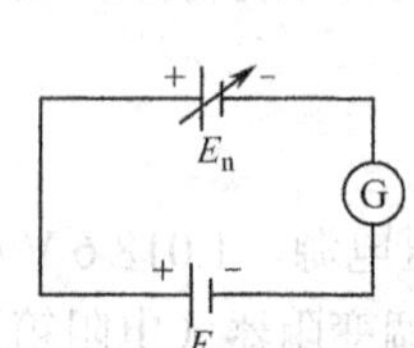

图 4.14　补偿原理

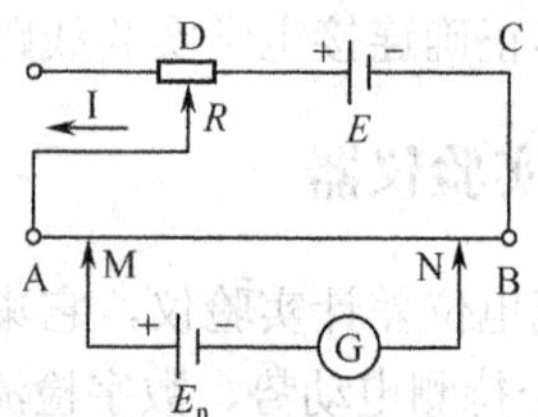

图 4.15　电位差计定标原理图

1）定标

利用标准电源 E_n 高精确度的特点，使工作回路中的电流 I 能准确地达到某一标定值 I_0，这一调整过程叫电位差计的定标。

本实验采用滑线式十一线电位差计，电阻 R_{AB} 是 11 m 长粗细均匀的电阻丝。根据定标原则，按图 4.15 连线，移动滑动触头 M、N，将 M、N 之间的长度固定在 L_{MN} 上，调节工作电路中的电阻 R，使补偿回路中的定标回路达到平衡，即流过检流计 G 的电流为零，此时，$E_n = V_{MN} = I_0 R_{MN} = I_0 \dfrac{\rho}{S} L_{MN}$。在工作过程中，电路 ABCD 中工作电流保持不变，因为电阻 R_{AB} 是均匀电阻丝，令 $V_0 = \dfrac{\rho}{S} I_0$，那么有

$$E_s = V_0 L_{MN} \tag{4-48}$$

很明显 V_0 是电阻丝 R_{AB} 上单位长度的电压降，称为工作电流标准化系数，单位是 V/m。在实际操作中，只要确定 V_0，也就完成了定标过程。

由式（4-48）可知，当 V_0 保持不变（即电路 ABCD 中工作电流保持不变），可以用电阻丝 MN 两点间的长度 L_{MN}（力学量）来反映待测电动势 E_x（电学量）的大小。为此，必须确定 V_0 的数值。为使读数方便，取 V_0 为 0.1，0.2，　，1.0 V/m 等数值。由于 $V_0=\rho I_0/S$，而且电阻丝阻值稳定，所以只有调节 ABCD 中工作电流 I_0 的大小，就能得到所需的 V_0 值，这一过程通常称为“工作电流标准化”。

2）测量 E_x

测量待测电动势 E_x 的过程与工作电流标准化的过程正好相反。

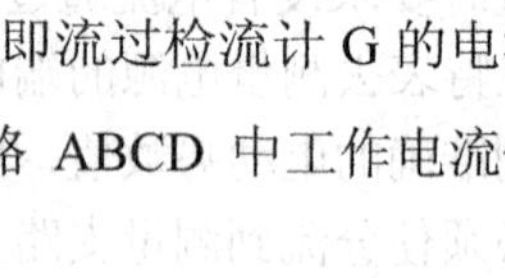

当上面定标结束后，按图 4.16 连线，调节 M′、N′ 之间的长度 $L_{M'N'}$，使 M′、N′ 两点间电位差 $V_{M'N'}$ 等于待测电动

图 4.16　电位差计测量原理图

势 E_x，达到补偿，此时流过检流计 G 的电流为零。即

$$E_x = V_{M'N'} = I_0 \frac{\rho}{S} L_{M'N'} \tag{4-49}$$

结合式（4-48）得

$$E_x = V_0 L_{M'N'} \tag{4-50}$$

下面举例说明定标和测量的过程，设标准电源的电动势为 $E_n = 1.0186\ \text{V}$，为了保证 R_{AB} 在单位长度上的电压降为 $V_0 = 0.10000\ \text{V/m}$，则要使电位差计平衡的电阻丝长度 $L_{MN} = \dfrac{E_n}{V_0} = 10.1860\ \text{m}$，调节限流电阻 R 使 $V_{MN} = E_n$，即检流计 G 的电流为 0，此时 R_{AB} 上的单位长度电压降就是 0.100 00 V/m。

经过定标的电位差计可以用来测量待测电位差，调节 $L_{M'N'}$，使 $L_{M'N'}$ 和 E_x 达到补偿，即 $E_x = V_{M'N'} = V_0 L_{M'N'}$。若 $L_{M'N'} = 14.864\ \text{m}$，则 $E_x = 0.10000 \times 14.864 = 1.4864\ \text{V}$。

3）电位差计的优、缺点

十一线电位差计测量的准确度主要取决于下列因素：

（1）11 m 电阻丝每段长度的准确性和粗细的均匀性；

（2）标准电源的准确度；

（3）检流计的灵敏度；

（4）工作电流的稳定性。

用电位差计测量电位差具有下述优点：

（1）准确度高，仅依赖于标准电阻、检流计、标准电源。因为本实验仪精密电阻丝 R_{AB} 很均匀准确，标准电源的电动势准确稳定，检流计很灵敏，而且是数字式的，读数方便，故可作为标准仪器来校验电表。

（2）测量范围广，灵敏度高，可测量小电压或电压的微小变化。

（3）“内阻”高，不影响待测电路。它避免了伏特计测量电位差时总要从被测电路上分流的缺点。由于采用电位补偿原理，测量时不影响待测电路的原来状态。用伏特表测量电压时总要从被测电路上分出一部分电流，从而改变了待测电路的原来状态，伏特表内阻越低，这种影响就越大。而用电位差计测量时，补偿回路中电流为零（当然不是绝对的，检流计灵敏度越高，越接近于零），对待测电路的影响可以忽略不计。

用电位差计测量电位差的缺点如下：

电位差计在测量过程中，其工作条件易发生变化（如辅助回路电源 E 不稳定、可变电阻 R 变化等），所以测量时为了保证工作电流标准化，每次测量都必须经过定标和测量两个基本步骤，且每次达到补偿都要进行细致的调节，所以操作烦琐、费时。

4.5.4 仪器介绍

本实验利用的是十一线电位差计，如图 4.17 所示，它具有结构简单、直观、便于分析讨论等优点，适合学生用来做实验。其中电阻丝 AB 长 11 m，往复绕在木板的十一个接线

插孔 1、2、 、11 上，每两个插孔间电阻丝长为 1 m，插头 M 可选插入孔 1、2、 、11 中的任一孔，电阻丝 BO 附在带有毫米刻度的米尺上，触头 N 可在它上面滑动。

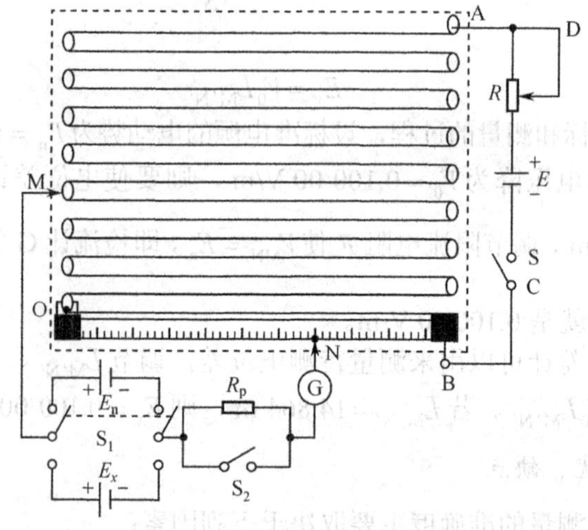

图 4.17 电位差计实验装置图

电路中标准电源 E_n 和检流计 G 都不能通过较大电流，但在测量时，可能因接头 MN 之间的电位差 V_{MN} 和 E_n（或 E_x）相差较大，而使标准电源和检流计中通过较大电流，因此在回路中串接一只大阻值电阻 R_p，但这样就降低了电位差计的灵敏度，即可能接头 MN 之间电位差 V_{MN} 和 E_n（或 E_x）还没有完全平衡，由于大阻值电阻 R_p 的存在而使检流计无明显偏转。因此，在电位差计平衡后，还应合上 S_2 以提高电位差计的灵敏度，由于电阻 R_p 起保护标准电源和检流计的作用，故称为保护电阻。

4.5.5 实验步骤

（1）按图 4.17 连接线路。R 采用电阻箱，注意电源正负极的连接。

（2）定标。取 $V_0 = 0.100\ 0$ V/m。将 MN 间长度 L_{MN} 固定在 10.186 m 处，断开 S_2，将 S_1 倒向 E_n，合上 S。调整 R 使检流计大致指零，合上 S_2 并反复调 R，直到检流计再次指零，此时，$V_0 = 0.100\ 0$ V/m。

（3）测量未知电动势 E_x。断开 S_2，将 S_1 倒向 E_x，合上 S。调整 MN 间长度 L_{MN} 使检流计接近指零，合上 S_2 并反复调 MN 之间的距离，直到检流计再次指零，记下此时 L_{MN}，则待测电池电动势 $E_x = V_0 L_{MN}$。

（4）取 $V_0 = 0.200\ 0$ V/m，则取 $L_{MN} = 5.093$ m；重复步骤（2）和（3）。

4.5.6 电位差计的应用

电位差计所具有的优点，使得它在高精度测量电压方面得到广泛的应用。

（1）测量各种电动势，特别是微小电动势，如温差电偶的温差电动势，各种电解液、电极组成的化学电池电动势，霍尔元件的霍尔电动势等。

（2）校准伏特计。另配一个大小合适、输出可调的待测电动势，将伏特计并接在待测电动势两端，调节待测电动势输出电压，同时记录直流电位差计和伏特计的读数 E_x 和 V，则 $\Delta V=E_x-V$，ΔV—V 曲线即为伏特计的校正曲线。

4.5.7 操作注意事项

（1）十一线电位差计实验板上的电阻丝不要任意拨动，以免影响电阻丝的长度和粗细均匀。

（2）本实验仪器中的标准电源，不允许通过大电流，否则将使电动势下降，与标准值不符；不允许用一般电压表或多用表去测量它的电动势，更不允许把它作为电源使用，否则会损坏该标准电源。

4.5.8 思考题

（1）为什么用伏特计测量电位差时，所得值必小于未接伏特计时的初始值？用什么方法可以测得精确的电位差？

（2）为什么要进行电位差计工作电流标准化的调节，V_0 值的物理意义是什么？V_0 值选取的根据是什么？当工作电流标准化后，在测量 E_x 时，电阻箱为什么不能再调节？

4.6 静电场描绘实验

4.6.1 实验目的

（1）了解模拟法描绘静电场的依据及描绘方法；

（2）描绘几种静电场的等势线；

（3）加深对静电场，稳恒电流场的了解。

4.6.2 实验仪器

静电场描绘实验仪。

4.6.3 实验原理

静电场可以用场强 E 和电势 V 来表示。由于场强是矢量，电势是标量，测定电势比测定场强容易实现，所以一般都先测绘静电场的等势线，然后根据电场线与等势线正交的原理，画出电场线，由等势线的间距确定电场线的疏密和指向，形象地反映出一个静电场的分布。

用稳恒电流场模拟静电场，为了保证具有相同或相似的边界条件，稳恒电流场应满足以下模拟条件：①稳恒电流场中的电极形状和位置必须和静电场中带电体的形状和位置相同或相似，这样可以用保持电极间电压恒定来模拟静电场中带电体上的电量恒定。

②静电场中的导体在静电平衡条件下，其表面是等势面，表面附近的场强（或电场线）与表面垂直。与之对应的稳恒电流场则要求电极表面也是等势面，且电流线与表面垂直。为此必须使稳恒电流场中电极的电导率远大于导电介质的电导率；由于被模拟的是真空中或空气中的静电场，故要求稳恒电流场中导电介质的电导率要处处均匀；此外，模拟电流场中导电介质的电导率还应远大于与其接触的其他绝缘材料的电导率，以保证模拟场与被模拟场边界条件完全相同。

实验上电极系统常选用金属材料，导电介质可选用水、导电纸或导电玻璃等。若满足上述模拟条件，则稳恒电流场中导电介质内部的电流场和静电场具有相同的电势分布规律。

水的电导率非常均匀，且可以方便地与电极进行良好的电接触，精确的测量数据目前还是以水作为电介质测出的，因此，本实验采用水作为电介质。实验中盛水的水槽称为电解槽。根据槽内水深与电极尺寸大小的不同有“深槽”和“浅槽”之分。“深槽”一般用来模拟三维空间的静电场，而“浅槽”则多用来模拟二维平面的电场分布。

带电体周围的电场分布通常是三维空间的，但当电场的分布具有某种对称性时，只要清楚某一个二维平面上的电场分布，即可知其三维空间的电场分布。如长直同轴电缆内的电场，长平行输电线间的电场等，这些场的特点是除靠近端部的区域外，在垂直于导线的任一平面内电场分布都是相同的。所以只要模拟测量出垂直于导线的二维平面内的电场分布即可。很多二维平面内的电场分布又是对称的，所以有时只要实际测绘一半的电场分布即可描绘出整个电场的分布。

用稳恒电流场模拟静电场时，如果用水作为电介质，若在电极间加上直流电压，则由于水中导电离子向电极附近的聚集和电极附近发生的电解反应，增大了电极附近的场强，从而破坏了稳恒电流场和静电场的相似性，使模拟失真。因此使用水为电介质时，电极间应加交流电压。当交流电压频率 f 适当时，即可克服电极间加直流电压引起的稳恒电流场分布的失真。交流电源频率 f 也不能过高，过高则场中电极和导电介质间构成的电容不能忽略不计。其次应使该电磁波的波长 λ（$\lambda=C/f$）远大于电流场内相距最远两点间的距离，这样才能保证在每个时刻交流电流场和稳恒电流场的电势分布相似。这种交流电流场称作“似稳恒电流场”。通常 f 选为几百到上千赫兹，低至 50 Hz，也可使用。

4.6.4 实验内容与步骤

1．模拟长同轴电缆中的静电场

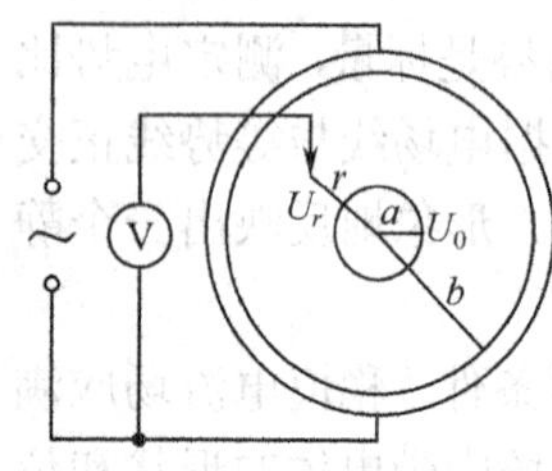

图 4.18 同轴电缆模型

模拟同轴电缆内静电场时，采用圆柱电极和水槽内的圆环电极（圆柱电极半径为 a=1 cm，圆环的内半径为 b=13.8 cm），电路连接如图 4.18 所示，则有

$$U_r = U_0 \frac{\ln\dfrac{b}{r}}{\ln\dfrac{b}{a}} \tag{4-51}$$

为了计算方便，式（4-51）常改写为

$$r=b\left(\frac{b}{a}\right)^{-\frac{U_r}{U_0}} \tag{4-52}$$

其中，a=1 cm 为圆柱电极半径；b=13.8 cm 为圆环内半径；r 为测量点与圆电极中心点的距离。对于本实验用仪器，以 cm 作为长度单位，则因为制造时已使 a=1 cm，故式(4-52)可简化为

$$r=b^{1-\frac{U_r}{U_0}} \tag{4-53}$$

实验步骤如下：

（1）把圆柱电极放置于水槽坐标板中心，圆环电极放置于水槽周沿，用导电杆将它们压住。

（2）倒入干净自来水，自来水的深度应和小圆柱上刻画的细线尽量对齐。

（3）通过调节三个水平调节螺钉，并观察水准泡，将装置调水平。

（4）通过水槽上的两个接线柱，给电极施加电压 U_0，并且把输出的频率调节到 200 Hz 左右，以下各实验均相同。

（5）在坐标板上选取某个半径为 r 的同心圆，在该圆周上选取若干个测量点。用探针测出这些点的电压 U_r。

（6）步骤（5）中的圆即为长同轴电缆横截面中静电场的一条等势线。此等势线应具有的理论电压可由式（4-51）求出。其上各点的实测电压与理论电压间的误差即为该次测量的误差。

（7）换取不同半径的同心圆，重复以上操作。

（8）各次实测电压误差的平均值，即为本次实验总的误差。因探针具有 0.1 cm 的半径，所以计算 r 时应减去探针的半径。

（9）依据电场线与等势线处处垂直的原理，描绘出静电场的分布图。

2．模拟长平行圆柱间的静电场

上述的长直同轴电缆内静电场基本上被封闭在电极之内，电极外电场极弱，所以模拟比较准确。本次测绘的长平行圆柱间的静电场如图 4.19 所示。由于水槽的面积有限，水槽边缘的电流线无法流到水槽外部去，只能平行于水槽壁流动，无法模拟无限大空间内的电场线分布，这样，水槽边缘部分的模拟失真较大，只有中央部分的测绘才是比较准确的。

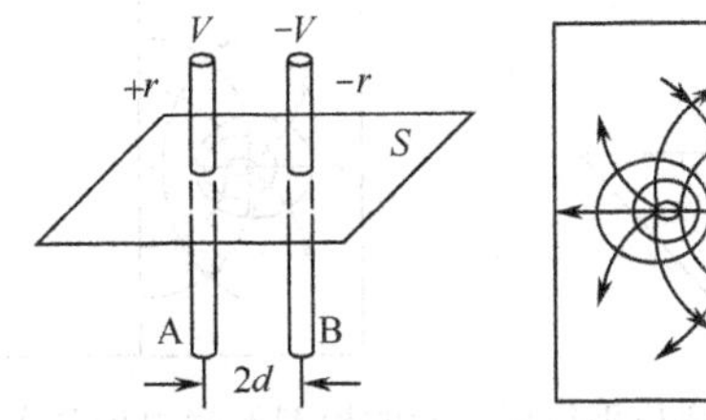

图 4.19　长平行圆柱的模型及静电场分布

实验步骤如下：

（1）把上个实验中所用电极从水槽中取出；

（2）把两个大的圆柱（半径均为 14 mm）放在导电杆下合适的位置（具体位置自定，中心距为 4～5 cm），并用导电连杆将其分别压住，使其接触良好；

（3）把实验箱上的电源接到水槽的两个电极 A、B 上，并施加电压 U_0；

（4）测量坐标（0，−1）点的电压值，并记录此值 U_i；

（5）用探针沿槽底的坐标均匀地选取若干个电压同为 U_i 的等位点。记下这些点的坐标值；

（6）换取不同的坐标点，如（−1，−1）、（+1，+1）等；

（7）根据以上测量，画出静电场分布图。

3．平行板间的静电场

平行板间静电场的示意图如图 4.20 所示。

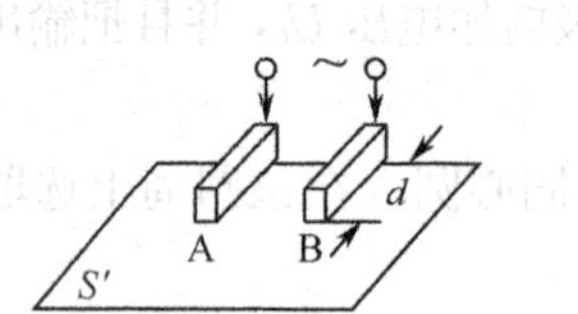

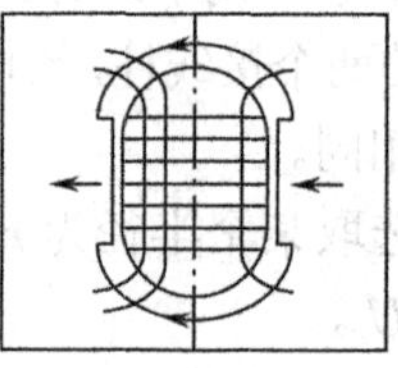

图 4.20　平行板的模型及静电场分布

实验步骤如下：

（1）把模拟长平行圆柱间的静电场的实验中的两个圆柱从水槽中取出，把两块平行板（长宽均为 160 mm，两平行板间距离为 80～120 mm）放入水槽中合适的位置（具体位置自定）。并用导电连杆将其压住，使其接触良好；

（2）把实验箱上的电源接到水槽的两个电极 A、B 上，并施加电压 U_0；

（3）用探针沿槽底的坐标均匀地选取若干个电压同为 U_i 的等位点。记下这些点的坐标值；

（4）换取不同的 U 值，重复以上测量；

（5）根据以上测量，画出静电场分布图。

4．模拟长圆柱与平板之间的静电场

长圆柱与平板之间的静电场如图 4.21 所示。

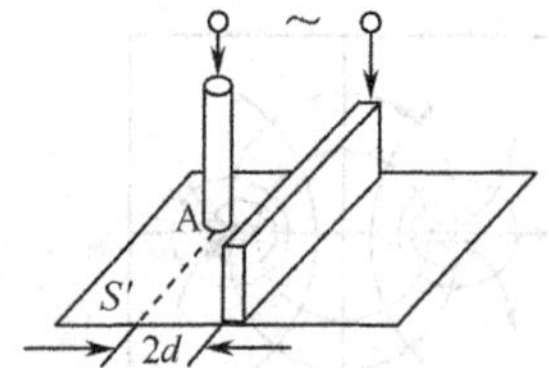

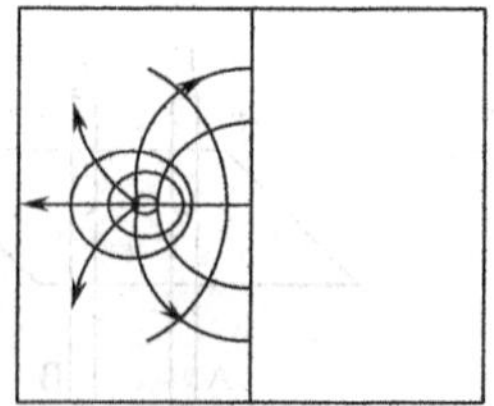

图 4.21　长圆柱与平行板之间的模型及静电场分布

实验步骤如下：

（1）把上个实验中的两个平行板从水槽中取出，把一个半径为 14 mm 的圆柱和一块平行板（长宽均为 160 mm）放入水槽中合适的位置（具体位置自定），并用导电连杆将其压住，使其接触良好。

（2）把实验箱上的电源接到水槽的两个电极 A、B 上，并施加电压 U_0。

（3）用探针沿槽底的坐标均匀地选取若干个电压同为 U_i 的等位点。记下这些点的坐标值。

（4）换取不同的 U 值，重复以上测量。

（5）根据以上测量，画出静电场分布图。

5．模拟示波管内聚焦电极间静电场描绘

为了让仪器和测量简单，对实验进行了如下简化：由于所测静电场是轴对称的，故只测半个静电场的电位分布，见图 4.22 中的右边虚线框。

实验步骤如下：

（1）将两个“L”形聚焦电极放入水槽（如图 4.23 所示），用导电杆压住两个电极。

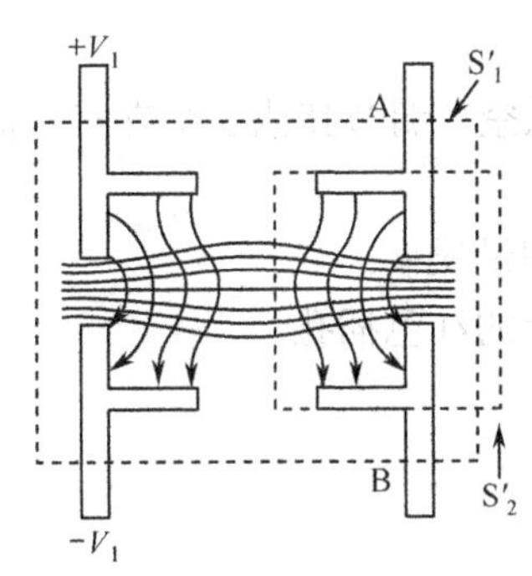

图 4.22 聚焦电极模型

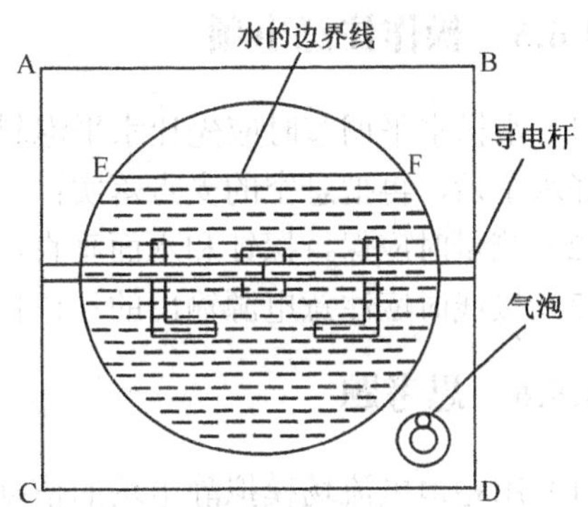

图 4.23 聚焦电极的安装示意图

（2）把水槽的 A、B 两端调高，C、D 两端调低，使水槽里的水形成一边厚，一边薄的楔形。E、F 连线表示水槽中水的边界，边界上部无水。

（3）为了调出一个左右两边一样厚的楔形水层，以保证能真实地模拟聚焦电场，注意此时水准泡中的气泡应位于图 4.23 所示的位置，既不偏左，也不偏右，同时还应测量“L”形电极下端的水深，保证左右两个电极相同位置的水深一致。为了提高测量精度，水的深度应尽量大一些。

（4）调整完毕后，按照 3 平行板间的静电场的实验的步骤，测绘出聚焦电极的若干条等势线。

（5）依据等势线，测绘出电场线的分布。

6．速度场的模拟

两块长平行板间的等势线可模拟流体或不可压缩气体的速度场中的流线。在其间置入一块机翼截面形状的模块后，机翼模块上下表面外的等位线的形状和疏密程度立即发

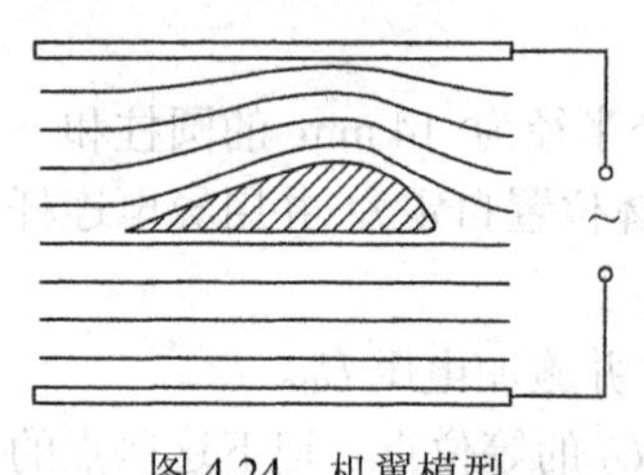

图 4.24　机翼模型

生不同的变化，反映出流经机翼上下表面的气流的速度的变化（如图 4.24 所示）。置入其他形状的模块，如圆柱，则产生不同的变化。模块置放位置的不同，也会引起等势线变化。如平板截面形模块平行于等位线置入，只会引起等势线很小的变化。垂直于等位线置入，则会使等势线分布发生很大的变化。这反映出平板在水流或气流中，如平行于来流方向，则受到的阻力很小；如垂直于来流方向，则会受到很大的冲击阻力。

实验步骤如下：

（1）参照模拟长平行圆柱间的静电场实验，将平行板电极放置好，电极之间的间距约为机翼模块厚度的 3 倍；

（2）在电极中间平行地放入机翼模块；

（3）按照模拟长平行圆柱间的静电场实验的步骤，测绘出一系列等位线，这些等位线即表示流体场场中的流线。

4.6.5　操作注意事项

（1）水槽水平调节时应先让水平泡斜对面的支点悬空，调节其他 3 个支点，将水槽调节好水平后，再把悬空的支点落实；

（2）测量时应保持探针和水面垂直，否则会引起测量误差；

（3）接线时应注意电源输出的红色插孔接到水槽上的红色插孔。

4.6.6　思考题

（1）用稳恒电流场模拟静电场的依据是什么？

（2）电场线与等势线有何关系？电场线起于何处？止于何处？

（3）改变电源输出的频率，对模拟的效果会有什么影响？从理论上加以分析。

4.7　惠斯通电桥测量电阻

4.7.1　实验目的

（1）了解惠斯通电桥的结构；

（2）掌握惠斯通电桥的工作原理；

（3）掌握使用惠斯通电桥测量电阻的方法。

4.7.2　实验仪器

直流单臂电桥。

4.7.3 实验原理

1．惠斯通电桥的工作原理

电阻是电路的基本元件之一，对电阻的测量是最基本的电学测量。用伏安法测量电阻，原理虽然简单，但存在系统误差。当要精确测量阻值时，必须用惠斯通电桥，惠斯通电桥适宜于测量中值电阻（1～10^6 Ω）。

惠斯通电桥的原理如图 4.25 所示。标准电阻 R_1、R_2、R_3 和待测电阻 R_x 连成四边形，每一条边称为电桥的一个臂。在对角 A 和 C 之间接电源 E，在对角 B 和 D 之间接检流计 G。电桥由 4 个臂、电源和检流计三部分组成。当合上开关 S_E 和 S_G 后，检流计支路起了沟通 ABC 和 ADC 两条支路的作用，好比一座“桥”，故称为“电桥”。当适当调节 R_1、R_2 和 R_3 的大小，使 B、D 两点的电势相等，流过检流计的电流为零（$I_G=0$），电桥就达到平衡。这时 A、B 之间的电势差等于 A、D 之间的电势差，B、C 之间的电势差等于 D、C 之间的电势差。设 ABC 支路和 ADC 支路中的电流分别为 I_1 和 I_2，由欧姆定律得 $I_1R_1=I_2R_3$，$I_1R_x=I_2R_2$。两式相除，得

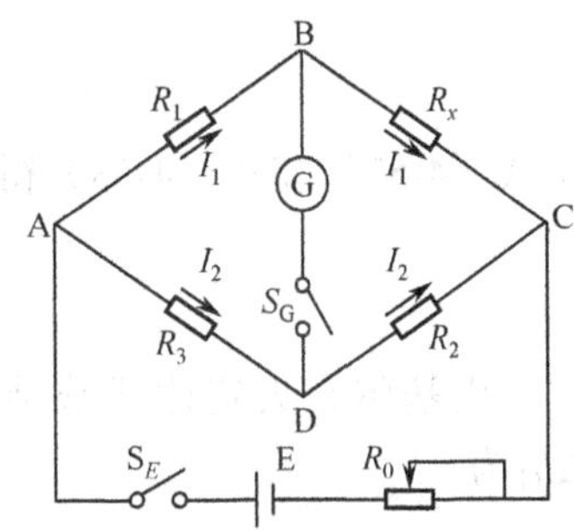

图 4.25 惠斯通电桥原理图

$$\frac{R_x}{R_1}=\frac{R_2}{R_3} \tag{4-54}$$

称为电桥的平衡条件。

当四臂电桥平衡时，必须是相对两个桥臂的乘积相等，即 $R_x \cdot R_3 = R_1 \cdot R_2$。

由式（4-54）得

$$R_x=\frac{R_2}{R_3}R_1 \tag{4-55}$$

即待测电阻 R_x 等于 $\frac{R_2}{R_3}$ 与 R_1 的乘积。通常将 $\frac{R_2}{R_3}$ 称为比率臂，将 R_1 称为比较臂。

2．电桥的灵敏度

1）电桥的灵敏度

电桥的灵敏度关系到测量结果的精确度。电桥的灵敏度是指当电桥平衡时，比较臂电阻 R_1 发生 ΔR_1 的变化时，引起检流计指针偏转 Δa 格，将相对偏离量 $\frac{\Delta a}{\Delta R_1}$ 称为电桥的灵敏度，用 S 表示。

$$\text{电桥的灵敏度：} S=\frac{\Delta a}{\Delta R_1} \tag{4-56}$$

$$\text{电桥的相对灵敏度：} S_{相}=\frac{\Delta a}{\Delta R_1/R_1} \tag{4-57}$$

可以证明改变任何一个桥臂，电桥的相对灵敏度都是相同的。

2）影响电桥灵敏度的因素

因为检流计在桥路中作为示零仪，故检流计的电流灵敏度 S_I 对电桥的灵敏度有一定的影响。当电桥处于平衡态时，比较臂电阻 R_1 发生变化 ΔR_1，将引起检流计指针偏离平衡位置 Δa 格，测得此时检流计支路的电流为 ΔI_G，则灵敏检流计的电流灵敏度为

$$S_I = \frac{\Delta a}{\Delta I_G} \tag{4-58}$$

由式（4-57）和式（4-58）得，电桥的相对灵敏度为

$$S_{相} = S_I \frac{\Delta I_G}{\Delta R_1 / R_1} \tag{4-59}$$

由基尔霍夫定律或戴维宁定理得，在偏离平衡位置时，流经检流计支路的电流 ΔI_G 为

$$\Delta I_G = \frac{-R_1 \Delta R_1 E}{R_1 R_x (R_2 + R_3) + R_2 R_3 (R_1 + R_x) + R_G (R_2 + R_3)(R_1 + R_x)} \tag{4-60}$$

由式（4-59）和式（4-60）得，电桥的相对灵敏度为

$$S_{相} = \frac{-S_I E}{(R_1 + R_2 + R_3 + R_x) + R_G (1 + R_3 / R_2)(1 + R_x / R_1)} \tag{4-61}$$

由此得出结论如下：

（1）电桥的相对灵敏度与所用检流计（示零仪）的电流灵敏度 S_I 成正比。

（2）所用检流计（示零仪）内阻 R_G 越小，电桥相对灵敏度越高，但不成比例变化。当 $R_G = 0$ 时，电桥的相对灵敏度与电桥的四个臂之和成反比。

（3）电桥的相对灵敏度与电桥所用电源电压成正比。

4.7.4 实验内容与步骤

（1）将内、外接电源转换开关和内、外接指零仪转换开关均调至“内”接端。

（2）估计被测电阻的大小，选择适当的量程倍率。若不知被测电阻阻值，选择倍率量程应由大渐小，不可盲目转换倍率开关，以免在测量时，损坏检流计指针。

（3）在测量端接入被测电阻，顺时针调节灵敏度旋钮（约 90°），稳定后，调节示零仪指针指在零刻度线上。在测量过程中，可以适当增加检流计的灵敏度以提高测量精度。

（4）先按下 B 按钮，旋转 90°（顺时针或逆时针都可以），再点动按 G 按钮，调节测量盘电阻，使示零仪指零，断开时，应先松开 G 按钮，再松开 B 按钮。

（5）在测量过程中，若示零仪指针向“+”方向偏转，表示测试电阻值大于估算值，应增加测量盘的示值，使示零仪趋向于零位，若示零仪指针仍偏向“+”方向，则可增加量程倍率，再使示零仪趋向于零位；若示零仪指针向“−”方向偏转，表示测试电阻

值小于估算值，应减小测量盘的示值，使示零仪指针趋向于零位，若示零仪指针仍偏向"−"方向，则可减小量程倍率，再使示零仪趋向于零位。当示零仪指零位时，电桥平衡，测得的电阻值可由

测试电阻值＝测量盘示值之和×量程倍率

求得。

（6）仪器使用完毕后，应将内/外接电源转换开关和内/外接示零仪转换开关均打至"外"接端，并关掉电源开关。

4.7.5 注意事项

（1）在外接电源时，应采用提高电源电压的方法增加电桥线路灵敏度，对外接电源电压值不能超过检流计的规定；

（2）当被测电阻值小于 10 kΩ 时，一般可使用内附示零仪、内附电源进行测量；

（3）测量电阻值小于 10 Ω 时，要扣除接线电阻所引起的误差；

（4）测量时，测量盘×1 000 挡不允许置于"0"位；

（5）在测量感抗负载的电阻（如电动机、变压器等）时，必须先接电源 B 按钮，再按检流计 G 按钮；断开时，先放开检流计 G 按钮，再放开电源 B 按钮。

4.8 霍尔效应的研究

4.8.1 实验目的

（1）了解霍尔效应实验原理以及有关霍尔元件对材料要求的知识。

（2）学习用"对称测量法"消除副效应的影响，测量并绘制试样的 V_H-I_S 和 V_H-I_M 曲线。

（3）确定试样的导电类型、载流子浓度及迁移率。

4.8.2 实验原理

霍尔效应从本质上讲是运动的带电粒子在磁场中受洛仑兹力作用而发生偏转。当带电粒子（电子或空穴）被约束在固体材料中，这种偏转就导致在垂直电流和磁场的方向上产生正负电荷的聚积，从而形成附加的横向电场，即霍尔电场。对于图 4.26 所示的 N 型半导体试样，若在 X 方向的电极 D、E 上通以电流 I_S，在 Z 方向加磁场 B，试样中载流子（电子）将受洛仑兹力

$$F_g = e\bar{v}B \tag{4-62}$$

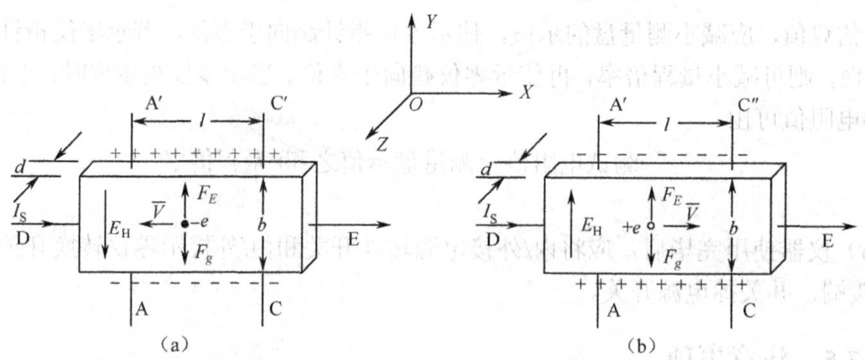

图 4.26　霍尔效应示意图

其中，e——载流子（电子）电量；

$\bar{v}$——载流子在电流方向上的平均定向漂移速率；

B——磁感应强度。

无论载流子是正电荷还是负电荷，F_g 的方向均沿 Y 方向，在此力的作用下，载流子发生偏移，则在 Y 方向即试样 A、A′电极两侧就开始聚积异号电荷而在试样 A、A′两侧产生一个电位差 V_H，形成相应的附加电场 E——霍尔电场，相应的电压 V_H 称为霍尔电压，电极 A、A′称为霍尔电极。电场的指向取决于试样的导电类型。N 型半导体的多数载流子为电子，P 型半导体的多数载流子为空穴。对 N 型试样，霍尔电场逆 Y 方向，P 型试样则沿 Y 方向，有

$$I_S(X)、B(Z)\quad \begin{matrix} E_H(Y)<0 & （N型）\\ E_H(Y)>0 & （P型）\end{matrix}$$

$$I_S(X)、B(Z)\quad \begin{matrix} E_H(Y)<0 & （N型）\\ E_H(Y)>0 & （P型）\end{matrix}$$

显然，该电场阻止了载流子继续向侧面偏移，试样中载流子将受一个与 F_g 方向相反的横向电场力

$$F_E = qE_H \tag{4-63}$$

其中，E_H 为霍尔电场强度。

F_E 随电荷积累增多而增大，当达到稳恒状态时，两个力平衡，即载流子所受的横向电场力 $e\,E_H$ 与洛仑兹力 $e\,\bar{v}B$ 相等，样品两侧电荷的积累就达到平衡，故有

$$e\,E_H = e\bar{v}B \tag{4-64}$$

设试样的宽度为 b，厚度为 d，载流子浓度为 n，则电流强度 I_S 与 $\bar{v}$ 的关系为

$$I_S = ne\bar{v}bd \tag{4-65}$$

由式（4-64）和式（4-65）可得

$$V_H = E_H b = \frac{1}{ne}\frac{I_S B}{d} = R_H\frac{I_S B}{d} \tag{4-66}$$

即霍尔电压 V_H（A、A′电极之间的电压）与 $I_S B$ 乘积成正比，与试样厚度 d 成反比。比

例系数 $R_H=\frac{1}{ne}$ 称为霍尔系数，它是反映材料的霍尔效应强弱的重要参数。根据霍尔效应制作的元件称为霍尔元件。由式（4-66）可见，只要测出 V_H（V），以及知道 I_S（A）、B（高斯，1 GS=10^{-4} T）和 d（cm），可按下式计算 R_H

$$R_H=\frac{V_H d}{I_S B}\times 10^8 \tag{4-67}$$

式（4-67）中的 10^8 是由于磁感应强度 B 用电磁单位高斯而其他各量均采用 C.G.S 实用单位而引入的；I_S 称为控制电流，其单位为 mA；B 的单位取 kGS；V_H 的单位取 mV。

霍尔元件就是利用上述霍尔效应制成的电磁转换元件，对于成品的霍尔元件，其 R_H 和 d 已知，因此在实际应用中式（4-66）常以如下形式出现

$$V_H=K_H V_S B \tag{4-68}$$

其中，比例系数 $K_H=\frac{R_H}{d}=\frac{1}{ned}$ 称为霍尔元件灵敏度（其值由制造厂家给出），表示该器件在单位工作电流和单位磁感应强度下输出的霍尔电压，其单位为 mV/（mA·kGS）。

K_H 越大，霍尔电压 V_H 越大，霍尔效应越明显。从应用上讲，K_H 越大越好。K_H 与载流子浓度 n 成反比，半导体的载流子浓度远比金属的载流子浓度小，因此用半导体材料制成的霍尔元件，霍尔效应明显，灵敏度较高，这也是一般霍尔元件不用金属导体而用半导体制成的原因。另外，K_H 还与 d 成反比，因此霍尔元件一般都很薄。本实验所用的霍尔元件就是用 N 型半导体硅单晶切薄片制成的。

由于霍尔效应的建立所需时间很短（$10^{-14}\sim10^{-12}$ s），因此使用霍尔元件时用直流电或交流电均可。只是使用交流电时，所得的霍尔电压也是交变的，此时，式（4-68）中的 I_S 和 V_H 应理解为有效值。

根据 R_H 可进一步确定以下参数。

（1）由 R_H 的符号（或霍尔电压的正、负）判断试样的导电类型。

判断的方法是按图 4.27 所示的 I_S 和 B 的方向，若测得的 $V_H=V_{AA'}<0$，（即点 A 的电位低于点 A' 的电位）则 R_H 为负，样品属 N 型，反之则为 P 型。

（2）由 R_H 求载流子浓度 n。

由比例系数 $R_H=\frac{1}{ne}$ 得 $n=\frac{1}{|R_H|e}$，应该指出，这个关系式是通过假定所有的载流子都具有相同的漂移速率得到的，若考虑载流子的漂移速率服从统计分布规律，需引入 3π/8 的修正因子（可参阅《半导体物理学》，黄昆、谢希德著），本实验中可以忽略此因素。

（3）结合电导率的测量，求载流子的迁移率 μ

电导率 σ 与载流子浓度 n 以及迁移率 μ 之间有如下关系

$$\sigma = ne\mu \tag{4-69}$$

通过实验测出 σ 值即可求出 μ 值。

综上所述，要得到大的霍尔电压，关键是要选择霍尔系数大（即迁移率 μ 高、电阻

率ρ也较高）的材料。因$|R_H|=\mu\rho$，对于金属导体，μ和ρ均很低，而不良导体ρ虽高，但μ极小，因而上述两种材料的霍尔系数都很小，不能用来制造霍尔器件。半导体μ高，ρ适中，是制造霍尔器件较理想的材料，由于电子的迁移率比空穴的迁移率大，所以霍尔器件都采用 N 型材料，其次霍尔电压的大小与材料的厚度成反比，因此薄膜型的霍尔器件的输出电压较片状要高得多。对于霍尔元件，其厚度是一定的，所以实际中采用 K_H 来表示霍尔元件的灵敏度。

4.8.3 实验仪器

（1）霍尔效应实验仪，主要由规格为大于 2 500 GS/A 的电磁铁、N 型半导体硅单晶薄切片式样、样品架、I_S和I_M换向开关、V_H和V_σ（即V_{AC}）测量选择开关组成。

（2）霍尔效应测试仪，主要由样品工作电流源、励磁电流源和直流数字毫伏表组成。

4.8.4 实验方法

1）霍尔电压V_H的测量

应该说明，在产生霍尔效应的同时，因伴随着多种副效应，以致实验测得的 A、A′两电极之间的电压并不等于真实的V_H值，而是包含着各种副效应引起的附加电压，因此必须设法消除。根据副效应产生的机理（参阅 4.8.6 思考题后的说明“实验中霍尔元件的副效应及其消除方法”）可知，采用电流和磁场换向的对称测量法，基本上能够把副效应的影响从测量的结果中消除，具体的做法是I_S和B（即I_M）的大小不变，并在设定电流和磁场的正、反方向后，依次测量由下列四组不同方向的I_S和B组合的 A、A′两点之间的电压V_1、V_2、V_3和V_4，即

$+I_S$	$+B$	V_1
$+I_S$	$-B$	V_2
$-I_S$	$-B$	V_3
$-I_S$	$+B$	V_4

然后求上述四组数据中V_1、V_2、V_3和V_4的代数平均值，可得$V_H=\frac{1}{4}(V_1-V_2+V_3-V_4)$。通过对称测量法求得的$V_H$，虽然还存在个别无法消除的副效应，但其引入的误差很小，可以忽略不计。

2）电导率σ的测量

σ可以通过图 4.27 所示的 A、C（或 A′、C′）电极进行测量，设 A、C 间的距离为 l，样品的横截面积为$S=bd$，流经样品的电流为I_S，在零磁场下，测得 A、C（A′、C′）间的电位差为V_σ（V_{AC}），可由下式求得σ

$$\sigma=\frac{I_S l}{V_\sigma S} \tag{4-70}$$

3）载流子迁移率μ的测量

电导率σ与载流子浓度n以及迁移率μ之间的关系为：$\sigma=ne\mu$。由比例系数 $R_H=\frac{1}{ne}$ 得，$\mu=|R_H|\sigma$。

4.8.5 实验内容

仔细阅读本实验仪使用说明书后，按图 4.28 连接测试仪和实验仪之间相应的 I_S、V_H和I_M各组连线，I_S及I_M换向开关投向上方，表明I_S及I_M均为正值（即I_S沿X方向，B沿Z方向），反之为负值。V_H、V_σ切换开关投向上方测V_H，投向下方测V_σ。经教师检查后方可开启测试仪的电源。

注意：图 4.27 中虚线所示的部分线路（即样品各电极及线包引线）与对应的双刀开关之间的连线已由制造厂家连接好。

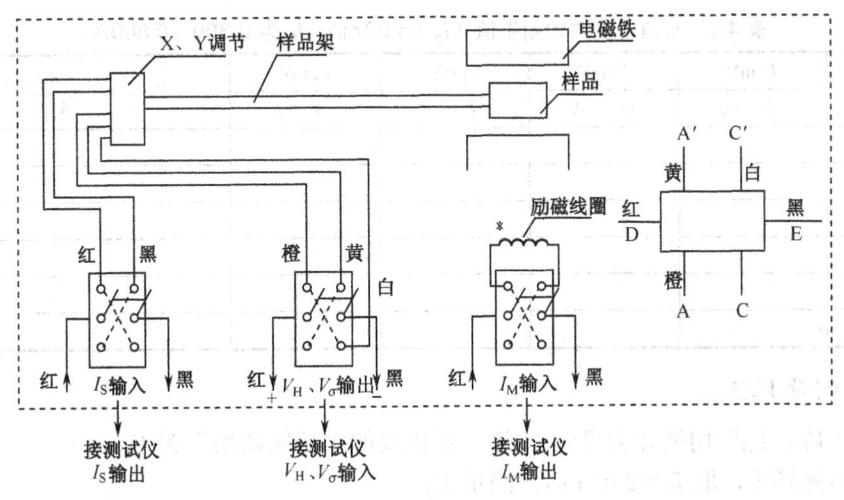

图 4.27 霍尔效应实验仪示意图

必须强调的是：严禁将测试仪的励磁电源"I_M输出"误接到实验仪的"I_S输入"或"V_H、V_σ输出"处，否则一旦通电，霍尔元件即遭损坏。

为了准确测量，应先对测试仪进行调零，即将测试仪的"I_S调节"和"I_M调节"旋钮均置零位，待开机数分钟后若 V_H 显示不为零，可通过面板左下方小孔的"调零"电位器实现调零，即"0.00"。转动霍尔元件探杆支架的旋钮 X、Y，慢慢将霍尔元件移到螺线管的中心位置。

1）测绘 V_H—I_S 曲线

将实验仪的"V_H、V_σ"切换开关投向 V_H侧，测试仪的"功能切换"置 V_H。

保持 I_M值不变（取 I_M=0.6 A），测绘 V_H-I_S 曲线，记入表 4-6 中，并求斜率，代入式（4-67）求霍尔系数 R_H，代入式（4-68）求霍尔元件灵敏度 K_H。

表 4-6　I_M值不变时的测量值（I_M=0.6A　I_S为 1.00～4.00 mA）

I_s /mA	V_1/mV +I_S、+B	V_2/mV +I_S、−B	V_3/mV −I_S、−B	V_4/mV −I_S、+B	$V_H=\frac{V_1-V_2-V_3-V_4}{4}$ mV
1.00					
1.50					
2.00					
2.50					
3.00					
4.00					

2）测绘 V_H—I_M 曲线

实验仪及测试仪各开关位置同上。

保持 I_S 值不变，（取 I_S=3.00 mA），测绘 V_H—I_S 曲线，记入表 4-6 中。

表 4-7　I_S值不变时的测量值（I_S=3.00mA　I_M为 0.300～0.800A）

I_M /A	V_1/mV +I_S、+B	V_2/mV +I_S、−B	V_3/mV −I_S、−B	V_4/mV −I_S、+B	$V_H=\frac{V_1-V_2-V_3-V_4}{4}$ mV
0.300					
0.400					
0.500					
0.600					
0.700					
0.800					

3）测量 V_σ值

将"V_H、V_σ"切换开关投向 V_σ侧，测试仪的"功能切换"置 V_σ。

在零磁场下，取 I_S=2.00 mA，测量 V_σ。

注意：I_S取值不要过大，以免 V_σ太大，毫伏表超量程（此时首位数码显示为 1，后三位数码无数据显示）。

4）确定样品的导电类型

将实验仪三组双刀开关均投向上方，即 I_S沿 X 方向，B 沿 Z 方向，毫伏表测量电压为 $V_{AA'}$。

取 I_S=2 mA，I_M=0.6 A，测量 V_H大小及极性，判断样品导电类型。

5）求样品的 R_H、n、σ和μ值

4.8.6　思考题

（1）列出计算霍尔系数 R_H、载流子浓度 n、电导率σ及迁移率μ的计算公式，并注明单位。

（2）如已知霍尔样品的工作电流 I_S 及磁感应强度 B 的方向，如何判断样品的导电

类型。

（3）在什么样的条件下会产生霍尔电压，它的方向与哪些因素有关？

（4）实验中在产生霍尔效应的同时，还会产生哪些副效应，它们与磁感应强度 B 和电流 I_S 有什么关系，如何消除副效应的影响？

实验中霍尔元件的副效应及其消除方法

1）不等势电压降 V_O

如图 4.28 所示，由于元件的测量霍尔电压的 A、A′两电极不可能绝对对称地焊在霍尔片的两侧，位置不在一个理想的等势面上，因此，即使不加磁场，只要有电流 I_S 通过，就有电压 $V_O=I_S\cdot r$ 产生，其中 r 为 A、A′所在的两个等势面之间的电阻，结果在测量 V_H 时，就叠加了 V_O，使得 V_H 值偏大（当 V_O 与 V_H 同号时）或偏小（当 V_O 与 V_H 异号时）。由于目前生产工艺水平较高，不等势电压很小，像本实验用的霍尔元件试样 N 型半导体硅单晶切薄片只有几百微伏，故一般可以忽略不计，也可以用电位器加以平衡。在本实验中，V_H 的符号取决于 I_S 和 B 两者的方向，而 V_O 只与 I_S 的方向有关，而与磁感应强度 B 的方向无关，因此，V_O 可以通过改变 I_S 的方向予以消除。

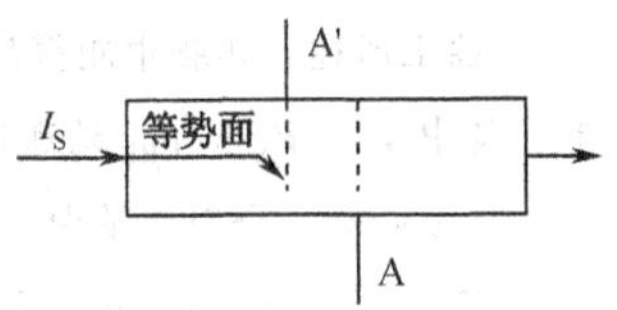

图 4.28 霍尔元件示意图

2）热电效应引起的附加电压 V_E

如图 4.29 所示，由于实际上载流子迁移速率服从统计分布规律，若速度为 v 的载流子所受的洛仑兹力与霍尔电场的作用力刚好抵消，则速度小于 v 的载流子受到的洛仑兹力小于霍尔电场的作用力，将向霍尔电场作用力方向偏转；速度大于 v 的载流子受到的洛仑兹力大于霍尔电场的作用力，将向洛仑兹力力方向偏转。这样使得一侧高速载流子较多，相当于温度较高，另一侧低速载流子较多，温度较低，从而在 Y 方向引起温差 $T_A-T_{A'}$，由此产生的热电效应，在 A、A′电极上引入附加温差 V_E，这种现象称为爱延豪森效应。这种效应的建立需要一定的时间，如果采用直流电则由于爱延好森效应的存在而给霍尔电压的测量带来误差，如果采用交流电，则由于交流变化快使得爱延好森效应来不及建立，可以减小测量误差，因此在实际应用霍尔元件片时，一般都采用交流电。由于 $V_E\propto I_SB$，因此不能用改变 I_S 和 B 方向的方法予以消除，但其引入的误差很小，可以忽略。

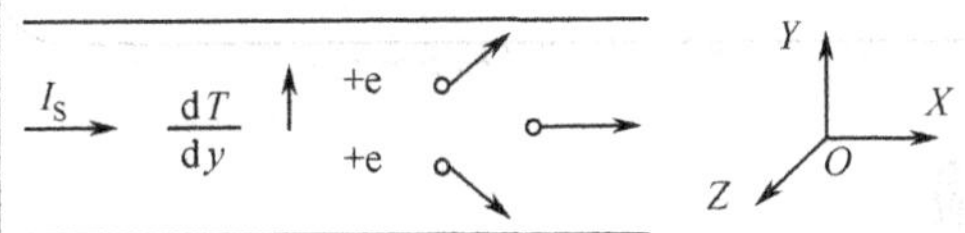

图 4.29 载流子漂移

3）热磁效应直接引起的附加电压 V_N

如图 4.30 所示，因器件两端电流引线的接触电阻不等，通电后在接点两处将产生不同的焦尔热，导致在 X 方向有温度梯度，引起载流子沿梯度方向扩散而产生热扩散电流，热流 Q 在 Z 方向磁场作用下，类似于霍尔效应在 Y 方向上产生一附加电场 ε_N，相应的电压 $V_N\propto QB$，而 V_N 的符号只与 B 的方向有关，与 I_S 的方向无关，因此可通过改变 B 的方向予以消除。

4）热磁效应产生的温差引起的附加电压 V_{RL}

和载流子漂移引起 Y 方向温度梯度的道理相同，上述 X 方向的热扩散电流，因载流子的速度统计分布，在 Z 方向的磁场 B 作用下，也将在 Y 方向产生温度梯度 $T_A—T_{A'}$（见图 4.31），由此引入的附加电压 $V_{RL} \propto QB$，V_{RL} 的符号只与 B 的方向有关，也能消除。

图 4.30　接触电阻　　　　图 4.31　温度梯度

综上所述，实验中测得的 A、A′之间的电压除 V_H 外还包含 V_O、V_N、V_{RL} 和 V_E 各电压的代数和，其中 V_O、V_N 和 V_{RH} 均通过 I_S 和 B 换向对称测量法予以消除。具体方法是在规定了电流和磁场正、反方向后，分别测量由下列四组不同方向的 I_S 和 B 的组合的 A、A′之间的电压。

设 I_S 和 B 的方向均为正向时，测得 A、A′之间电压记为 V_1，即当 $+I_S$、$+B$ 时，$V_1=V_H+V_O+V_N+V_{RL}+V_E$。

将 B 换向，而 I_S 的方向不变，测得的电压记为 V_2，此时 V_H、V_N、V_{RL}、V_E 均改号而 V_O 符号不变，即当 $+I_S$、$-B$ 时，$V_2=-V_H+V_O-V_N-V_{RL}-V_E$。

同理，按照上述分析，当 $-I_S$、$-B$ 时，$V_3=V_H-V_O-V_N-V_{RL}+V_E$；当 $-I_S$、$+B$ 时，$V_4=-V_H-V_O+V_N+V_{RL}-V_E$。

求以上四组数据 V_1、V_2、V_3 和 V_4 的代数平均值，可得：$V_H+V_E=\dfrac{V_1-V_2+V_3-V_4}{4}$。

由于 V_E 符号与 I_S、B 两者方向关系和 V_H 是相同的，故无法消除，但在非大电流，非强磁场下，V_H V_E，因此 V_E 可略而不计，所以霍尔电压为 $V_H=\dfrac{V_1-V_2+V_3-V_4}{4}$。

4.9　电子荷质比测量仪实验

本实验分为电子射线的偏转和电子射线的聚焦两个实验。

4.9.1　电子射线的电偏转与磁偏转

1．实验目的

（1）掌握电子束在外加电场和磁场作用下偏转的原理和方式；

（2）了解阴极射线管的构造与作用。

2．实验仪器

（1）电子荷质比测量仪；

（2）0～30 V 可调直流电源；

（3）数字式万用表。

3．实验原理

1）电偏转原理

电子束电偏转原理如图 4.32 所示。通常在示波管的偏转板上加偏转电压 V，当加速后的电子以速度 v 沿 x 方向进入偏转板后，受到偏转电场 E（y 轴方向）的作用，使电子的运动轨迹发生偏转。假定偏转电场在偏转板 L 范围内是均匀的，电子将作抛物线运动，在偏转板外，电场为零，电子不受力，作匀速直线运动。荧光屏上电子束的偏转距离 D 可以表示为

$$D = k_e V / V_A \tag{4-71}$$

其中，V 为偏转电压，V_A 为加速电压，k_e 是一个与示波管结构有关的常数，称为电偏常数。为了反映电偏转的灵敏程度，定义

$$\delta_{电} = D/V = k_e/V_A \tag{4-72}$$

$\delta_{电}$称为电偏转灵敏度，以 mm/V 为单位。$\delta_{电}$越大，电偏转的灵敏度越高。

2）磁偏转原理

电子束磁偏转原理如图 4.33 所示。通常在示波管的瓶颈的两侧加上一均匀横向磁场，假定在 l 范围内是均匀的，在其他范围都为零。当加速后的电子以速度 v 沿 x 方向垂直射入磁场时，将受到洛仑兹力作用，在均匀磁场 B 内作匀速圆周运动，电子穿出磁场后，匀速直线运动，最后打在荧光屏上，磁偏转的距离可以表示为

$$D = k_m I / \sqrt{V_A} \tag{4-73}$$

其中，I 是偏转线圈的励磁电流，单位是 A；k_m 是一个与示波管结构有关的常数称为磁偏常数。为了反映磁偏转的灵敏程度，定义

$$\delta_{磁} = D/I = k_m / \sqrt{V_A} \tag{4-74}$$

其中，$\delta_{磁}$ 称为磁偏转灵敏度，以 mm/A 为单位。$\delta_{磁}$ 越大，表示磁偏转系统灵敏度越高。

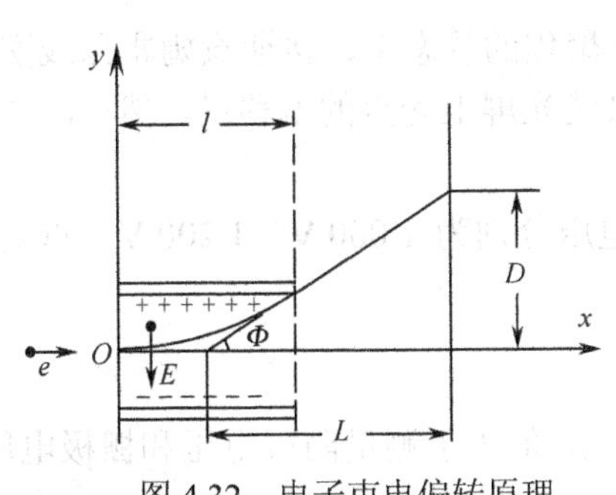

图 4.32 电子束电偏转原理

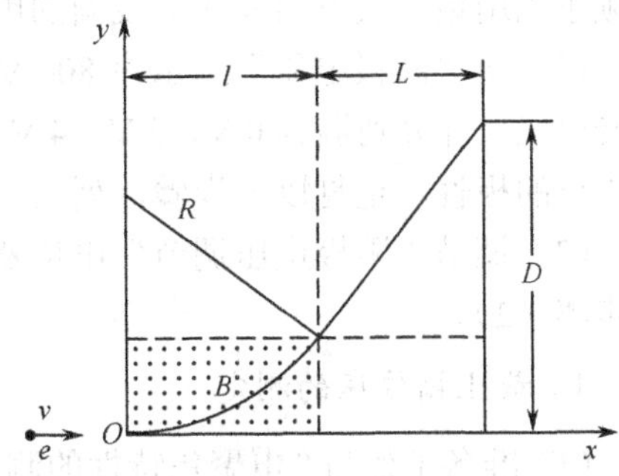

图 4.33 电子束磁偏转原理

3）截止栅偏压原理

示波管的电子束流通常是通过调节负栅压 U_{GK} 来控制的，调节 U_{GK} 可调节荧光屏上光点的辉度。U_{GK} 是一个负电压，负栅压越大，电子束电流越小，光点的辉度越暗。使电子束流截止的负栅压称为截止栅偏压。

4．实验步骤

1）准备工作

（1）用专用电缆线连接实验和示波管支架上的插座；

（2）将实验箱面板上的“电聚焦/磁聚焦”选择开关置于“电聚焦”；

（3）将与第一阳极对应的钮子开关置于上方，其余的钮子开关均置于下方；

（4）将“励磁电流调节”旋钮旋至最小位置；

（5）开启电源开关，调节“阳极电压调节”电位器，使“阳极电压”数显表指示为 800 V，适当调节“辉度调节”电位器，此时示波器上出现光斑，然后调节“电聚焦调节”电位器，使光斑聚焦。

2）电偏转灵敏度的测定

（1）令“阳极电压”指示为 800 V，在光点聚焦的状态下，将 H_1、H_2 对应的钮子开关置于上方，此时荧光屏上会出现一条短的水平亮线，这是因为水平偏转极板上感应有 50 Hz 的交流电压。测量时将水平偏转极板 H_1 和 H_2 接通直流偏转电压，分别记录电压为 0 V、10 V、20 V 时光点位置偏移量，然后调换偏转电压的极性，重复上述步骤。

（2）将“阳极电压”分别调至 1 000 V、1 200 V，按上述方法使光点重新聚焦后，按实验步骤（1）重复测量，列表记录数据。

（3）将 H_1、H_2 对应的钮子开关置于下方，将 V_1、V_2 对应的钮子开关置于上方。

此时荧光屏上也会出现一条短的垂直亮线，这也是因为垂直偏转极板上感应有 50 Hz 的交流电压。测量时，在 V_1、V_2 两端依次加 0 V、10 V、20 V 直流偏转电压，（阳极电压依次为 800 V、1 000 V、1 200 V），列表记录数据。

3）磁偏转灵敏度的测定

（1）准备工作与“电聚焦特性的测定”完全相同。为了计算亥姆霍兹线圈中的电流，必须事先用数字式万用表测量线圈的电阻值，并记录。

（2）令“阳极电压”指示为 800 V，使光点在聚焦的状态下，接通亥姆霍兹线圈的励磁电压，并分别调到 0 V、2 V、4 V、6 V，记录荧光屏上光点的偏移量，然后改变励磁电压的极性，重复以上步骤，列表记录数据。

（3）调节“阳极电压调节”电位器，使阳极电压分别为 1 000 V、1 200 V，重复实验步骤（2）。

4）截止栅偏压的测定

（1）准备工作与“电聚焦特性的测定”完全相同，但为了测量阴极电压和栅极电压，需将与阴极 K 和栅极 G 相对应的钮子开关置于上方。

（2）令“阳极电压”指示为 800 V，使光点在聚焦的状态下，用数字万用表直流电压档测量栅极与阴极之间的电压，调节“辉度调节”电位器，记录荧光屏上光点刚消失时的 V_{GK} 值。

（3）调节“阳极电压调节”电位器，使阳极电压分别为 1 000 V、1 200 V，重复步骤（2），记录相应的 V_{GK} 值。

5．安全注意事项

（1）本仪器内示波管电路和励磁电路均存在高压，在仪器插上电源线后，切勿触及印制板、示波器管座、励磁线圈的金属部分，以防电击。

（2）本仪器的电源线应插在标准的三芯电源插座上。电源的相线、零线和地线应按国家标准接法接在规定的位置上。

（3）实验前必须先阅读电子束实验仪使用说明书。

6．实验报告要求

（1）计算不同阳极电压下的水平电偏转灵敏度和垂直电偏转灵敏度；

（2）试分析在同等偏置条件下，为什么垂直电偏转灵敏度会大于水平电偏转灵敏度；

（3）计算不同阳极电压下的磁偏转灵敏度；

（4）试分析磁偏转灵敏度与哪些实验参数有关；

（5）试分析，栅负压为什么必须是负电压，截止栅偏压与阳极电压 V_{A2} 有何关系。

7．思考题

（1）电偏转、磁偏转的灵敏度是怎样定义的？

（2）在不同阳极电压下，为什么偏转灵敏度会不同？

（3）什么叫截止栅偏压？

4.9.2 电子射线的电聚焦与磁聚焦

1．实验目的

（1）掌握带电粒子在电场和磁场中的运动规律，学习电聚焦和磁聚焦的基本原理和实验方法；

（2）掌握利用磁聚焦法测定电子荷质比的基本方法。

2．实验仪器

（1）电子荷质比测量仪；

（2）米尺，游标卡尺。

3．实验原理

1）电聚焦原理

电子束电聚焦原理如图 4.34 所示，在示波管中，阴极 K 经灯丝加热发射电子，第一阳极 A1 加速电子，使电子束通过栅极 G 的空隙，由于栅极电位与第一阳极电位不等，在它们之间的空间便产生电场，这个电场的曲度像一面透镜，它使由阴极表面不同点发出的电子在栅极前方会聚，形成一个电子聚焦点。由第一阳极和第二阳极组成的电聚焦系统，就把上述聚焦点成像在示波管的荧光屏上。由于该系统与凸透镜对光的会聚作用相似，所以通常称为电子透镜。

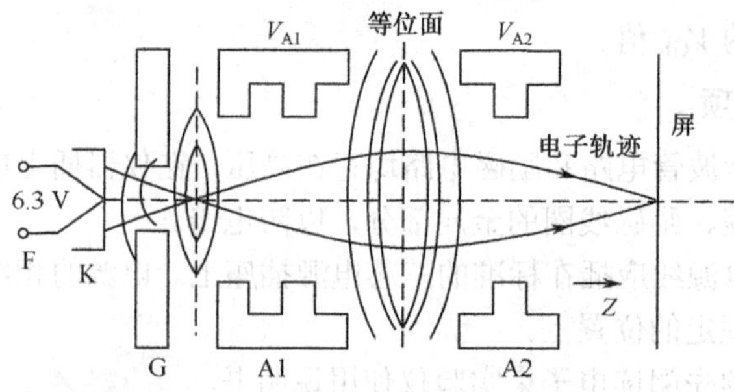

图 4.34　电子束电聚焦原理

电子束通过电子透镜能否聚焦在荧光屏上，与第一阳极 V_{A1} 和第二阳极 V_{A2} 的单值无关，仅取决于它们之间的比值 F。改变第一阳极和第二阳极的电位差，相当于改变电子透镜的焦距，选择合适的 V_{A1} 与 V_{A2} 的比值，就可以使电子束的成像点落在示波管的荧光屏上。

在实际示波管内，由于第二阳极的特点结构，使之对电子直接起加速作用，所以称为加速极。第一阳极主要是用来改变 V_{A1} 与 V_{A2} 比值的，便于聚焦，故又称聚焦极。改变 V_{A2} 也能改变比值 V_{A1}/V_{A2}，故第二阳极又能起辅助聚焦作用。

2）磁聚焦原理

电子束磁聚焦的原理见图 4.35 所示，设一个速度为 v，在磁感应强度为 B 的均匀磁场中运动的电子，电子将受到洛仑兹力的作用，将 v 分解成与 B 平行的分量 v_p 和与 B 垂直的分量 v_h，电子沿着 B 的方向运动时不受力，故沿 B 的方向作匀速直线运动。电子在垂直于 B 的方向运动时电子所受的洛仑兹力为

$$f = ev_h B \tag{4-75}$$

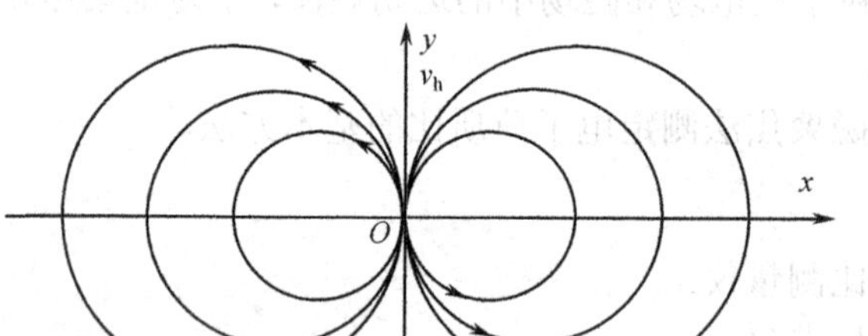

图 4.35　电子束磁聚焦原理

f 的方向与 v_h 垂直，故该力只改变电子运动的方向，不改变电子运动的速度，结果使电子在垂直于 B 的平面内以半径为 R 的圆作匀速圆周运动。由牛顿第二定律可知

$$f = ev_h B = \frac{mv_h^2}{R} \tag{4-76}$$

式中，m 为电子的质量；R 为电子作圆周运动时的轨道半径，可以表示为

$$R = \frac{mv_h}{eB} \tag{4-77}$$

电子旋转一周所需的时间为

$$T=\frac{2\pi R}{v_h}=\frac{2\pi m}{eB} \tag{4-78}$$

可见，当 B 保持不变，电子的速度 v_h 不同时，电子作圆周运动的半径是不同的，但是电子旋转一周所需的时间（周期）相同，与电子的速度无关。v 垂直于 B 时电子的运动轨迹如图 4.36 所示。由图 4.36 可知，如果有很多电子都从磁场中的同一点出发，各电子运动速度 v_h 的数值各不相同，但经过 T 时间后，都同时回到同一点。

考虑由同一点发出的一束电子，假设各个电子的速度在垂直于 B 的平面上的分量 v_h 各不相同，而各电子的速度在 B 的方向上的分量 v_p 彼此相等，那么电子经过距离 l 后，按上面的分析，每个电子在沿 B 方向运动时经过一个螺距 h 后电子又重聚于一点，这种现象称为磁场聚焦作用，且 $l=nh$，n 为正整数（n=1，2，3，4，　）。为了便于想象电子在磁场中的运动情况，图 4.36 表示一束 v_p 相同，v_h 在一定范围内变化的电子在磁场作用下的运动轨迹图。螺距 h 可以表示为

$$\frac{e}{m}=\frac{2\pi}{Bh}v_p \tag{4-79}$$

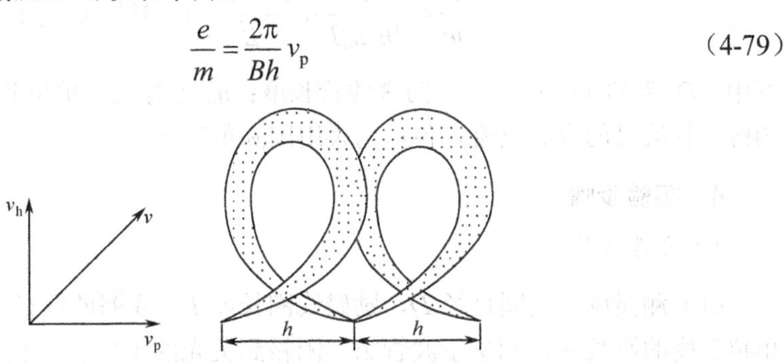

图 4.36　电子束在聚焦磁场中的螺旋轨迹

在电子荷质比测量仪中，示波管的轴线方向有一均匀分布的磁场，在阴极 K 和阳极 A_2 之间加上一定的电压 V，将会使阴极发射的电子加速，设阴极发射出来的电子在脱离阴极时，沿磁场运动的初速度为零，经阴极 K 与阳极 A_1 之间的电场加速后，速度为 v_p，由能量守恒定律可知，电子动能的增加应等于电场力对它所作的功，即

$$\frac{1}{2}mv_p^{\ 2}=eV \tag{4-80}$$

只要加速电压 V 是确定的，电子沿磁场方向的速度分量 v_p 就是确定的，将式（4-80）代入式（4-79）中，则

$$h=\frac{2\pi m}{eB}\times\sqrt{\frac{2eV}{m}} \tag{4-81}$$

从式（4-81）可以看出，h 是 B 和 V 的函数，调节 V 和 B 的大小，可以使电子束在磁场方向上的任意位置聚焦。当 h 刚好等于示波管的阳极到荧光屏之间的距离 d 时，可以看到电子束在荧光屏上聚成一个小亮点（电子已聚焦），当 B 值增加到原值的 2～3 倍

时，会使 $h=\frac{1}{2}d$ 或 $h=\frac{1}{3}d$，相应地可在荧光屏上看到第二次聚焦和第三次聚焦，当 h 不等于这些值时，只能看到圈套的光斑，电子束不会聚焦，将式（4-81）适当变换，可得出

$$\frac{e}{m}=\frac{8\pi^2 V}{h^2 B^2} \tag{4-82}$$

V、B 均可通过测量得出，代入式（4-82）即可求得电子荷质比。式（4-82）中的 B 是螺线管中部磁场的平均值，可通过测量励磁电流 I 计算出来，对于有限长的螺线管，B 的值为

$$B=4\pi\times 10^{-7}n_0 I\times\frac{L}{\sqrt{L^2+D^2}} \tag{4-83}$$

由式（4-82）和式（4-83），可得

$$\frac{e}{m}=\frac{V}{2h^2 n_0^2 I^2}\left(\frac{L^2+D^2}{L^2}\right)\times 10^{14}\,(\mathrm{C/kg}) \tag{4-84}$$

其中，D 为螺线管直径；L 为螺线管长度；n_0 为螺线管单位长度的匝数；h 为螺距；I 为螺线管流过的直流电流。各量均采用国际单位制。

4．实验步骤

1）准备工作

（1）测量励磁线圈直径 D，励磁线圈长度 L，线圈的线径为 0.29 mm，计算螺线管单位长度的匝数 n_0，测量示波管第二阳极到荧光的距离 d（注：从第二阳极圆筒的中点到荧光屏，典型值为 180 mm）；

（2）用专用电缆线连接实验仪示波管支架上的两个插座；

（3）将实验箱面板上的“电聚焦/磁聚焦”选择开关置于“磁聚焦”；

（4）将所有电极（8 个）对应的钮子开关均置于下方；

（5）将“励磁电流调节”旋至最小。

2）电聚焦特性的测定

（1）令“阳极电压”指示为 800 V，使光点在聚焦的状态下，用数字万用表直流电压高量程挡测 A_1 点和地之间的电压，记下此时的 V_{A1} 和 V_{A2} 值。

（2）分别调节“阳极电压”至 1 000 V 和 1 200 V，并使光点聚焦，分别记下同一“阳极电压”下的 V_{A1} 和 V_{A2} 值。

3）磁聚焦现象的观察

（1）将实验箱面板上的“电聚焦/磁聚焦”选择开关置于“磁聚焦”，将其他钮子开关均置于下方。

（2）调节“阳极调节”电位器使“阳极电压”数显表指示为 1 000 V，“辉度调节”电位器使辉度适当，此时可观察到荧光屏上的矩形光斑。

（3）缓缓调节“磁聚焦调节”调压器，可观察到电子束在纵向磁场的作用下，旋转式聚焦的现象。

4）电子荷质比的测定

（1）开启电源开关，调节“阳极电压调节”电位器，使“阳极电压”数显表指示为 800 V，适当调节“辉度调节”电位器，此时，示波管上出现方形光斑。然后调节“磁聚焦调节”调压器，可观察到方形光斑边旋转边聚焦的现象，分别记录使电子束第一次聚焦，第二次聚焦，第三次聚焦的电流值 I_1、I_2、I_3，然后改变励磁电流的方向，重复以上步骤。

（2）改变阳极电压至 1 000 V、1 200 V，重复上述步骤。

（3）将相关数据填入表 4-8，并将计算值和标称值 e/m = 1.757×10^{11} C・kg^{-1} 进行比较，计算误差。

表 4-8 电子荷质比测量仪实验数据表

V_2/V	励磁电流/A			$I=\frac{1}{6}(I_1+I_2+I_3)$	$\frac{e}{m}=\frac{V}{2h^2n_0^2f^2}\left(\frac{L^2+D^2}{L^2}\right)\times10^{14}$ C/kg	误差
	I_1	I_2	I_3			

5. 注意事项

（1）同电子束偏转实验；

（2）当励磁电流较大时，及时记录聚焦电流避免长时间施加励磁电流；

（3）示波管亮度调节适中，以免影响荧光屏的使用寿命。

6. 实验报告要求

（1）计算三个不同“阳极电压”的 V_{A1}/V_{A2} 值，并作示波管的聚焦特性曲线；

（2）试分析阴极射线管的聚焦特性曲线为什么会是一条直线。

7. 思考题

（1）电聚焦与磁聚焦的原理是什么？两者光斑收缩的情况是否相同？

（2）在聚焦实验中，为什么反向聚焦时光点较暗？

（3）在磁聚焦实验中，当螺线管中电流 I 逐渐增加，电子射线从一次聚焦到二次、三次聚集，荧光屏的亮暗如何变化，试解释。

（4）你认为产生误差的因素有哪些？如何减小测量误差？

4.10 示波器的使用

4.10.1 实验目的

（1）了解示波器的主要结构和显示波形的基本原理；

（2）学会使用信号发生器；

（3）学会用示波器观察波形及测量电压、周期和频率。

4.10.2 实验仪器

双踪示波器和信号发生器。

4.10.3 实验原理

电子示波器（简称示波器）能够简便地显示各种电信号的波形，一切可以转化为电压的电学量和非电学量及它们随时间作周期性变化的过程都可以用示波器来观测，示波器是一种用途十分广泛的测量仪器。

1. 示波器的基本结构

示波器的主要部分有示波管、带衰减器的 Y 轴放大器、带衰减器的 X 轴放大器、扫描发生器（锯齿波发生器）、触发同步和电源等，其结构框图如图 4.37 所示。为了适应各种测量的要求，示波器的电路组成是多样而复杂的，这里仅就主要部分加以介绍。

1）示波管

如图 4.37 所示，示波管主要包括电子枪、偏转系统和荧光屏三部分，全都密封在抽成高真空的玻璃外壳内。下面分别说明各部分的作用。

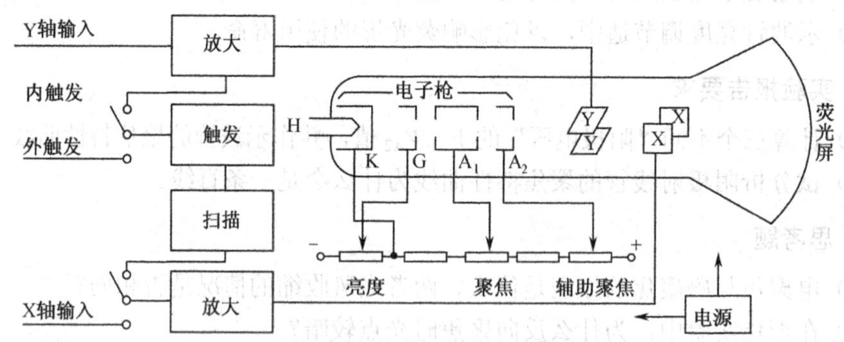

图 4.37 示波管结构图

（1）荧光屏：它是示波器的显示部分，当加速聚焦后的电子打到荧光上时，屏上所涂的荧光物质就会发光，从而显示出电子束的位置。当电子停止作用后，荧光剂的发光需经一定时间才会停止，称为余辉效应。

（2）电子枪：由灯丝 H、阴极 K、控制栅极 G、第一阳极 A_1、第二阳极 A_2 五部分组成。灯丝通电后加热阴极。阴极是一个表面涂有氧化物的金属筒，被加热后发射电子。控制栅极是一个顶端有小孔的圆筒，套在阴极外面。它的电位比阴极低，对阴极发射出来的电子起控制作用，只有初速度较大的电子才能穿过栅极顶端的小孔然后在阳极加速下奔向荧光屏。示波器面板上的"亮度"调整就是通过调节电位以控制射向荧光屏的电子流密度，从而改变了屏上的光斑亮度。阳极电位比阴极电位高很多，电子被它们之间的电场加速形成射线。当控制栅极、第一阳极、第二阳极之间的电位调节合适时，电子枪内的电场对电子射线有聚焦作用，所以第一阳极也称聚焦阳极。第二阳极电位更高，又称加速阳极。面板上的"聚焦"调节，就是调第一阳极电位，使荧光屏上的光斑成为明亮、清晰的小圆点。有的示波器还有"辅助聚焦"，实际是调节第二阳极电位。

（3）偏转系统：它由两对相互垂直的偏转板组成，一对垂直偏转板 Y，一对水平偏转板 X。在偏转板上加以适当电压，电子束通过时，其运动方向发生偏转，从而使电子束在荧光屏上的光斑位置也发生改变。

容易证明，光点在荧光屏上偏移的距离与偏转板上所加的电压成正比，因而可将电压的测量转化为屏上光点偏移距离的测量，这就是示波器测量电压的原理。

2）信号放大器和衰减器

示波管本身相当于一个多量程电压表，这一作用是靠信号放大器和衰减器实现的。由于示波管本身的 X 轴及 Y 轴偏转板的灵敏度不高（约 0.1～1 mm/V），当加在偏转板的信号过小时，要预先将小的信号电压加以放大后再加到偏转板上。为此设置 X 轴及 Y 轴电压放大器。衰减器的作用是使过大的输入信号电压变小以适应放大器的要求，否则放大器不能正常工作，使输入信号发生畸变，甚至使仪器受损。对一般示波器来说，X 轴和 Y 轴都设置有衰减器，以满足各种测量的需要。

3）扫描系统

扫描系统也称时基电路，用来产生一个随时间线性变化的扫描电压，这种扫描电压随时间变化的关系如同锯齿，故称锯齿波电压，这个电压经 X 轴放大器放大后加到示波管的水平偏转板上，使电子束产生水平扫描。这样，屏上的水平坐标变成时间坐标，Y 轴输入的被测信号波形就可以在时间轴上展开。扫描系统是示波器显示被测电压波形必需的重要组成部分。

2．示波器显示波形的原理

要能显示波形，必须同时在水平偏转板上加一扫描电压，使电子束的亮点沿水平方向拉开。这种扫描电压的特点是电压随时间线性增加到最大值，最后突然回到最小，此后再重复此变化。这种扫描电压即前面所说的"锯齿波电压"，如图 4.38 所示。如果只在竖直偏转板上加一交变的正弦电压，则电子束的亮点将随电压的变化在竖直方向来回运动，如果电压频率较高，则看到的是一条竖直亮线，如图 4.39 所示。

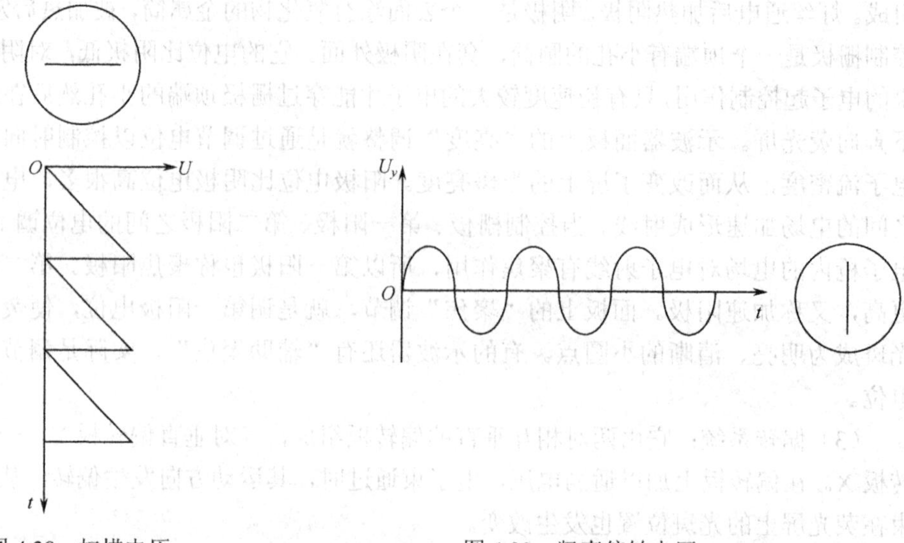

图 4.38　扫描电压　　　　图 4.39　竖直偏转电压

当只有锯齿波电压加在水平偏转板上时，如果频率足够高，则荧光屏上只显示一条水平亮线。

如果在竖直偏转板上（简称 Y 轴）加正弦电压，同时在水平偏转板上（简称 X 轴）加锯齿波电压，电子受竖直、水平两个方向的力的作用，电子的运动就是两个相互垂直的运动的合成。当锯齿波电压比正弦电压变化周期稍大时，在荧光屏上将能显示出完整周期的所加正弦电压的波形图，如图 4.40 所示。

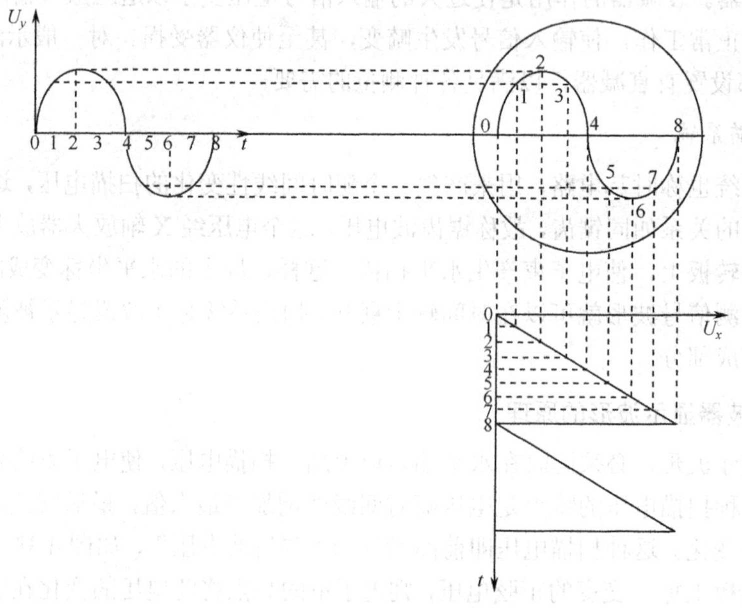

图 4.40　正弦电压扫描波形

3．同步的概念

如果正弦波和锯齿波电压的周期稍微不同，屏上出现的是一个移动着的不稳定图形。这种情形可用图 4.41 说明。设锯齿波电压的周期 T_x 比正弦波电压周期 T_y 稍小，假如 T_x/T_y=7/8。在第一扫描周期内，屏上显示正弦信号在 0～4 之间的曲线段，起点在 0 处；在第二周期内，显示 4～8 点之间的曲线段，起点在 4 处；第三周期内，显示 8～11 之间的曲线段，起点在 8 处。这样，屏上显示的波形每次都不重叠，波形好像在向右移动。同理，如果 T_x 比 T_y 稍大，则波形好像在向左移动。以上描述的情况在示波器使用过程中经常会出现，其原因是扫描电压的周期与被测信号的周期不相等或不成整数倍，以致每次扫描开始时波形曲线上的起点均不一样所造成的。为了使屏上的图形稳定，必须使 $T_x/T_y=n$（n=1，2，3，　），n 是屏上显示完整波形的个数。

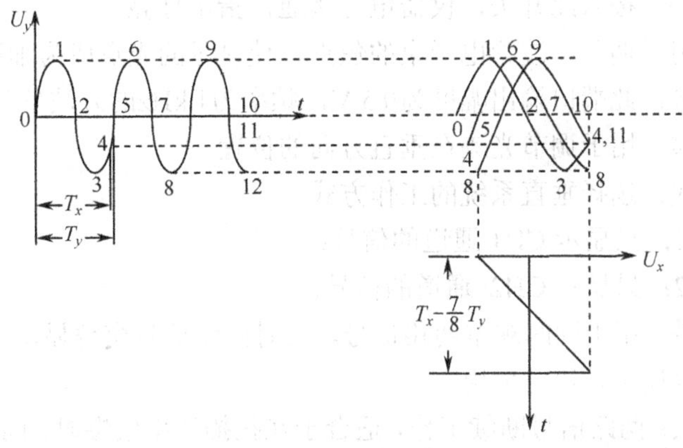

图 4.41　正弦波和锯齿波电压的周期稍微不同时的不稳定电压

为了获得一定数量的波形，示波器上设有“扫描时间”（或“扫描范围”）、“扫描微调”旋钮，用来调节锯齿波电压的周期 T_x（或频率 f_x），使之与被测信号的周期 T_y（或频率 f_y）成合适的关系，从而在示波器屏上得到所需数目的完整的被测波形。输入 Y 轴的被测信号与示波器内部的锯齿波电压是互相独立的。由于环境或其他因素的影响，它们的周期（或频率）可能发生微小的改变。这时，虽然可通过调节扫描旋钮将周期调到整数倍的关系，但过一会儿又变了，波形又移动起来。在观察高频信号时这种问题尤为突出。为此示波器内装有扫描同步装置，让锯齿波电压的扫描起点自动跟着被测信号改变，这就称为整步（或同步）。在有的示波器中，需要让扫描电压与外部某一信号同步，因此设有“触发选择”键，可选择外触发工作状态，相应设有“外触发”信号输入端。

4.10.4　仪器描述

1．模拟示波器使用说明

模拟示波器整体外观如图 4.42 所示。示波器面板图如图 4.43 所示。

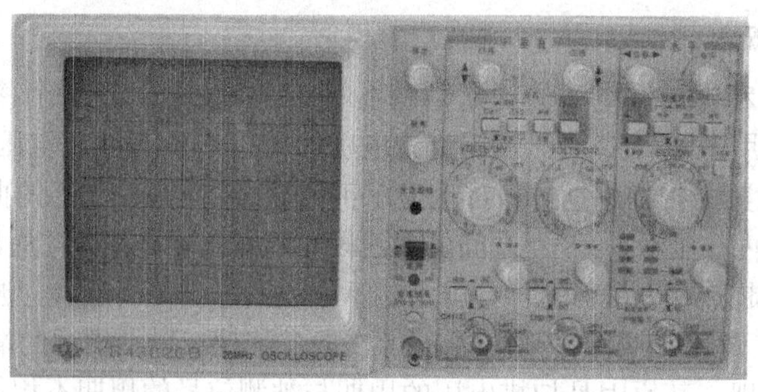

图 4.42　模拟示波器整体外观

主要按键以及旋钮的功能介绍如下。

（1）电源开关：按入此开关，仪器电源接通，指示灯亮。

（2）聚焦：用以调节示波管电子束的焦点，使显示的光点成为细而清晰的圆点。

（3）校准信号：此端口输出幅度为0.5 V，频率为1 kHz的方波信号。

（4）垂直位移：用于调节光迹在垂直方向的位置。

（5）垂直方式：选择垂直系统的工作方式。

- CH1：只显示 CH1 通道的信号；
- CH2：只显示 CH2 通道的信号；
- 交替：用于同时观察两路信号，此时两路信号交替显示，该方式适合于在扫描速率较快时使用；
- 断续：两路信号断续工作，适合于在扫描速率较慢时，同时观察两路信号；
- 叠加：用于显示两路信号相加的结果，当 CH2 极性开关被按入时，则两信号相减；
- CH2 反相：按入此键，CH2 的信号被反相。

（6）灵敏度选择开关（VOLTS/div）：选择垂直轴的偏转系数，从2 mV/div～10 V/div分12个挡级调整，可根据被测信号的电压幅度选择合适的挡级。

（7）微调：用于连续调节垂直轴偏转系数，调节范围不小于2.5倍，该旋钮逆时针旋足时为校准位置，此时可根据“VOLTS/div”开关度盘位置和屏幕显示幅度读取该信号的电压值。

（8）耦合方式（AC/DC/GND）：垂直通道的输入耦合方式选择。

- AC：信号中的直流分量被隔开，用以观察信号的交流成分；
- DC：信号与仪器通道直接耦合，当需要观察信号的直流分量或被测信号的频率较低时应选用此方式；
- GND：输入端处于接地状态，用以确定输入端为零电位时光迹所在位置。

（9）水平位移：用于调节光迹在水平方向的位置。

（10）电平：用于调节被测信号在变化至某一电平时触发扫描。

（11）极性：用于选择被测信号在上升沿或下降沿触发扫描。

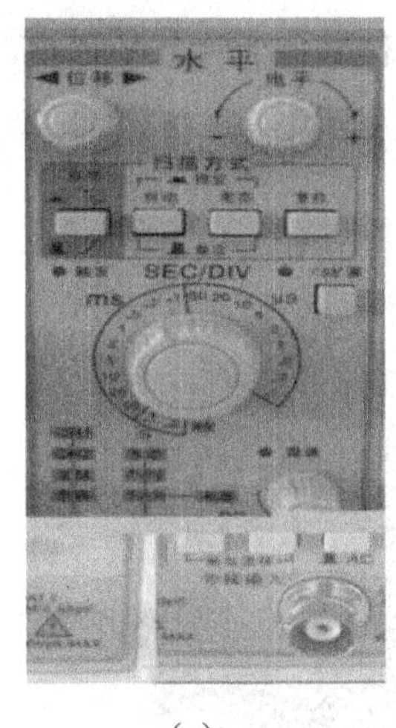
（a）

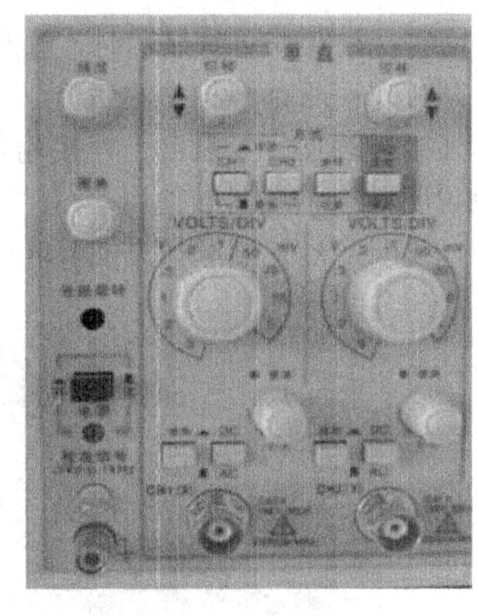
（b）

图 4.43　示波器面板图

（12）扫描方式：选择产生扫描的方式。

- 自动：当无触发信号输入时，屏幕上显示扫描光迹，一旦有触发信号输入，电路自动转换为触发扫描状态，调节电平可使波形稳定地显示在屏幕上，此方式适合观察频率在 50 Hz 以上的信号。
- 常态：无信号输入时，屏幕上无光迹显示；有信号输入，且触发电平旋钮在合适位置上时，电路被触发扫描，当被测信号频率低于 50 Hz 时，必须选择该方式。
- 锁定：仪器工作在锁定状态后，无须调节电平即可使波形稳定地显示在屏幕上。
- 单次：用于产生单次扫描，进入单次状态后，按动复位键，电路工作在单次扫描方式，扫描电路处于等待状态，当触发信号输入时，扫描只产生一次，下次扫描需再次按动复位按键。

（13）×5扩展：按入后扫描速度扩展5倍。

（14）扫描速率选择开关（SEC/div）：根据被测信号的频率高低，选择合适的挡极。当扫描“微调”置校准位置时，可根据度盘的位置和波形在水平轴的距离读出被测信号的时间参数。

（15）微调：用于连续调节扫描速率，调节范围不小于2.5倍，逆时针旋足为校准位置。

（16）触发源：用于选择不同的触发源。

- CH1：在双踪显示时，触发信号来自 CH1 通道，单踪显示时，触发信号则来自被显示的通道。
- CH2：在双踪显示时，触发信号来自 CH2 通道，单踪显示时，触发信号则来自被显示的通道。

- 交替：在双踪交替显示时，触发信号交替来自于两个Y通道，此方式用于同时观察两路不相关的信号。
- 外接：触发信号来自于外接输入端口。

下面举例说明模拟示波器的使用。

【例4.1】 校准信号的测量（见图4.44）。

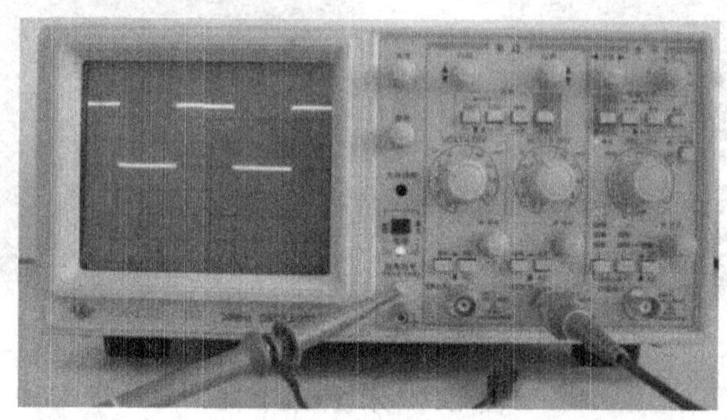

图4.44 校准信号的测量

实验步骤如下：

（1）把校准信号接入CH2通道；

（2）扫描方式选择自动，通道选择CH2，耦合方式选择GND，把地线通过垂直位移旋钮调整到屏幕中央，耦合方式选择DC，调整电压灵敏度开关及扫描速率选择开关到合适的位置，使屏幕显示两三个周期的波形，读出幅度和周期。

$$V_{pp}=0.2\ \text{V/div}\times 2.5\ \text{div}=0.5\ \text{V}$$

$$T=0.2\ \text{ms/div}\times 5\ \text{div}=1\ \text{ms}$$

$$f=1/T=1\ \text{kHz}$$

【例4.2】 显示的f=2 kHz，V_{pp}=5 V的正弦波的测量。

实验步骤与例4.1基本相同，正弦波耦合方式选择AC，读数为

$$V_{pp}=1\ \text{V/div}\times 5\ \text{div}=5\ \text{V}$$

$$T=0.1\ \text{ms/div}\times 5\ \text{div}=0.5\ \text{ms}$$

$$f=1/T=2\ \text{kHz}$$

2．函数信号发生器

函数信号发生器如图4.45所示。

1）面板操作键说明

（1）电源开关：将电源开关按键弹出即为“关”位置，将电源线接入，按电源开关，以接通电源；

（2）LED显示窗口：此窗口指示输出信号的频率，当“外测”开关接入，显示外测信号的频率；

（3）频率调节旋钮：调节此旋钮改变输出信号频率，顺时针旋转，频率增大；逆时针旋转，频率减小，微调旋钮可以微调频率；

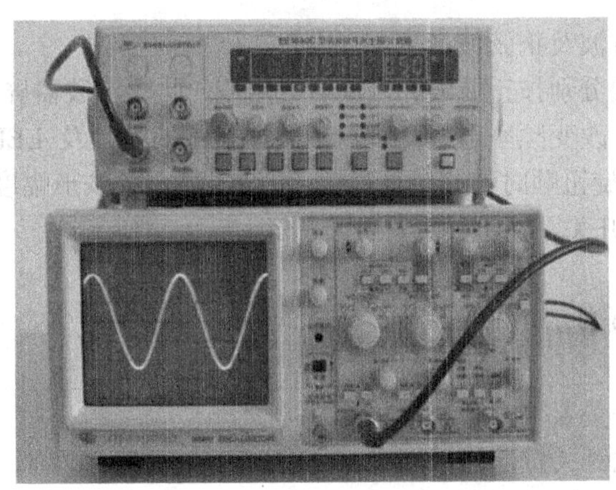

图 4.45　函数信号发生器面板

（4）占空比：将占空比开关按入，占空比指示灯亮，调节占空比旋钮，可改变波形的占空比；

（5）波形选择开关：按对应波形的某一键，可选择需要的波形；

（6）衰减开关：电压输出衰减开关，二挡开关组合为 0 dB、20 dB、40 dB、60 dB；

（7）频率范围选择开关：根据所需要的频率，按其中一键；

（8）测频端口：外测频率输入端口；

（9）外测频开关：此开关按入，LED 显示窗显示外测信号频率；

（10）幅度调节旋钮：顺时针调节此旋钮，增大电压输出幅度。逆时针调节此旋钮可减小电压输出幅度；

（11）电压输出端口：电压输出由此端口输出；

（12）电压输出指示：3 位 LED 显示输出电压值，输出接 50 Ω 负载时应将读数除以 2；

（13）交流电源 220 V 输入插座。

2）基本操作方法

打开电源开关之前，首先检查输入的电压，将电源线插入后面板上的电源插孔，按表 4-9 设定各个控制键。

表 4-9　示波器面板控制键设置

电源	电源开关键弹出
衰减开关	弹出
外测频	外测频开关弹出
占空比	占空比开关弹出

所有的控制键设定好后，打开电源。函数信号发生器默认为 20 kHz 挡正弦波，LED 显示窗口显示本机输出信号频率。

（1）将电压输出信号出幅度端口通过连接线送入示波器 Y 输入端口。

（2）三角波、方波及正弦波产生。

将波形选择开关分别按正弦波、方波、三角波，此时示波器屏幕上将分别显示正弦波、方波、三角波；改变频率选择开关，示波器显示的波形及 LED 窗口显示的频率将发生明显变化；幅度旋钮顺时针旋转至最大，示波器显示的波形幅度将不小于 20 V（V_{pp}，峰峰值）；按下衰减开关，输出波形将被衰减。

（3）复位。

按复位键，LED 显示“0”。

（4）斜波产生。

- 波形开关置“三角波”；
- 占空比开关按入指示灯亮；
- 调节占空比旋钮，三角波将变成斜波。

（5）外测频率。

- 按入外测开关，外测频指示灯亮。
- 选择适当的频率范围，从高量程向低量程选择合适的有效数，确保测量精度。（注意：测量高频时，滤波键弹开；测量低频时，按下滤波键。）

4.10.5 实验内容

1．用机内校正信号对示波器进行自检

1）扫描基线调节

将示波器的显示方式开关置于“单踪”显示（CH1或CH2），输入耦合方式开关置“GND”，触发方式开关置于“自动”。开启电源开关后，调节“辉度”、“聚焦”、“辅助聚焦”等旋钮，使荧光屏上显示一条细而且亮度适中的扫描基线。然后调节“X轴位移”和“Y轴位移”旋钮，使扫描线位于屏幕中央，并且能上下左右移动自如。

2）测试“校正信号”波形的幅度、频率

将示波器的“校正信号”通过专用电缆线引入选定的Y通道（CH1或CH2），将Y轴输入耦合方式开关置于“AC”或“DC”，触发源选择开关置“内”，内触发源选择开关置“CH1”或“CH2”。调节X轴“扫描速率”开关（s/div）和Y轴“输入灵敏度”开关（V/div），使示波器显示屏上显示出一个或数个周期稳定的方波波形。

（1）校准“校正信号”幅度。将“Y轴灵敏度微调”旋钮置“校准”位置，“Y轴灵敏度”开关置适当位置，读取校正信号幅度，记入表4-10。

表 4-10　校准信号的测量

	标准值	实测值
幅度 V_{pp} / V		
频率 f / kHz		

注：不同型号示波器标准值有所不同，请按所使用示波器将标准值填入表格中。

（2）校准“校正信号”频率。将“扫速微调”旋钮置“校准”位置，“扫速”开关置适当位置，读取校正信号周期，记入表4-10。

3）用示波器和交流毫伏表测量信号参数

调节函数信号发生器有关旋钮，使输出频率分别为100 Hz、1 kHz、10 kHz、100 kHz，峰峰值均为1 V的正弦波信号。

改变示波器“扫速”开关及“Y轴灵敏度”开关等位置，在示波器上调节出大小适中、稳定的正弦波形，选择其中一个完整的波形。

（1）先测算出正弦波的周期T，即

$$T=水平距离（div）\times挡位（s/div）$$

然后求出正弦波的频率。

（2）先测算出正弦波电压峰峰值V_{pp}，即

$$V_{pp}=垂直距离（div）\times挡位（V/div）\times探头衰减率$$

然后求出正弦波电压有效值U。将实验数据记入表4-11中。

表4-11　测量正弦电压

信号电压频率	示波器测量值			
	周期/ms	频率/Hz	峰峰值/V	有效值/V
100 Hz				
1 kHz				
10 kHz				
100 kHz				

4.10.6　思考题

（1）示波器为什么能显示被测信号的波形？

（2）荧光屏上无光点出现，有几种可能的原因？怎样调节才能使光点出现？

（3）荧光屏上波形移动，可能是什么原因引起的？

第5章 设计性实验

5.1 设计性物理实验基础知识

5.1.1 设计性物理实验的教学目的

开设设计性物理实验的教学目的，是在学生具有一定实验能力的基础上把所学到的物理知识、电子技术及微机应用知识和技能，运用到解决问题或实际测量中。通过独立分析问题、解决问题，使学生把知识转化为能力，为今后的毕业设计、写科研成果报告、学术论文及开展科学实验研究作基础训练。设计性实验是衡量和考查学生掌握物理实验基本功的有效手段，也是培养和提高学生发现问题、解决问题能力的重要途径。学生在设计及实施实验的过程中，要查阅大量的有关资料，比较若干不同方案，自己动脑设计出符合实验逻辑和物理原理的操作步骤等，将真正体会到学以致用的乐趣。

进行设计性实验时，首先要做好三点准备工作：实验方案的选择、实验仪器的选配和实验条件的选取。

5.1.2 设计性物理实验方案的选择

实验方案的选择包括实验原理和方法的选择。实验原理是实验的理论依据，实验原理和实验方法是紧密联系在一起的，选用不同的实验原理就有不同的实验方法，同一实验原理也可能有不同的实验方法。如重力加速度的测量原理就有自由摆原理和自由落体原理；转动惯量的测定既可以用刚体转动定律也可以用三线摆原理；而电阻的测量，根据欧姆定律和基尔霍夫定律，有伏安法和比较法（电桥法和电位差计法）等。

学生应根据自己的选题，查阅有关文献、资料、收集各种实验原理和实验方法（即根据被测量和可测量之间的关系，找出各种可能使用的实验方法），然后比较各种实验方法的优劣性（如实验精确度、使用条件及在学校实验室所能提供的仪器条件下的可行性等），最后确定一种具体实施方案。例如“测定金属杨氏模量E，要求相对误差$E_r \leqslant 5\%$”，通过查阅资料发现可采用的方法很多，如拉伸法、梁弯曲法、共振法等，每种方案都是针对不同的研究对象得出的，有其适用条件和优、缺点，因此，需要根据研究对象和实验精度要求，考虑现有的仪器设备、实验环境条件等进行综合分析，来确定具体实施方案。如果研究对象是金属丝，则要采用拉伸法，若研究对象是金属棒或金属型材可考虑选用梁弯曲法或共振法。

5.1.3 设计性实验的一般程序

设计性实验的一般程序包括下面 4 个步骤。

1．研究物理量间关系，确定数学模型

根据实验对象的物理性质，研究与实验对象相关的物理过程原理及过程中各物理量之间的关系、数学推导公式。

【例 5.1】 测量兰州地区的重力加速度 g。测量精度要求：$E(g)=\dfrac{\sigma_g}{g}\leqslant 0.5\%$。

对于这个问题我们的思路包括以下几点。

首先，思考什么物理现象或物理过程与 g 有关？答案是自由落体运动、物体在斜面上的滑动、抛体运动、单摆等。

其次，建立物理模型。要测某地区的重力加速度，可以建立一个自由落体运动的物理模型，则 $g=2\dfrac{h-v_0t}{t^2}$，或者建立一个单摆的物理模型，则 $T=2\pi\sqrt{\dfrac{L}{g}}$。

最后，比较确定物理模型。由于自由落体模型只能测一个单程的时间与位移，当下落高度 h 为 2 m 时，所需时间 t 只有 0.6 s 多，这就对计时仪器的精度提出了很高的要求。而单摆模型可测 n 个周期的累积摆动时间，对于摆长 L=1 m 的单摆，周期 T 约为 2 s，若累计测 50 个周期，则时间间隔为 100 s 左右。显然采用此方案，既简单，又准确。因此，选单摆模型比自由落体要好。但要注意使用条件，只有在 3 个条件下：①系小球的细线的质量比小球质量小很多；②小球的直径比细线的长度小很多；③小球在重力作用下做小角度摆动时，周期才满足公式。

2．实验方法的选择

一个实验中可能要测量多个物理量，而每个物理量又都可能有多种测量方法。例如，在测量温度时，可以使用水银温度计、热电偶、热敏电阻等多种器具；测量电压可以用万用表、数字电压表、电位差计和示波器等。

必须根据被测对象的性质和特点，罗列各种可能的实验方法，分析各种方法的适用条件，比较各种方法的局限性及可能达到的实验精度等因素，并考虑各种方法实施的可能性，优缺点，综合后做出选择。

一般情况下，为减小误差应尽可能采取等精度的多次测量；对于等间隔、线性变化的实验数据的处理可采用“逐差法”、“最小二乘法”等。

3．测量仪器的选择与配套

1）不确定度均分原理

在间接测量中，每个独立测量量的不确定度都会对最终结果的不确定度有贡献。若测量结果的合成不确定度为 σ_N，则 σ_N 中的每一项 $\left(\dfrac{\partial f}{\partial x_i}\sigma_i\right)^2$ 都要大致相等。

2）选择测量仪器

选择的方法是通过待测的间接测量量与各直接测量量的函数关系导出不确定度传递公式，并按照“不确定度均分”原理将间接测量量的不确定度按要求分配给各直接测量量，再由此选择精度和量程适合的仪器。例如，单摆实验中：$g=\frac{4\pi^2 L}{T^2}$，根据不确定度传递公式 $E^2(g)=E^2(L)+4E^2(T)$，要求 $E(g)\leqslant 0.5\%$，即 $E^2(g)\leqslant 0.25\times 10^{-4}$，则要求 $E^2(L)\leqslant 0.125\times 10^{-4}$ 和 $4E^2(T)\leqslant 0.125\times 10^{-4}$，于是有 $E(L)\approx 0.35\%$ 和 $E(T)\approx 0.18\%$。

考虑到测量方便，选摆长 L 约为 1 m，则周期约为 2 s。

由此估算出：

- 测长仪器的允许最大不确定度（示值误差）为 3.5 mm；
- 计时仪器的允许最大不确定度（示值误差）为 0.0036 s。

选择 1mm 刻度的米尺测长完全可以达到要求；考虑到用停表计时时最小显示为 0.01 s，又由于操作者技术引起的误差在 0.2 s 左右，所以需采用累积计时法，如先测量 100 个周期的时间，再转换成一个周期的时间，就能满足上述设计要求。

注意：“不确定度均分”只是一个原则上的分配方法，对于具体情况还应具体处理。比如，由于条件限制，某一物理量测量的不确定度稍大，继续降低不确定度又比较困难，这时可以允许该量的不确定度大一些，而将其他物理量的测量不确定度降得更低，以保证合成不确定度达到设计要求。另外，由有效数字运算法则可知，所选测量仪器的测量精度（有效数字位数）应大致相同。为了合理使用仪器，达到相应的测量精度，在选择仪器时应根据实际情况，兼顾仪器的等级和量程，使仪器的量程略大于测量值即可。

【例 5.2】 若待测电流为 60 mA，使用不同级不同量程的电流表测量比较如下。

（1）0.5 级量程为 300 mA 的电流表。仪器示值误差限为 $\varDelta_1=0.5\%\times 300=1.5$，误差限值的相对值为 $E_1=\frac{\varDelta_1}{I}=\frac{1.5}{60}=2.5\%$。

（2）1.0 级量程为 75 mA 的电流表。仪器示值误差限为 $\varDelta_2=1.0\%\times 75=0.75$，误差限值的相对值为 $E_2=\frac{\varDelta_2}{I}=\frac{0.75}{60}=1.25\%$。

由于待测量的量值与仪器的量程不匹配，用 0.5 级的表测得的结果反而不如 1.0 级的表好。

4．测量条件与最佳参数的确定

在实验方法及仪器选定的情况下，选择有利的测量条件，最大限度地减小系统误差。

如用单摆测重力加速度时，选用的实验装置必须满足：球要小，可看成质点；线要轻，可忽略摆线质量；摆角要小于 5°。

又如一般电表读数的最有利条件是选取电表刻度盘的 2/3 附近的区域。

另外，环境条件如温度、湿度、气压、射线、电磁场、振动等，对仪器的正常工作都会有一定的影响，也会引起系统误差，所以选定合适的测量环境也是不可忽视的。

5.1.4 设计性实验的要求

为了保证设计性实验的顺利进行，首先要求学生在进入实验室前认真准备，查阅文献资料，要按实验设计要求写好实验方案。实验方案的主要内容有：

（1）确定实验项目或题目（项目不宜过大过多，应能够在实验时间段内完成），拟出具体实验方法，阐述实验原理，画出必要的原理图，推证有关理论公式，估算出相关参数；

（2）本方案所用实验仪器（不应超出“可供选择实验仪器”范围）；

（3）设计出合适的测量方案，并拟出初步实验步骤（尽可能详细）；

（4）实验注意事项；

（5）列出数据记录表格；

（6）提出数据处理方法。

然后在进入实验室开始实验之前，必须按照实验室要求的时间提前将设计方案提交到指导教师处进行审核，并与指导教师讨论，经同意后自行完成实验，并在实验中检验和完善自已的设计。

最后，写出完整的设计性实验报告。报告格式仍与前面一致，其内容包含如下：

（1）设计性实验题目；

（2）实验目的；

（3）实验原理（含原理图和理论公式）；

（4）实验仪器；

（5）实验内容与步骤；

（6）实验数据记录及处理；

（7）分析讨论。对实验结果进行分析、评估，并总结进行简单设计性实验的体会；

（8）参考资料。列出设计实验方案时，所参考的所有资料。设计性实验报告的重点应放在实验原理、方法的叙述、实验仪器的选择及对最后结果的分析讨论上。

5.1.5 科学实验设计应遵循的原则

（1）实验方案的选择——最优化原则；

（2）测量方法的选择——误差最小原则和最小代价率原则；

（3）测量仪器的选择——误差均分原则；

（4）测量条件的选择——最有利原则。

5.2 研究弦线上的驻波现象

5.2.1 实验目的

（1）观察弦线上驻波的变化，了解并熟悉实验仪器的调整方法；

（2）研究弦线振动时的振动频率与振幅变化对形成驻波的影响，波长与张力的关系；

（3）在弦线张力不变时，研究弦线振动时驻波波长与振动频率的关系；

（4）改变弦线张力后，研究弦线振动时驻波波长与振动频率的关系。

5.2.2 实验仪器

实验仪器包括可调频率的数显机械振动源、弦线支撑平台、固定滑轮、可调滑轮、砝码盘、米尺、弦线、砝码、频闪灯、分析天平等，如图 5.1 所示。

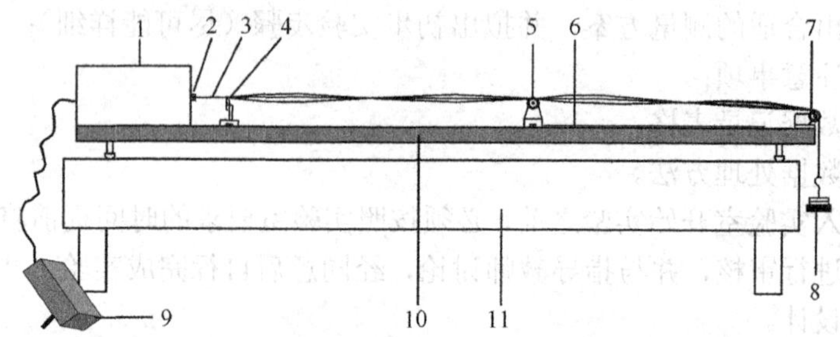

1—可调频率数显机械振动源；2—振簧片；3—弦线；4—可动刀口支架；5—可动滑轮支架；

6—标尺；7—固定滑轮；8—砝码与砝码盘；9—变压器；10—实验平台；11—实验桌

图 5.1 仪器结构图

5.2.3 实验原理

在一根拉紧的弦线上，其中张力为 T，线密度为 μ，则沿弦线传播的横波应满足下述运动方程

$$\frac{\partial^2 y}{\partial t^2}=\frac{T\partial^2 y}{\mu\partial x^2} \tag{5-1}$$

式中，x——波在传播方向（与弦线平行）上的位置坐标；

y——振动位移。

将式（5-1）与典型的波动方程 $\frac{\partial^2 y}{\partial t^2}=v^2\frac{\partial^2 y}{\partial x^2}$ 相比较，即可得到波的传播速度 $v=\sqrt{\frac{T}{\mu}}$。

若波源的振动频率为 f，横波波长为 λ，由于 $v=f\lambda$，故波长与张力及线密度之间的关系为

$$\lambda=\frac{1}{f}\sqrt{\frac{T}{\mu}} \tag{5-2}$$

将式（5-2）两边取对数，得 $\log\lambda=\frac{1}{2}\log T-\frac{1}{2}\log\mu-\log f$。

若固定频率 f 及线密度 μ，改变张力 T，测出各相应波长 λ，作图 $\log\lambda$-$\log T$，若得一直线，计算其斜率值（如为 $\frac{1}{2}$），则证明了 $\lambda\propto T^{1/2}$ 的关系成立。同理，固定线密

度 μ 及张力 T，改变振动频率 f，测出各相应波长 λ，作图 $\log\lambda-\log f$，如得到斜率为−1 的直线，则验证了 $\lambda \propto f^{-1}$。

弦线上的波长可利用驻波原理测量。当两个振幅和频率相同的相干波在同一直线上相向传播时，其所叠加而成的波称为驻波，一维驻波是波干涉中的一种特殊情形。在弦线上出现许多静止点，称为驻波的波节，相邻两波节间的距离为半个波长，如图 5.2 所示。

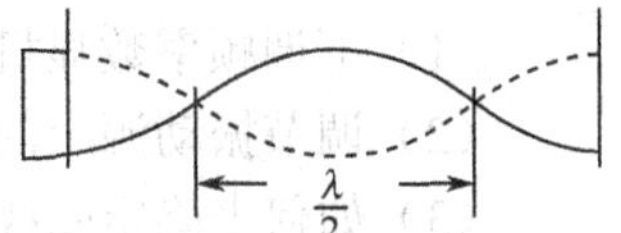

图 5.2 弦上的驻波

5.2.4 实验内容

1．必做内容

1）验证横波的波长与弦线中张力的关系

固定一个波源振动的频率，在砝码盘上添加不同质量的砝码，以改变同一弦上的张力。每改变一次张力（即增加一次砝码），均要左右移动可动滑轮的位置，使弦线出现振幅较大而稳定的驻波。用实验平台上的标尺测量 L 值，即可根据式（5-2）算出波长 λ。作图 $\log\lambda$—$\log T$，求其斜率。

2）验证横波的波长与波源振动频率的关系

在砝码盘上放上一定质量的砝码，以固定弦线上所受的张力，改变波源振动的频率，用驻波法测量各相应的波长，作图 $\log\lambda$—$\log f$，求其斜率。最后得出弦线上波传播的规律结论。

2．选做内容

验证横波的波长与弦线密度的关系。

在砝码盘上放固定质量的砝码，以固定弦线上所受的张力，固定波源振动频率，通过改变弦丝的粗细来改变弦线的线密度，用驻波法测量相应的波长，作图 $\log\lambda$—$\log\mu$，求其斜率。得出弦线上波传播规律与线密度的关系。

5.2.5 操作注意事项

（1）实验中，要准确求得驻波的波长，必须在弦线上调出振幅较大且稳定的驻波。在固定频率和张力的条件下，可沿弦线方向左、右移动可动滑轮的位置，找出“近似驻波状态”，然后慢慢移动可动滑轮位置，逐步逼近，最终使弦线出现振幅较大且稳定的驻波。

（2）调节振动频率，当振簧片达到某一频率（或其整数倍频率）时，会引起整个振动源（包括弦线）的机械共振，从而引起振动不稳定。此时，可逆时针旋转面板上的输出信号幅度旋钮，减小振幅，或避开共振频率进行实验。

（3）频闪仪需要增加灯的亮度时可以短时置于“1”的位置，否则影响灯的寿命；如发现灯管工作不正常时，请关机稍等片刻再开启。

5.2.6 思考题

(1) 可调频率数显机械振动源的振动频率调节范围有多大?
(2) 调节振动源上的振动频率和振幅大小后对弦线振动会产生什么影响?
(3) 如何来确定弦线上的波节点位置?
(4) 两波节点间的距离意味着什么?
(5) 实验中如何改变弦线的张力?
(6) 弦线上的张力变化后对得到的波长有什么影响?
(7) 弦线的密度变化后对得到的波长有什么影响?
(8) 频闪仪在调节时应注意些什么?
(9) 频闪仪的作用是什么?

仪器的使用

实验时,将变压器(黑色壳)输入插头与220 V交流电源接通,输出端(五芯航空线)与主机上的航空座相连接。打开数显振动源面板上的电源开关(振动源面板如图5.3所示)。面板上数码管频率指示显示振动源振动频率×××. ××Hz。根据需要按频率调节中的▲(增加频率)或▼(减小频率)键,改变振动源的振动频率;调节面板上的幅度调节旋钮,使振动源有振动输出;当不需要振动源振动时,可按面板上的复位键复位,数码管显示全部清零。

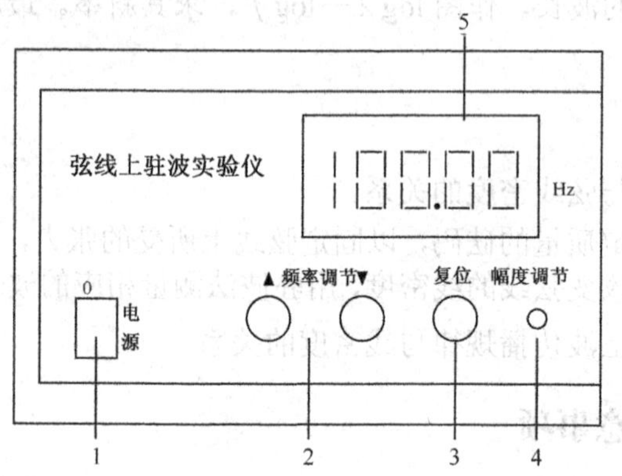

1—电源开关;2—频率调节;3—复位键;4—幅度调节;5—频率指示

图5.3 振动源面板图

在某些频率,由于振动簧片共振使振幅过大,此时应逆时针旋转面板上的旋钮以减小振幅,便于实验进行。当不在共振频率点工作时,可调节面板上幅度旋钮到输出最大。

固定振动源的频率,在砝码盘上添加不同质量的砝码,以改变弦线上的张力。每改变一次张力,均要调节可动滑轮的位置,使平台上的弦线出现振幅较大且稳定的驻波。此时,记录振动频率、砝码质量、产生整数倍半波长的弦线长度及半波波数。

同样的方法,可固定砝码盘上的砝码质量,改变振动源频率,进行类似的实验。

频闪仪的使用

（1）频闪仪后面板上的圆形开关应置于“0”的位置，使灯在低亮度状态下工作。当实验中确实需要增加灯的亮度时，可在短时间内置于“1”的位置。

（2）闪光频率范围为 000.0～200.00 Hz，按面板上的“升”、“降”按钮连续可调。读数误差< 0.2%。

（3）触发方式有内触发和外触发两种，同时备有外触发信号输入插口。

（4）频闪稳定度≤0.1%。闪光持续时间为 100 μs。每次发光能量约为 0.6 J。闪光次数大于百万次。

（5）供电电源为 220 V、50 Hz 交流电源，耗电功率小于 75 W。

5.3 液体黏滞系数测量实验仪

黏滞系数是液体的重要性质之一。在液压传动、机械润滑等许多工业生产、人民生活和科学研究中，都需要知道液体的黏滞系数。因此，掌握液体的黏滞系数的测量方法是十分必要的。本仪器用落球法测量液体的黏滞系数，这种方法简单有效，但只适用于测量黏滞性较强的液体。

5.3.1 实验目的

（1）学习使用光电计时器的方法；

（2）测量蓖麻油的黏滞系数。

5.3.2 实验仪器

实验仪器包括液体黏滞系数测试箱、液体黏滞系数测试台、镊子、蓖麻油、米尺、小钢球、磁铁和温度计。

5.3.3 实验原理

当液体流动时，平行于流动方向的各层流体的速度都不相同，即存在着相对滑动，于是在各层之间就有摩擦力产生，这一摩擦力就是黏滞力。它的方向平行于摩擦面，其大小与速度梯度 $\frac{\mathrm{d}v}{\mathrm{d}X}$ 和接触面积 S 成正比，即

$$f=\eta S\frac{\mathrm{d}v}{\mathrm{d}X} \tag{5-3}$$

其中，比例系数 η 称为黏滞系数，它是表征液体黏滞性强弱的重要参数。其物理意义是：速度梯度为单位量时，作用于流体单位面积上的内摩擦力的大小。它的单位在国际单位制中是：千克/（米·秒），即“帕·秒”，用“Pa·s”表示。此外，液体的黏滞系数还和液

体的温度有关，一般情况下，黏滞系数随温度的升高而减小。

一个小球在液体中运动时，受到与运动方向相反的摩擦阻力作用，这个阻力是由于黏滞在小球表面的液层与临近液层的摩擦而产生的，它不是小球与液层之间的摩擦力。如果液体是无限广延的，且在运动中不产生旋涡，则根据斯托克斯定律，小球受到的黏滞力为

$$f = 3\pi\eta dv \tag{5-4}$$

其中，d——小球的直径；

v——小球的下落速度；

η——液体的黏滞系数，η 值与小球的大小和种类无关，它随温度增加而近似地按指数减小。

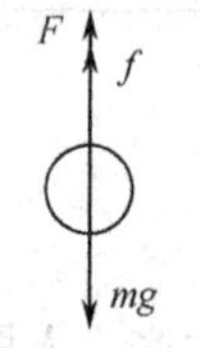

图 5.4　小球受力

如图 5.4 所示，小球在液体中下落时，受到三个力的作用：重力（$mg = \rho gV$）、浮力（$F = \rho_0 gV$）和黏滞阻力（f）。ρ 和 ρ_0 分别是小球和液体的密度，V 是小球的体积，g 是重力加速度。在小球开始下落时，小球的下落速度比较慢，黏滞阻力比较小，小球受到的重力大于它受到的浮力和黏滞阻力之和，所以小球速度逐渐增大。经过一段时间后，速度达到某一数值后不再增大，小球就以此速度匀速下落，此时，黏滞阻力与浮力之和等于重力，于是有

$$f + \rho_0 gV = \rho dV \tag{5-5}$$

即

$$\frac{4}{3}\pi\left(\frac{d}{2}\right)^3 \rho_0 gV + 3\pi\eta dv = \frac{4}{3}\pi\left(\frac{d}{2}\right)^3 \rho g \tag{5-6}$$

$$\eta = \frac{(\rho - \rho_0)gd^2}{18v} \tag{5-7}$$

式（5-7）只适用于小球在无限广延的液体内运动的情况，如果小球在直径为 D，液柱高度为 H 的圆柱形筒内下落，如果只考虑四壁的影响，修正后为

$$\eta = \frac{(\rho - \rho_0)gd^2}{18v} \cdot \frac{1}{\left(1 + 2.4\dfrac{d}{D}\right)\left(1 + 1.6\dfrac{d}{H}\right)} \tag{5-8}$$

5.3.4　实验内容与步骤

（1）将测试台和测试箱用专用的屏蔽线连接好，接通测试箱的电源，并调整测试台底座上的三个水平螺钉，使吊锤的尖端指在吊锤下面所开孔的中心处。

（2）观测激光管是否发光正常，并进一步调整激光管发出的光，使激光正好入射到激光接收器的小孔中。

（3）将导引小球下落的盖子取下，并将蓖麻油注入圆柱形的有机玻璃筒中，将导引小球下落的盖子放回到测试架上。

（4）练习使用光电计时器，先按“复位”按钮，然后把小球（使用前，在表面涂少

许蓖麻油）放在有机玻璃筒上的盖子内，用镊子将小球放入小孔中，小球将从有机玻璃筒的轴线下落，观测小球在下落过程中是否能遮挡两个激光管发出的光，同时观测计时器是否正常工作。

（5）实验测量开始前用温度计测量油温（温度计由用户自备），并在测量完毕时再测量一次油温，取平均值作为实际油温。

（6）将光电门Ⅱ（测试台下面的光电门）固定在支撑架的底端，从下往上依次移动光电门Ⅰ（测试台上面的光电门）的位置，用米尺测量两个光电门的距离 L，测量不同下落距离 L 小球下落所用的时间 t，每个位置测量 10 次，并记录在表格 5-1 中。

表 5-1　实验数据记录

L	t_1	t_2	t_3	t_4	t_5	t_6	t_7	t_8	t_9	t_{10}	$\overline{t}$	$\overline{v}$	η

5.3.5　实验数据处理

小球的直径：d=2 mm；小球密度：$\rho=7.85\times10^3\ \mathrm{kg\cdot m^{-3}}$；有机玻璃筒的内径：$D$=50 mm；液体的高度：$H$（用米尺根据实际情况测量）；蓖麻油的密度：$\rho_0=0.962\times10^3\ \mathrm{kg\cdot m^{-3}}$。

（1）验证小球在测量下落过程中是否处于匀速运动状态。

根据表格 5-1 中的实验数据，计算出在每一段距离小球下落的平均速度，如果下落的平均速度相等，证明小球在下落过程中处于匀速运动状态。

（2）根据表格 5-1 中的实验数据，计算出小球的平均速度，并代入式（5-7）计算出 η 的值，并用式（5-8）进行修正。

5.3.6　思考题

（1）如何判断小球在下落过程中是否处于匀速运动状态？

（2）如果液体的黏滞系数较小，而且小球的直径又较大，实验结果该做何处理？

（3）用激光光电门测量小球下落时间的方法有什么优缺点？

液体黏滞系数测量实验仪的使用

液体黏滞系数测量实验仪采用落球法来测量液体的黏滞系数，采用激光光电门计时器来测量小球的下落时间，克服了传统的计时方法，提高了实验的精确度。

1. 仪器结构

仪器结构如图 5.5 所示。

2. 光电计时器的使用方法

（1）将光电计时器和测试台连接起来，并接通；

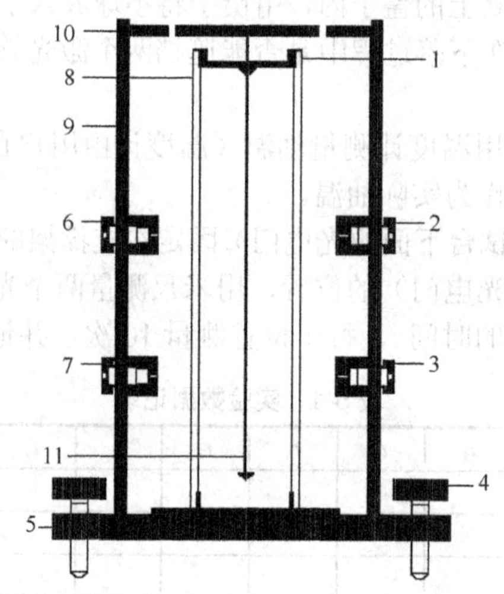

1—抛球漏斗；2、3—激光管；4—底座调平螺钉；5—底座；

6、7—激光接收管；8—有机玻璃量筒；9—支撑架；10—顶盖；11—水平吊锤

图 5.5 仪器结构

（2）调节底座上的三个调平螺钉，使铅锤的尖端正好对准底盘上的小孔；

（3）观察激光管是否正常发光，发出的激光是否正好入射到激光接收器上；

（4）用一根细绳切断激光管和激光接收器的光路，观察计时器是否有响应；

（5）按"复位"键，然后将小球放入漏斗中，并使小球沿有机玻璃筒的轴线下落，观察当小球切断光电门Ⅰ的光路时，计时器是否开始计时，小球切断光电门Ⅱ的光路时，观察计时器是否停止计时；当小球再次切断光电门Ⅰ的光路时，观察是否计时器清零并开始计时，当小球再次切断光电门Ⅱ的光路时，观察计时器是否停止计时。

3. 使用注意事项

（1）仪器使用前，要先调节底座上的调平螺钉将底座调节到水平。在测量实验数据前要先学习光电计时器的使用方法、技巧及注意事项。

（2）观察激光管是否正常发光，并将激光正好入射到激光接收管中。

（3）在仪器第一次使用时，要将蓖麻油倒入有机玻璃筒中，这个过程中会使蓖麻油中产生大量气泡，这些气泡会影响测量结果，因此测量时需要等气泡消失后再进行。

5.4 电表的改装与校准

5.4.1 实验目的

（1）学习掌握电表改装的基本原理和方法，按照实验原理设计测量线路；

（2）了解电流计的量程 I_G 和内阻 R_G 在实验中所起的作用，掌握测量方法；

（3）掌握毫安表、电压表和欧姆表的改装、校准和使用方法，了解电表面板上符号

的含义；

（4）学习校准电表的刻度；

（5）熟悉电表的规格和用法，了解电表内阻对测量的影响，掌握电表级别的定义；

（6）训练按回路接线及电学实验的操作。

5.4.2 实验原理

1．电流计

常见磁电式电流计构造如图 5.6 所示，它的主要部分是放在永久磁场中的由细漆包线绕制成的可以转动的线圈、用来产生机械反力矩的游丝、指示用的指针和永久磁铁组成。当电流通过线圈时，载流线圈在磁场中产生一个磁力矩 $M_{磁}$，使线圈转动，由于线圈的转动会扭转与线圈转动轴连接的上下游丝，使游丝发生形变而产生机械反力矩 $M_{机}$，线圈满刻度偏转过程中的磁力矩 $M_{磁}$只与电流强度有关，与偏转角度无关，而游丝因形变产生机械反力矩 $M_{机}$与偏转角度成正比。因此当接通电流后线圈在 $M_{磁}$作用下偏转角逐渐增大，同时反力矩 $M_{机}$也逐渐增大，直到 $M_{磁}= M_{机}$时线圈就可以很快地停下来。线圈偏转角的大小与通过的电流大小成正比（也与加在电流计两端的电动势差成正比），由于线圈偏转的角度通过指针的偏转是可以直接指示出来的，所以上述电流或电动势差的大小均可由指针的偏转直接指示出来。

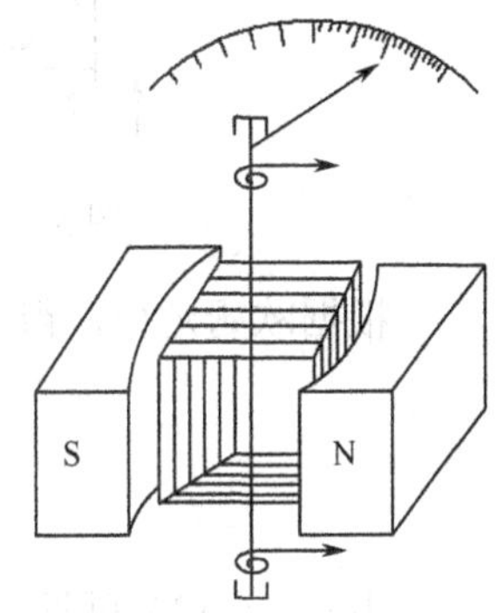

图 5.6 电流计结构示意图

电流计允许通过的最大电流称为电流计的量程，用 I_G 表示，电流计的线圈有一定内阻，用 R_G 表示，I_G 与 R_G 是表示电流计特性的两个重要参数。

电流计可以改装成毫安计，电流计 G 只能测量很小的电流，为了扩大电流计的量程，可以选择一个合适的分流电阻 R_p 与电流计并联，允许比电流计量程 I_G 大的电流通过由电流计和与电流计并联的分流电阻所组成的毫安计，这就改装成为一只毫安计，这时电表面板上指针的指示值就要按预定要求设计的满刻度值 I，即毫安计量程 I 的要求来读取数据。

若测出电流计 G 的 I_G 与 R_G，根据图 5.7 就可以算出将此电流计改装成量程为 I 的毫安计所需的分流电阻 R_p。

由于电流计与 R_p 并联，则有

$$I_G R_G = (I - I_G)R \tag{5-9}$$

$$R_p = \frac{I_G}{I - I_G} R_G \tag{5-10}$$

由式（5-10）可见，电流量程 I 扩展越大，分流电阻阻值 R_p 越小。取不同的 R_p 值，可以制成多量程的电流表。

电流计也可以改装成伏特计，由于电流计 I_G 很小，R_G 也不大，所以只允许加很小的电位差，为了扩大其测量电位差的量程可与一高阻 R_S 串联，这时两端的电位差 V 大部分分配在 R_S 上，而电流计中所示的数目与所加电位差成正比。只需选择合适的高电阻 R_S 与电流计串联作为分压电阻，允许比原来 I_GR_G 大的电压加到由电流计和与电流计串联的分压电阻所组成的伏特计上，这就改装成为一只伏特计，这时电表面板上指针的指示值就要按预定要求设计的满刻度值 V，即伏特计量程 V 的要求来读取数据。

如果改装后的伏特计量程为 V，则根据图 5.8 就可以算出将此电流计改装成量程为 V 的伏特计所需的分流电阻 R_S。

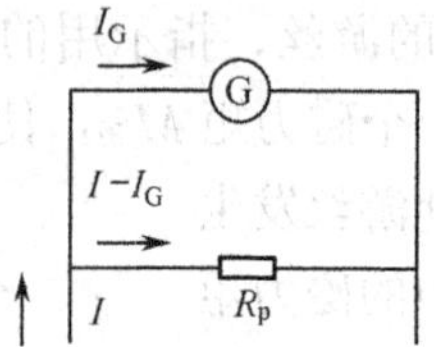

图 5.7　改装成毫安计

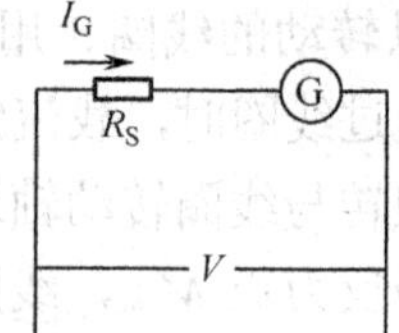

图 5.8　改装成伏特计

根据欧姆定律，得

$$V = I_G(R_G + R_S) \tag{5-11}$$

$$R_S = \frac{V}{I_G} - R_G \tag{5-12}$$

由式（5-12）可见，电压量程 V 扩展越大，分压电阻阻值 R_S 越大。取不同的 R_S 值，可以制成多量程的电压表。

2．电表级别确定

在测量电学量时，由于电表本身结构及测量环境的影响，测量结果会有误差。由温度、外界电场和磁场等环境影响而产生的误差是附加误差，可以由改变环境状况而予以消除。而电表本身（如摩擦、游丝残余形变、装配不良及标尺刻度不准确等）产生的误差则为仪表基本误差，它不依使用者不同而变化，因而基本误差也就决定了电表所能保证的准确程度。仪表准确度等级定义为仪表的最大绝对误差与仪表量程（即测量上限）比值的百分数。即

$$K\% = \frac{最大绝对误差(\Delta m)}{量程(Am)} \times 100\% \tag{5-13}$$

例如，某个电流表量程为 1 A，最大绝对误差为 0.01 A，那么

$$K\% = \frac{最大绝对误差(\Delta m)}{量程(Am)} \times 100\%$$

$$= \frac{0.01\ \text{A}}{1\ \text{A}} \times 100\% = 1\%（级别1.0级）$$

这个电流表准确度等级就定义为 1.0 级。反之，如果知道某个电流表的准确度等级是 0.5 级，量程是 1 A，那么该电流表的最大绝对误差就是 0.005 A。每个仪表的准确度等级在该表出厂前都经检定并标示在盘上，根据其等级就知道这个表的可靠程度。电表的准确度等级按国家质量技术监督管理局规定可分为 0.1、0.2、0.5、1.0、1.5、2.5、5 七个等级，其中数字越小的准确度越高。由于实验中误差的来源是多方面的，在其他方面的误差比仪表带来的误差还大的情况下，就不应片面地追求高级别的电表，因为级别提高一级，价格就要贵很多。实验室常用 1.0 级、1.5 级电表，准确度要求较高的测量中则用 0.5 级或 0.1 级的。

在实际选用电表时，在待测量不超过所选量程的前提下，应力求指针的偏转尽可能大一些，只有在被测量接近仪表的量程时，才能最大限度地达到这个仪表的固有准确度，以减小读数误差。

5.4.3 实验内容

1. 测定电流计 G 的内阻 R_G

可以采用替代法和中值法等多种方法设计测量电路。

替代法：如图 5.9 所示，将被测电流计接在电路中读取标准表的电流值，然后切换开关 S 的位置。用十进位电阻箱替代它，并改变电阻值，当电路中的电压不变时，使流过标准表的电流保持不变，则电阻箱的电阻值即为被测改装电流计的内阻。

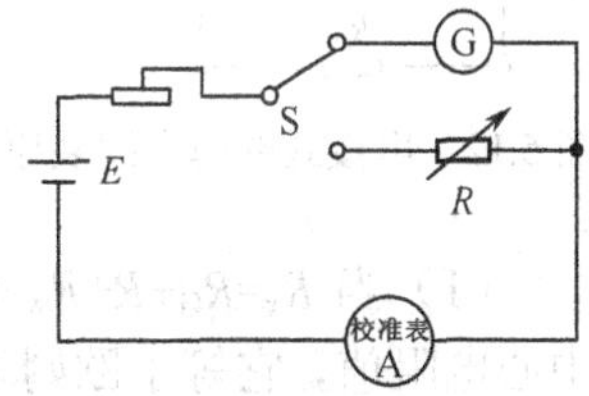

中值法：当被测电流计接在电路中时，使电流计满偏，再用十进位电阻箱与电流计并联作为分流电阻。改变电阻箱电阻值即改变分流程度，当电流计指针指示到中间值即流过电流计的电流为 0.5 I_G，且总电流强度保持不变时，那么流过电阻箱的电流也为 0.5 I_G。

图 5.9 替代法测量电流计内阻

根据欧姆定律，可得

$$0.5I_G R_G = 0.5I_G R \quad (5\text{-}14)$$

则 $R_G=R$，即这时电流计的内阻等于分流电阻值。

2. 改装电流计为 5 mA 或 10 mA 量程的毫安计

改装电流计为 5 mA 或 10 mA 量程的毫安计。按图 5.10 用 0.5 级标准数字毫安计来校准被改装毫安计。从 0 到满量程，列表记录 10 组标准电流表和改装后毫安表的读数，并记录每次的误差。

3. 改装电流计为 1 V 量程的伏特计

改装电流计为 1 V 量程的伏特计，按图 5.11 用 0.5 级标准数字伏特计来校准被改装伏特计。从 0 到满量程，列表记录十组标准电压表和改装后伏特表的读数，并记录每次的误差。

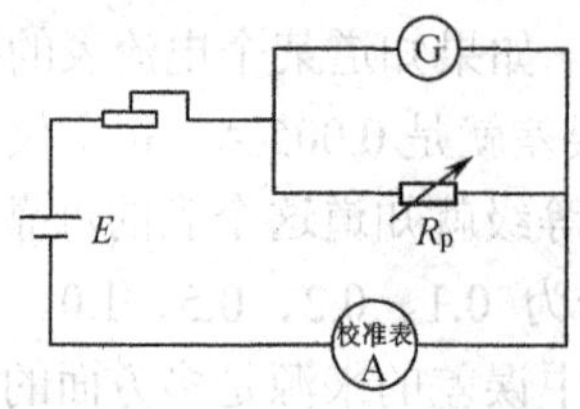

图 5.10　改装毫安计的校准

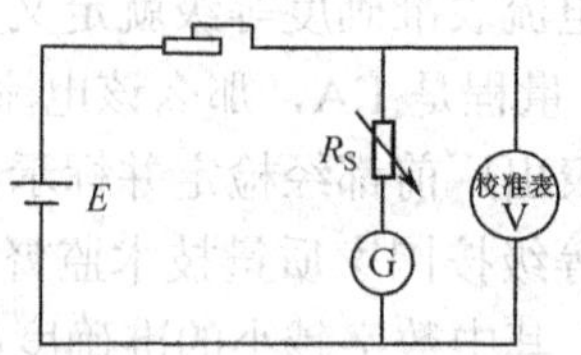

图 5.11　改装伏特计的校准

4．确定改装毫安计和伏特计的级别

根据前述公式确定改装毫安计和伏特计的级别。通常改装表的级别应高于用来校准的标准表的级别，根据实际测量与计算的结果，向低的级别靠拢，来确定改装表级别。

5．改装电流计为欧姆计

串接式欧姆表改装原理如图 5.12 所示，E 为电源，电流计表头内阻为 R_G，量程即满刻度电流为 I_G，R 和 R_W 为限流电阻，R_x 为待测电阻。由欧姆定律可知，流过表头的电流

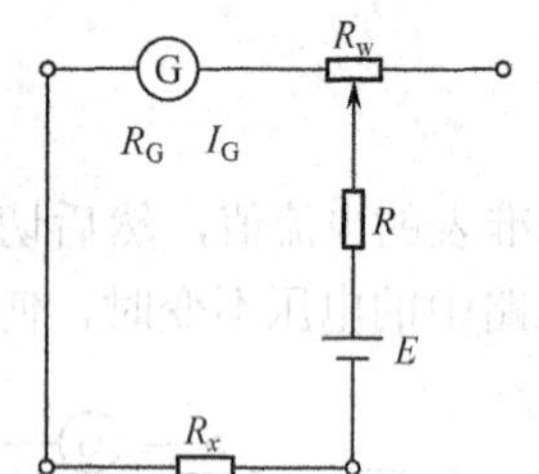

图 5.12　串接式欧姆表改装原理

$$I_x = \frac{E}{R_x + R_G + R + R_W} \tag{5-15}$$

对于给定的欧姆表（R_G、R、R_W、E 已给定），I_x 仅由 R_x 决定，即 I_x 与 R_x 之间有一一对应的关系。在表头刻度上，将 I_x 表示成 R_x，即改装成欧姆表。

由图 5.12 和式（5-15）可知，当 R_x 为无穷大时，$I_x=0$；当 $R_x=0$ 时，回路中电流最大，$I_x=I_G$。

由此可知：

（1）当 $R_x=R_G+R+R_W$ 时，$I_x=0.5\,I_G$，指针正好位于满刻度的一半，即欧姆表标尺的中心电阻值，它等于欧姆表的总内阻，这就是串接式欧姆表中心的意义。可将式（5-15）改写成

$$I_x = \frac{E}{R_x + R_{中}} \tag{5-16}$$

（2）改变中心电阻 $R_{中}$的值，即可改变电阻挡的量程。如 $R_{中}=100\,\Omega$，测量范围为 20～500 Ω；$R_{中}=1\,000\,\Omega$，测量范围为 200～5 000 Ω，以此类推。（注：对于大阻值测量应相应提高电源 E 的电压。）

（3）I_G 与 $R_{中}+R_x$ 是非线性关系。当 $R_x \ll R_{中}$ 时，有 $I_x \approx E/R_{中}=I_G$，此时偏转接近满刻度，随 R 的变化不明显，因而测量误差大；当 $R_x \gg R_{中}$ 时，有 $I_x \approx 0$，此时测量误差也大。所以，在实际测量时，只在 $1/5R_{中}<R_x<5R_{中}$的范围，测量才比较准确。

（4）由于在实际过程中电表多采用干电池，电源电压在使用过程中会变化，因此用 R_W 来调零。

5.4.4　思考题

（1）校正电流表时发现改装表的读数相对于标准表的读数偏高，试问要达到标准表

的数值，改装表的分流电阻应调大还是调小？

(2) 校正电压表时发现改装表的读数相对于标准表的读数偏低，试问要达到标准表的数值，改装表的分压电阻应调大还是调小？

(3) 用欧姆表测电阻时，如果表头的指针正好指在满刻度的一半处，则从标尺读出的电阻值就是该欧姆表的内阻值吗？

5.5 万用表的设计与组装实验仪

随着大规模集成电路的发展，数字测量技术的日趋普及，指针式仪表存在的问题也逐渐显现出来。为了让学生了解数字式万用电表的工作原理，以及模拟信号转换成数字信号的基本方法，本书设置了数字式万用电表设计与组装实验仪的实验内容。

5.5.1 实验目的

(1) 掌握数字式万用表的工作原理、组成和特性；

(2) 掌握数字式万用表的校准和使用；

(3) 掌握多量程数字式万用表分压、分流电路计算和连接，学会设计、制作和使用多量程数字式万用表。

5.5.2 实验仪器

实验设备主要包括万用表设计与组装实验箱和标准数字式万用表。

(1) 万用表的设计与组装实验箱。

这部分主要由分压电阻、分流电阻、分挡电阻电路、AC/DC 转换电路、二极管与通断测试电路、待测交流电压电流、待测直流电压电流、三极管测量、数显表头等部分组成。

(2) 标准数字式万用表。

5.5.3 实验原理

1. 直流电压测量电路

在数字电压表头前面加一级分压电路（分压电阻），可以扩展直流电压测量的量程。数字式万用表的直流电压挡分压电路如图 5.13 所示，它能在不降低输入阻抗的情况下，达到准确的分压效果，表 5-2 为数字式万用表各挡位的分压比。例如：其中 200 V 挡的分压比为：$\dfrac{R_1+R_2}{R_1+R_2+R_3+R_4+R_5}=\dfrac{10\ \text{k}\Omega}{10\ \text{M}\Omega}=0.001$。

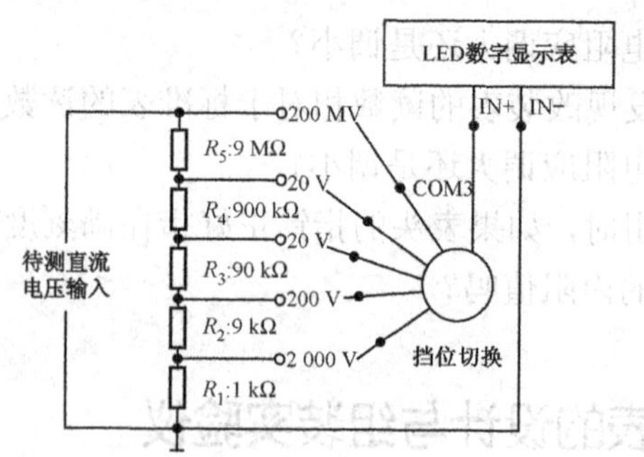

图 5.13 实用分压器电路

表 5-2 万用表各挡的分压比

挡　位	200 mV	2 V	20 V	200 V	2 000 V
分 压 比	1	0.1	0.01	0.001	0.000 1

实际设计时是根据各挡的分压比和总电阻来确定各分压电阻的，如先确定 $R_{总}=R_1+R_2+R_3+R_4+R_5=10\ \text{M}\Omega$，再计算200 V挡的电阻：$R_1+R_2=0.001R_{总}=10\ \text{k}\Omega$，依次可计算出 R_3、R_4、R_5 各挡的分压电阻值。更换量程时需要调整小数点的显示，可方便地读出测量结果。

尽管上述最高量程挡的理论量程是 2 000 V，但通常的数字万用表出于耐压和安全考虑，规定最高电压量限为 1 000 V。

2．直流电流的测量

测量电流是根据欧姆定律，用合适的取样电阻把待测电流转换为相应的电压，再进行测量的，如图 5.14 所示。

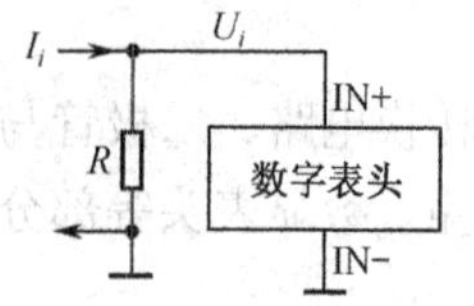

图 5.14 电流测量原理

取样电阻 R 上的电压降为 $U_i=I_i\cdot R$，即被测电流 $I_i=U_i/R$。

若数字表头的电压量程为 U_0，欲使电流挡量程为 I_0，则该挡的取样电阻（也称分流电阻）为 $R=U_0/I_0$。

如 U_0=200 mV，则 I_0=200 mV 挡的分流电阻为 R=1 Ω。

实用数字万用表的直流电流挡电路，如图 5.15 所示。

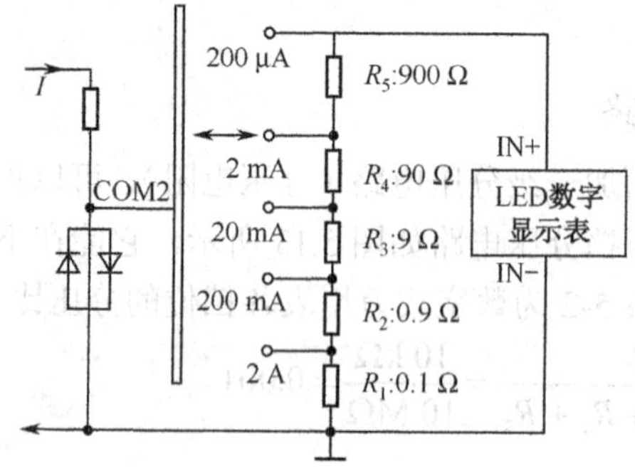

图 5.15 实用分流器电路

图 5.15 中各挡分流电阻是按下述方法计算得出的。

先计算最大电流挡（2 A）的分流电阻 R_1（数字电压表最大输入为 200 mV），$R_1=\frac{U_0}{I_{m1}}=\frac{0.2\text{ V}}{2\text{ A}}=0.1\,\Omega$，再计算 200 mA 挡的 R_2，$R_2=\frac{U_0}{I_{m2}}-R_5=\frac{0.2}{0.2}-0.1=0.9\,\Omega$。

依次可以计算出 R_3、R_4 和 R_5。

本实验仪用的是 2 A 的熔断器，电流很大时会快速熔断，起过流保护作用。两只反向连接且与分流电阻并联的二极管为硅整流二极管，正常测量时，输入电压小于硅整流二极管的正向导通压降，二极管截止，对测量毫无影响。一旦输入电压大于 0.7 V，二极管立即导通，双向限幅，电压钳位在 0.7 V，起过压保护作用。保护仪表不被损坏。当用 2 A 挡测量时，应尽量使测量时间小于 20 s，以避免大电流引起的温度升高影响测量精度甚至损坏电表。

3. 交流电压、电流的测量电路

数字万用表中交流电压、电流测量电路是在分压器或分流器之后串入了一级交流—直流（AC/DC）变换器，图 5.16 为其原理简图。

该 AC/DC 变换器主要由集成运算放大器、整流二极管、RC 滤波电容等组成，还包括一个能调整输出电压高低的电位器：AC/DC 校准电位器，用于对交流电压挡进行校准，调整该电位器可使数字电压表头的显示值等于被测交流电压的有效值。

同直流电压挡类似，出于对耐压、安全方面的考虑，交流电压最高挡的量限通常限定为 700 V（有效值）。

4. 电阻测量电路

数字万用表中的电阻挡采用的是比例测量方法，其原理电路如图 5.17 所示。

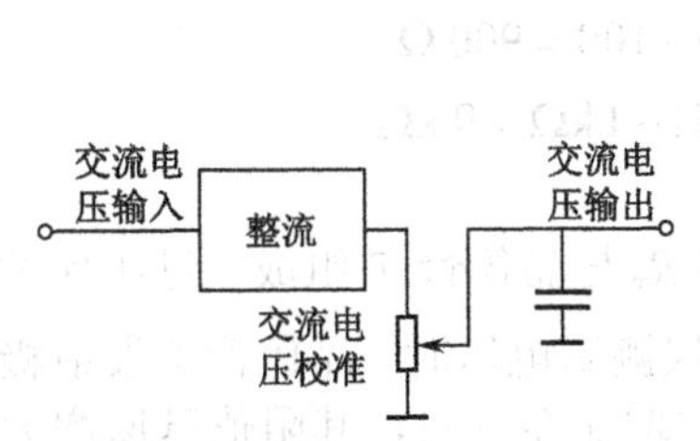

图 5.16 AC/DC 变换器

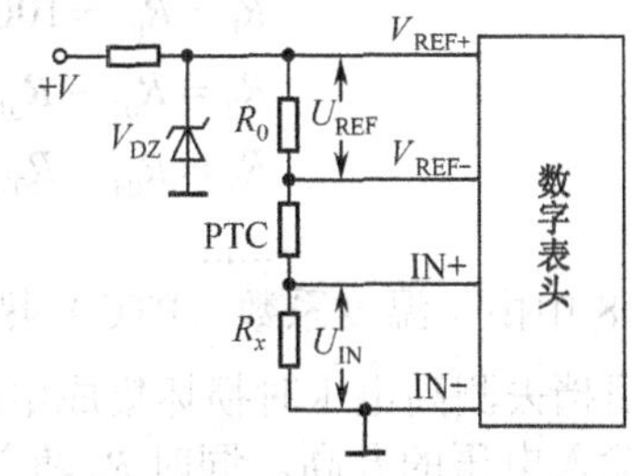

图 5.17 电阻测量原理

由稳压管 V_{DZ} 提供测量基准电压，流过标准电阻 R_0 和被测电阻 R_x 的电流基本相等（数学表头的输入阻抗很高，其取用的电流可忽略不计），所以 A/D 转换器的参考电压 U_{REF} 和输入电压 U_{IN} 有如下关系

$$\frac{U_{REF}}{U_{IN}}=\frac{R_0}{R_x}$$

即

$$R_x=\frac{U_{IN}}{U_{REF}}R_0$$

根据所用 A/D 转换器的特性可知，数字表显示的是U_{IN}与U_{REF}的比值，当$U_{IN}=U_{REF}$时显示“1000”，$U_{IN}=0.5U_{REF}$时显示“500”，以此类推。所以，当$R_x=R_0$时，表头将显示“1000”，当$R_x=0.5R_0$时显示“500”，这称为比例读数特性。因此，只要选取不同的标准电阻并适当地对小数点进行定位，就能得到不同的电阻测量挡。电阻测量电路如图 5.18 所示。

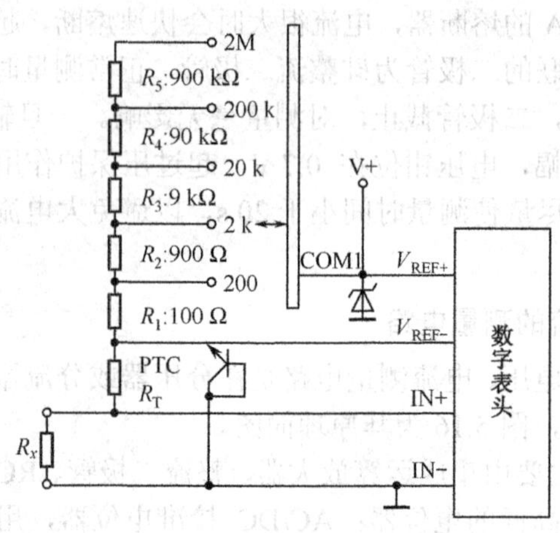

图 5.18　电阻测量电路

如对 200 Ω 挡，取R_1=100 Ω，小数点定在十位上。当R_x=100 Ω 时，表头就会显示出 100.0 Ω。当R_x变化时，显示值相应变化，可以从 0.1 Ω 测到 199.9 Ω（其余各挡请自行推导）。

数字万用表多量程电阻挡电路如图 5.18 所示，由上分析可知

$$R_1=R_{01}=100\,\Omega$$
$$R_2=R_{02}-R_{01}=1000-100=900\,\Omega$$
$$R_3=R_{03}-R_{02}=10\,\text{k}\Omega-1\,\text{k}\Omega=9\,\text{k}\Omega$$
$$\cdots\cdots$$

图 5.18 中由正温度系数（PTC）热敏电阻R_T与晶体管 T 组成了过压保护电路，以防误用电阻挡去测高电压时损坏集成电路。当误测高电压时，晶体管 T 发射极将击穿从而限制了输入电压的升高。同时R_T随着电流的增加而发热，其阻值迅速增大，从而限制了电流的增加，使 T 的击穿电流不超过允许范围。即 T 只是处于软击穿状态，不会损坏，一旦解除误操作，R_1和 T 都能恢复正常。

5．二极管与通/断测试

二极管特性测量的实质仍是电压测量，因二极管正向电压约为 0.7 V，可利用电压扩展 2 V 量程的测量电路测量。当二极管正向接入时，其正向电压可在数显表上读出。如出现超量程，表示二极管内部断路；如读数接近零，表示内部短路；当二极管反接时，应出现超量程指示。

也可用这个模块测电路的通/断，电路导通时，蜂鸣器发声长鸣。

6．三极管特性测试

测量晶体管的 h_{FE}（β）值，小功率晶体三极管共射极电流放大系数 h_{FE} 的测量电路如图 5.19 所示，这是一种粗略测量 h_{FE} 的方法。其测量基本原理如下。

在测量 PNP 管的图 5.19（a）中，$I_C = V_{IN} / R_S$，$I_B = (V_+ - V_{EB} - V_{COM}) / R_b$。当 $V_{REF} = 100$ mV 时，由式 $N = 1\,000 V_{IN} / V_{REF}$，$N$ 表示数显表的显示值。得 N=10 V_{IN}(mV)，$h_{FE} = I_C / I_B = \; R_b N / 10 R_S (V_+ - V_{EB} - V_{COM})$，将 $V_+ - V_{EB} - V_{COM} \approx 200$ mV、R_b=200 kΩ、R_S=100 Ω 代入，得 N=h_{FE}，即电压表读数 N 表示 h_{FE} 之值。

在 NPN 管(见图 5.19(b))的测量电路中，$V_+ - V_{BE} - V_{IN} - V_{COM} \approx 2$ V、$I_C \approx I_E = V_{IN} / R_S$，与 PNP 管测量电路相同，$N = h_{FE}$。

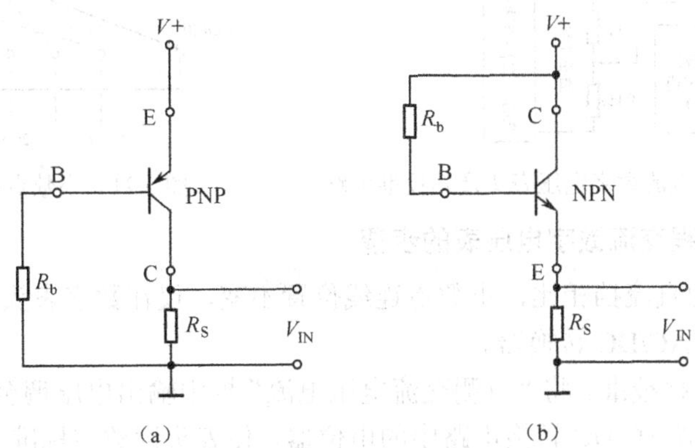

图 5.19　三极管放大倍数测量电路

5.5.4　实验内容与步骤

1．设计制作多量程直流数字电压表

（1）制作（200 mV）199.9 mV 直流数字电压表头并校准，使用电路单元：三位半数字表头，直流电压校准，待测直流电压电流，分压电阻。按图 5.20 接线，小数点 DP3 接到小数点控制公共端插口上，以获得一位小数点显示（不接小数点并不影响表头的校准，请思考为什么？）。利用待测直流电压电流和分压电阻获得 150 mV 左右的校准电压，把一只成品数字式万用表（称为标准表）置于直流电压 200 mV 挡与表头输入端 IN+、IN−并联，调整“直流电压校准”旋钮使表头读数与标准表读数一致（允许误差±0.5 mV），200 mV 表头即调整完毕。然后保留虚线框内的线路，拆去其余部分即可。

（2）扩展电压表头成为多量程直流电压表，按图 5.20 接线，COM0 作为控制小数点显示的公共端，内部已接小数点驱动电路，可参照图 5.21 接线。

（3）用自制直流电压表测直流电压。

① 将自制的直流电压表测量端接“待测直流电压电流”输出端，缓慢调节“待测直流电压电流”中的电位器，观看数字电压表头的变化范围，分别记录实验仪和标准表的测量结果填入数据表。

② 将待测电压两端调换一下，观看数字电压表头有何反应，原因是什么？

③ 将“待测直流电压电流”中测量电流的两插口短接，调节电位器，观察灯泡亮度与灯泡两端电压有何关系？

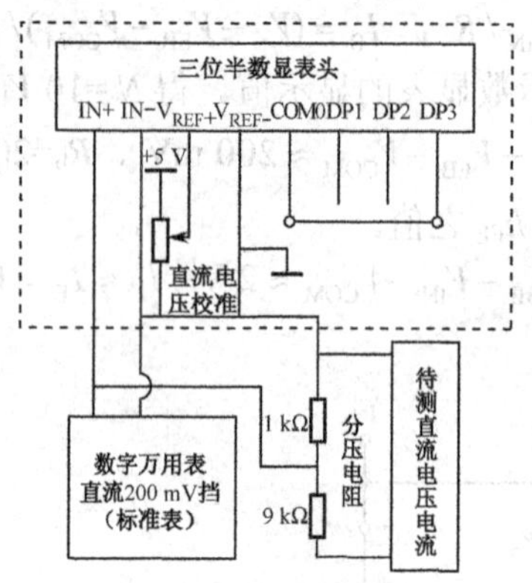

图 5.20 200 mV 直流数字电压表头及其校准电路

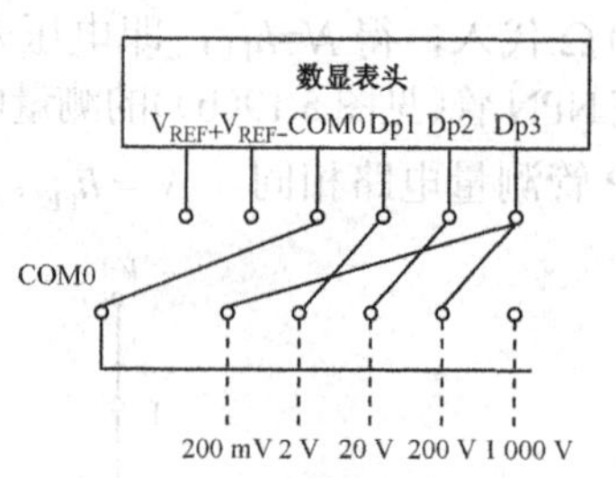

图 5.21 小数点控制电路

2．设计多量程交流数字电压表的步骤

（1）与设计的直流挡相比，小数点连线位置不变，仅在数字表头测量输入（IN+、IN−）前串入一级 AC/DC 转换器。

（2）交流电压挡校准。将“待测交流电压电流”框中输出电压调至交流 150 mV（用标准表测量），调节 AC/DC 转换电路中的电位器，使表头读数与标准表一致，这样交流电压表校准完毕。

（3）用自制交流电压表测量电压。将交流电压表待测电压输入端分别置于“待测交流电压电流”的输出电压插座上，接上小灯泡，观察调节电压高低与灯泡亮度的关系并分别记录实验仪与标准表的测量结果。调换表棒，观察表头显示有无变化，并分析原因。

3．设计制作多量程数字电流表的步骤

（1）首先制作 200 mV 直流数字电压表头并校准，同图 5.20（如上述步骤中已制作好，此步可略）。

（2）制作多量程直流数字电流表。使用电路单元：分流电阻、电流挡保护电路、三位半表头、量程转换与测量输入。

（3）按图 5.15 自行设计连线，制作多量程直流数字电流表，小数控制连线参照图 5.21，其中 2 A 挡小数点与 2 mA 相同。

（4）测量电流。将已制作好的电流表串入“待测直流电压电流”的电路中，负载接上小灯泡，调整电位器，观察灯泡亮度改变与电流的变化关系，分别记录实验仪与标准表的测量结果。

4．设计交流数字电流表

（1）制作。参照图 5.15，在表头测量输入前串入 AC/DC 转换器。提示：若保持已校准好的“交直流电压校准”电位器状态不变，则可以省去校准步骤，否则需要重新校正。

（2）用自制交流电流表测电流强度。将交流电流表串入“待测交流电压电流”栏中的电流插口，输出负载接上小灯泡（12 V/500 mV），调节电位器观察灯泡亮度改变与电流的变化关系，分别记录实验仪与标准表的测量结果。

5．设计数字电阻表

（1）使用电路单元：三位半数字表头、电阻挡基准电压、电阻挡用分挡电阻、电阻挡保护电路。

（2）断开图 5.20 中虚线框内的连线，参照图 5.18 电阻测量电路，连接成比例式多量程数字电阻表，COM1 为量程转换开关，COM0 为小数点转换开关，小数控制连线参照图 5.21 自行设计连线，其中 2 M 挡小数点与 2 k 挡相同。

（3）用设计制作好的数字电阻表测量仪器面板上提供的 R_1、R_2、R_3、R_4、R_5、R_6 的阻值和测量可调电位器，记录变化范围。

6．测量二极管的正向压降

按图 5.20 虚线框中所示连线，取待测二极管接在二极管与通/断测试电路两输入端，输出端接数显表两输入端，打开电源开关，读数为二极管正向压降的近似值。

将输入端接测试线路的两点，如果蜂鸣器发声，则两点之间电阻值低于 100 Ω。禁止在这个挡输入电压，以免损坏仪表。

7．测量三极管的放大倍数

取待测 NPN 型或 PNP 型晶体三极管，判断其引脚排布后插入测试插孔，按图 5.20 虚线框中所示连线，输出端接数显表两输入端，打开电源开关，读数为三极管放大倍数的近似值。观察接错引脚时或接错类型时的现象。

5.5.5 数据处理

按照实验步骤将测量数据分别填入下面表格中。

（1）测量直流电压并记录在表 5-3 中。

表 5-3 直流电压测量数据记录表

待测电压/V	V_1	V_2	V_3
标准表的测量值			
实验仪的测量值			

（2）测量交流电压表并记录在表 5-4 中。

表 5-4 交流电压测量数据记录表

待测电压/V	V_1	V_2	V_3
标准表的测量值			
实验仪的测量值			

（3）测量直流电流并记录在表 5-5 中。

表 5-5 直流电流测量数据记录表

待测电流/mA	I_1	I_2	I_3
标准表的测量值			
实验仪的测量值			

（4）测量交流电流并记录在表 5-6 中。

表 5-6 交流电流测量数据记录表

待测电流/mA	I_1	I_2	I_3
标准表的测量值			
实验仪的测量值			

（5）测量电阻并记录在表 5-7 中。

表 5-7 电阻测量数据记录表

待测电阻/Ω	R_1	R_2	R_3	R_4	R_5	R_6
标准表测量值						
实验仪测量值						

5.5.6 注意事项

（1）实验时应当“先接线，再加电；先断电，再拆线”，加电前应确认接线无误，避免短路。

（2）即使加有保护电路，也应注意不要用电流挡或电阻挡测量电压，以免造成不必要的损失。

（3）数字表头出现显示“1”或“−1”，表明输入过载，应增大量程测量。此时应换大量程挡或断开输入信号，避免长时间超量程。

（4）因仪器采用开放式模块化设计，为了安全起见，严禁使用本仪器测量超过 36 V 的电压。

5.5.7 实验报告要求

（1）按照实验指导书要求，填写实验报告，计算相对误差。

（2）完成思考题内容。

5.5.8 思考题

影响表头标准的因素有哪些？

5.6 螺线管磁场的测定

5.6.1 实验目的

（1）掌握测试霍尔元件的工作特性；

（2）学习用霍尔效应法测量磁场的原理和方法；

（3）学习用霍尔元件测绘长直螺线管的轴向磁场分布。

5.6.2 实验原理

霍尔效应法测量磁场原理和霍尔电压的测量方法请参阅本书4.8节的相关内容。

根据式（4-68），K_H 已知，而 I_S 由实验给出，所以只要测出 V_H 就可以求得未知磁感应强度 B，即

$$B=\frac{V_H}{K_H I_S} \tag{5-17}$$

以下介绍载流长直螺线管内的磁感应强度。

螺线管是由绕在圆柱体上的导线构成的，对于密绕的螺线管，可以看成是一列有共同轴线的圆形线圈的并排组合，因此一个载流长直螺线管轴线上某点的磁感应强度，可以从对各圆形电流在轴线上该点所产生的磁感应强度进行积分求和得到。

根据毕奥-萨伐尔定律，当线圈通以电流 I_M 时，管内轴线上P点的磁感应强度为

$$B_p=\frac{1}{2}\mu_0 N I_M(\cos\beta_2-\cos\beta_1) \tag{5-18}$$

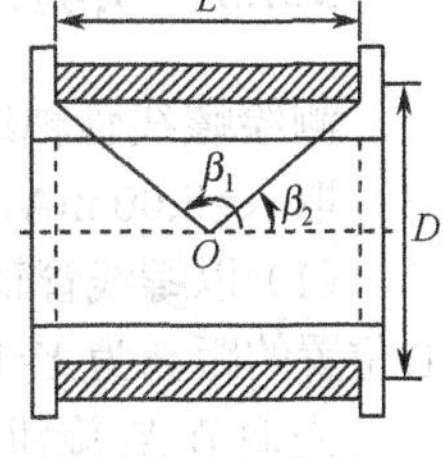

图5.22 分析图

其中，μ_0——真空磁导率，$\mu_0=4\pi\times10^{-7}$ H/m；

N——螺线管单位长度的线圈匝数；

I_M——线圈的励磁电流；

β_1、β_2——点 O 到螺线管两端径矢与轴线的夹角，如图5.22所示。

根据式（5-18），对于一个有限长的螺线管，由几何关系可知在距离两端口等远的中心处轴上 O 点，磁感应强度为最大，且

$$B_O=\frac{1}{2}\mu_0 N I_M\left(\frac{\frac{1}{2}L}{\sqrt{\left(\frac{1}{2}L\right)^2+\left(\frac{1}{2}D\right)^2}}+\frac{\frac{1}{2}L}{\sqrt{\left(\frac{1}{2}D\right)^2+\left(\frac{1}{2}D\right)^2}}\right) \tag{5-19}$$

$$=\mu_0 N I_M\frac{L}{\sqrt{L^2+D^2}}$$

其中，D——长直螺线管直径；

L——螺线管长度。

由于本实验仪所用的长直螺线管满足 $L \gg D$，则近似认为

$$B_O = \mu_0 N I_M \tag{5-20}$$

在两端口处，$\cos\beta_1 = -\dfrac{L}{\sqrt{L^2+\left(\dfrac{1}{2}D\right)^2}}$，$\cos\beta_2 = 0$，磁感应强度为最小，且等于

$$B_1 = \frac{1}{2}\mu_0 N I_M \frac{L}{\sqrt{L^2+\left(\dfrac{D}{2}\right)^2}} \tag{5-21}$$

同理，由于本实验仪所用的长直螺线管满足 $L \gg D$，则近似认为

$$B_1 = \frac{1}{2}\mu_0 N I_M \tag{5-22}$$

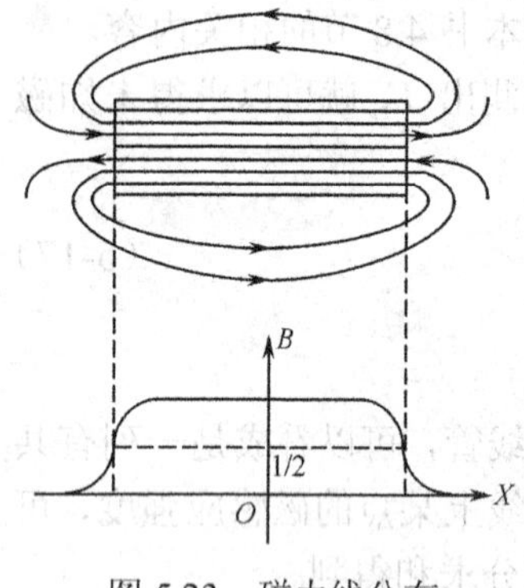

图 5.23　磁力线分布

由式（5-21）、式（5-22）可知，$B_1 = 0.5B_O$。

由图 5.23 所示的长直螺线管的磁力线分布可知，其内腔中部磁力线是平行于轴线的直线系，渐近两端口时，这些直线变为从两端口离散的曲线，说明其内部的磁场在很大范围内是近似均匀的，仅在靠近两端口处磁感应强度才显著下降，呈现明显的不均匀性。根据上面理论计算，长直螺线管一端的磁感应强度为内腔中部磁感应强度的 1/2。

5.6.3　实验内容

测绘螺线管轴线上磁感应强度的分布曲线。

取 I_S=8.00 mA，I_M=0.800 A，并在测试过程中保持不变。

（1）以螺线管轴线为 X 轴，相距螺线管两端口等远的中心位置为坐标原点，探头与中心位置的距离为 $X=14-X_1-X_2$，调节霍尔元件探杆支架的旋钮，使测距尺读数 $X_1=X_2=0.0$ cm。

先调节 X_1 旋钮，保持 X_2 = 0.0 cm，使 X_1 停留在 0.0 cm、0.5 cm、1.0 cm、1.5 cm、2.0 cm、5.0 cm、8.0 cm、11.0 cm、14.0 cm 等读数处，再调节 X_2 旋钮，保持 X_1=14.0 cm，使 X_2 停留在 3.0 cm、6.0 cm、9.0 cm、12.0 cm、12.5 cm、13.0 cm、13.5 cm、14.0 cm 等读数处，按对称测量法测出各相应位置的 V_1、V_2、V_3、V_4 值，并根据式（5-17）和霍尔电压的计算公式（见 4.8.4 节）计算对应的 V_H 和 B 值，记入表 5-8 中。

根据式（5-18）计算相对应的理论 B 值，记入表 5-8 中，其中

$$\cos\beta_2 = \frac{\dfrac{L}{2}-X}{\sqrt{\left(\dfrac{L}{2}-X\right)^2+\left(\dfrac{1}{2}D\right)^2}},\ \cos\beta_1 = -\frac{\dfrac{L}{2}+X}{\sqrt{\left(\dfrac{L}{2}+X\right)^2+\left(\dfrac{1}{2}D\right)^2}}$$

（2）绘制 B—X 曲线，验证螺线管端口的磁感应强度为中心位置磁感应强度的 1/2（可不考虑温度对 V_H 的影响）。

（3）将实验得到的螺线管轴向磁感应强度 B 值与计算得到的理论 B 值进行比较，求出相对误差（需考虑温度对 V_H 值的影响）。

表 5-8 螺线管轴线上的磁感应强度测量值（I_S=8.00 mA，I_M=0.800 A）

X_1 /cm	X_2 /cm	X /cm	V_1/mV	V_2/mV	V_3/mV	V_4/mV	V_H /mV	B/kGS		
			$+I_S$、$+B$	$+I_S$、$-B$	$-I_S$、$-B$	$-I_S$、$+B$		实验值	理论值	相对误差
0.0	0.0									
0.5	0.0									
1.0	0.0									
1.5	0.0									
2.0	0.0									
5.0	0.0									
8.0	0.0									
11.0	0.0									
14.0	0.0									
14.0	3.0									
14.0	6.0									
14.0	9.0									
14.0	12.0									
14.0	12.5									
14.0	13.0									
14.0	13.5									
14.0	14.0									

注：（1）测绘 B—X 曲线时，螺线管两端口附近磁强变化大，应多测几点；

（2）霍尔元件灵敏度 K_H 值和螺线管单位长度线圈匝数 N 均标在实验仪上。

5.6.4 思考题

（1）在什么情况下会产生霍尔电压，它的方向与哪些因素有关？

（2）实验中在产生霍尔效应的同时，还会产生哪些副效应？它们与磁感应强度 B 和电流 I_S 有什么关系？如何消除副效应的影响？

（3）采用霍尔元件来测量磁场时具体要测量哪些物理量？

（4）用霍尔元件测磁场时，如果磁场方向与霍尔元件片的法线不一致，对测量结果有什么影响？如何用实验方法判断 B 与元件法线是否一致？

（5）能否用霍尔元件测量交变磁场？

5.7 光速的测定

光速测定在光学的发展史上具有非常特殊而重要的意义，它打破了光速无限的传统观念。虽然从人们设法测量光速到人们测量出较为精确的光速共经历了三百多年的时间，但在这期间的每一点进步都促进了几何光学和物理光学的发展，它不但为粒子说和波动说的争议提供了判定的依据，而且最终推动了爱因斯坦相对论的发展。本实验仪采用相位差法测量光速。

5.7.1 实验目的

（1）了解如何使用数字存储示波器；
（2）学习用逐差法处理实验数据；
（3）学习利用光信号和电信号的相位差在短距离内精确测量光速。

5.7.2 实验设备

1. 信号接收与处理实验箱

这部分的主要功能是实现信号的接收与处理，并将参考信号和测量信号送到示波器，由示波器读出两路信号的相位差，经过数据的运算即可得到光速值。图 5.24 为其功能示意图。

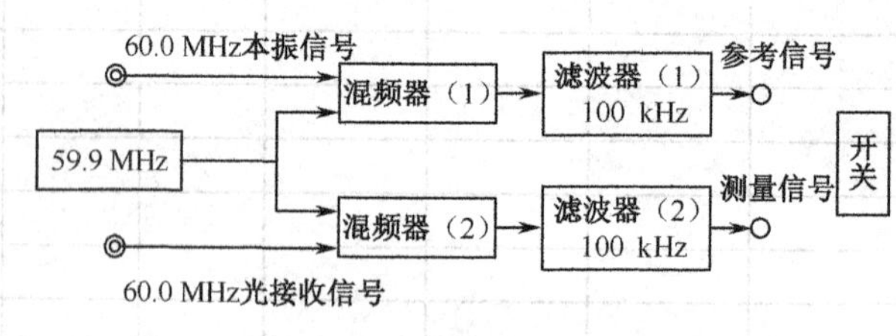

图 5.24 信号接收与处理示意图

2. 激光发射与接收装置

激光发射与接收实验架部分结构如图 5.25 所示，主要由激光发射端、激光接收端、导轨三部分组成。

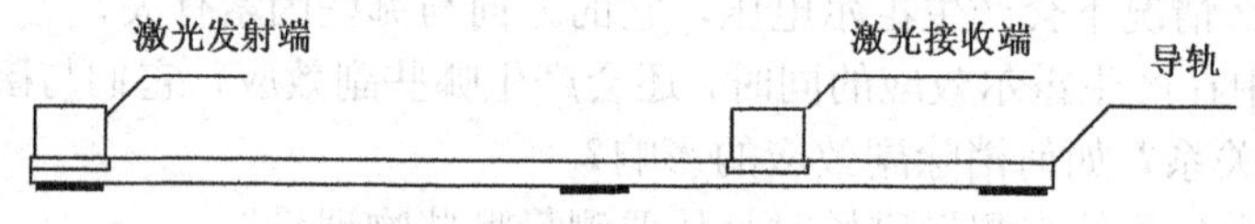

图 5.25 激光发射与接收实验架部分结构

3. 数字示波器

为了减小实验误差，更精确地测量时间差，需要采用数字示波器。

5.7.3 实验原理

1. 计算公式的推导

设光信号的调制频率为 f（周期为 T），则调制后的光信号可以表示为

$$I = I_0 + \Delta I_0 \cos(2\pi f t) \tag{5-23}$$

如果光发射器和接收器的距离为Δs，则光的传播时间为

$$\Delta t = \frac{\Delta s}{c} \tag{5-24}$$

其中，c为光速。在Δs的距离上产生的相位为

$$\Delta\varphi = 2\pi f \Delta t = 2\pi \frac{\Delta t}{T} \tag{5-25}$$

被光电检测器接收后变为电信号，该电信号被滤除直流后可表示为

$$U = a\cos(2\pi f t - \Delta\varphi) \tag{5-26}$$

将式（5-24）代入式（5-25）可得光速

$$c = \frac{\Delta s}{\Delta\varphi} 2\pi f \tag{5-27}$$

当光的调制频率非常高时，在短的传播距离Δs内也会有大的相位差$\Delta\varphi$。如果光的调制频率为$f = 60.00\ \text{MHz}$，则$\Delta s = 5\ \text{m}$就会使光信号的相位移达到1个周期，即$\Delta\varphi = 2\pi$。然而高频信号的测量和显示是非常不方便的，普通的教学示波器不能用于高频信号的相位差测量。

设在接收端还有一个高频电信号$f' = 59.90\ \text{MHz}$作为参考信号，表示为

$$U' = a'\cos(2\pi f' t) \tag{5-28}$$

将U和U'相乘并利用三角函数积化和差公式得到

$$\begin{aligned} UU' &= [a\cos(2\pi ft - \Delta\varphi)]\cdot[a'\cos(2\pi f't)] \\ &= \frac{1}{2}aa'[\cos(2\pi ft - \Delta\varphi + 2\pi f't) + \cos(2\pi ft - \Delta\varphi - 2\pi f't)] \\ &= \frac{1}{2}aa'\cos[2\pi(f - f')t - \Delta\varphi] + \frac{1}{2}aa'\cos[2\pi(f + f')t - \Delta\varphi] \end{aligned} \tag{5-29}$$

可见经乘法器后将得到和频$f + f' = 60.00\ \text{MHz} + 59.90\ \text{MHz} = 119.00\ \text{MHz}$和差频$f_1 = f - f' = 60.00\ \text{kHz} - 59.90\ \text{kHz} = 100\ \text{kHz}$的混合信号。将该混合信号通过一个中心频率为100 kHz的带宽为10 kHz的滤波器后，和频信号将被滤除，差频信号将保留。式（5-29）将变为

$$U_1 = a_1\cos(2\pi f_1 t - \Delta\varphi) \tag{5-30}$$

该信号的频率仅为100 kHz，可以很容易地被低频示波器观测到。式（5-30）中$\Delta\varphi$没有被改变，与式（5-26）相同，$\Delta\varphi$与信号f_1的传播时间Δt_1相关，Δt_1可以从示波器上观测到。设f_1的周期为T_1，则

$$\Delta\varphi = 2\pi f_1 \Delta t_1 = 2\pi \frac{\Delta t_1}{T_1} \tag{5-31}$$

将式（5-31）代入式（5-27）得光速

$$c=\frac{\Delta s}{\Delta t_1}T_1 f \tag{5-32}$$

依上面的条件：$T_1=\frac{1}{100\ \text{kHz}}$=10 ms，$f=60.000$ MHz。测得Δs和Δt_1，即可由式(5-32)计算出光速。

2．系统实施方案

（1）激光发送系统中有一个振荡频率为 60.00 MHz 的电信号源，该信号被分为同频同相两路，一路经电信号发送电路发送到传输电缆上。传输电缆的另一端连接信号接收与处理系统，该电缆的长度固定；另一路用于调制激光二极管，使其输出的激光为高频调制光，该光经过一个可以调节长度的光程也到达信号接收与处理系统。移动激光接收端滑块，可以在导轨长度内改变光程的大小。

（2）信号接收与处理系统内有一个振荡频率为 59.90 MHz 的电信号源，该信号被分为同频同相两路。激光接收系统有一个激光信号接收电路，用于将接收到的激光信号变为电信号；这路电信号与 59.900 MHz 信号相乘，又经窄带滤波器滤波得到测量信号。

（3）在信号接收与处理系统内还有一个电信号接收电路，用于接收由电缆发送过来的电信号。这个电信号也与 59.900 MHz 相乘，也经窄带滤波器滤波得到参考信号。

（4）测量信号和参考信号分别输入数字示波器的两个输入端 CH1、CH2，利用示波器测量信号的时间差Δt_1。时间测量方法如图 5.26 所示。

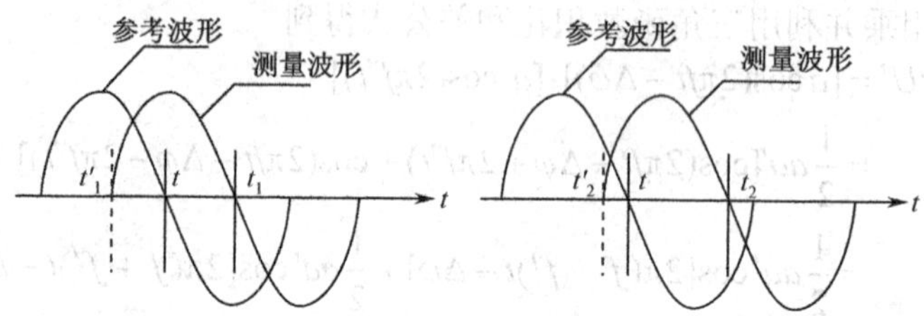

图 5.26　时间测量方法

设当光程为 s_1 时，记下此时测量信号波形某个点相对于参考信号波形 t 点的时间差为 t_1 或 t'_1；增加光程，使其变为 s_2，此时参考信号波形位置不变，记下此时测量信号波形相对于参考信号波形的时间差为 t_2 或 t'_2；计算 $\Delta t_1=t_2-t_1$ 或 $\Delta t'_1=t'_2-t'_1$。将 $\Delta s=s_2-s_1$ 代入式（5-32）即可得光速。

5.7.4　实验内容与步骤

（1）接线。激光发射端（固定端）接实验箱 60.0 MHz 本振信号端，参考信号端接示波器 CH1；光接收端（滑动端）接实验箱 60.0 MHz 的光接收信号端，测量信号端接示波器的另一输入端 CH2。

（2）打开实验箱和示波器电源开关，按下示波器上“自动设置”按钮，检测波形（正常情况下示波器显示两条正弦波，若情况异常请检查线路连接是否正确）。

（3）选定光接收端起始位置（最好位于距离光发射端大于 1 cm 的位置），记录标定的距离 s_1。

（4）调节示波器上秒/格、伏/格、水平位置和垂直位置旋钮，得到清晰便于测量的波形，为了更精确地读出时间差，将示波器上的时间挡位调整为 500 ns 挡，将触发方式设置为 CH1 触发，使用 CURSOR 手动调节光标功能，记录时间差 t_1，将数据填入数据表格。

（5）移动光接收滑块，滑动光接收端到 s_2 位置（与 s_1 最好相距为 5 cm 的整数倍），并记录位置 s_2，使用示波器的 CURSOR 手动调节光标功能，记录时间差 t_2，将数据填入数据表格。

（6）重复步骤（5），多次测量，记录 t_i、s_i 填入表 5-9 中。

表 5-9 利用示波器测量信号的时间差实验数据记录表

距离 s_i（cm）		时间 t_i（μs）	
s_1		t_1	
s_2		t_2	
s_3		t_3	
s_4		t_4	
s_5		t_5	
s_6		t_6	

（7）用逐差法处理数据。

5.7.5 数据处理

根据公式 $c=\dfrac{\Delta s}{\Delta t_1}T_1 f$ 利用逐差法计算出各组光速值 c，式中 $T_1=\dfrac{1}{100\ \text{kHz}}=10\ \text{ms}$，$f=60.000\ \text{MHz}$，将处理结果填入表 5-10 中。

表 5-10 利用示波器测量信号的时间差实验数据处理表

s_6-s_3		t_6-t_3		c_1	
s_5-s_2		t_5-t_2		c_2	
s_4-s_1		t_4-t_1		c_3	

取几组数据的平均值，得光速的平均值 $\bar{c}$，计算相对误差 $E=\dfrac{\Delta c}{c}\times 100\%$，其中 Δc=计算值－理论值，c 为理论值。

真空中光速的参考数值为：299 792 457.4±0.1 m/s。

5.7.6 注意事项

（1）因激光对人眼有害，所以实验过程中切勿直视激光发射窗口；

（2）请勿强烈震动实验仪器，以免光路产生偏移，影响实验效果。

5.7.7 实验报告要求

（1）按照实验指导书要求，填写实验报告，计算光速值及相对误差；
（2）完成思考题内容。

5.7.8 思考题

（1）分析本实验的误差来源，并讨论提高测量精度的方法；
（2）分析能否采用相位差法测量光在其他介质中的传播速度。

光速测量仪使用说明

光速测量仪由信号接收与处理实验箱，激光发射与接收模块导轨两部分组成。信号接收与处理实验箱面板如图 5.24 所示。

实验开始前分别将 60.0 MHz 本振信号与激光发射端、60.0 MHz 光接收信号与光接收端的电缆线连接好，并将参考信号端接示波器 CH1 通道，测量信号端接示波器 CH2 通道，然后打开电源开关。

实验架的基本结构如图 5.25 所示，激光发射端是固定的，所以实验时请勿移动它，以免影响实验效果。实验开始前先为激光接收端选定一个初始位置，打开电源开关，并记录这两端的距离差及参考信号与测量信号的时间差，在导轨上移动激光接收端到下一个位置，移动过程中推动滑块底端且不要用力晃动滑块，再次记录距离差与时间差，多次重复测量记录数据。注意：因激光对人眼有害，所以实验过程中切勿直视激光发射窗口。

5.8 液晶电光效应的研究

液晶是介于液体和晶体之间的一种物质状态。一般液体内的分子排列是无序的，而液晶分子既具有液体的流动性，又按一定的规律有序排列，使其呈现晶体的各向异性。

当光通过液晶时，会产生偏折面旋转、双折射等效应。液晶分子是含有极性基团的极性分子，在电场作用下，偶极子会按照电场方向取向，导致分子原有的排列方式发生变化，从而液晶的光学性质也随之发生变化。这种因为外电场的作用而使液晶的光学性质发生变化的现象，称为液晶电光效应。

如今液晶在物理、化学、电子、生命科学等诸多领域有着广泛的应用，如液晶光阀、光调制器、液晶显示器件、传感器、微量毒气监测、夜视仿生等。

THQDG—1 型液晶电光效应实验仪可以测量液晶的电光曲线、响应曲线和视角曲线，从而确定液晶的主要参数。仪器采用最简单的 TN-LCD 作为测试样品，巧妙的设计使测量过程更加快捷、方便。

5.8.1 实验目的

（1）了解液晶的工作原理，测定液晶样品的电光曲线；

（2）了解液晶的主要参数，并根据电光曲线，求出样品的阈值电压U_H、关断电压U_L、对比度D、陡度β等电光效应的主要参数；

（3）了解液晶的视角特性，测量液晶的视角特性曲线；

（4）了解液晶的时间响应特性，自配数字存储示波器可测定液晶样品的电光响应曲线，求得液晶样品的响应时间。

5.8.2 实验仪器

液晶电光效应实验仪。

5.8.3 实验原理

液晶态是一种介于液体和晶体之间的中间态，既有液体的流动性、黏度、形变等机械性质，又有晶体的热、光、电、磁等物理性质。液晶与液体、晶体之间的区别是：液体是各向同性的，分子取向无序；液晶分子有取向序，但无位置序；晶体则既有取向序又有位置序。

就形成液晶方式而言，液晶可分为热致液晶和溶致液晶。热致液晶又可分为近晶相、向列相和胆甾相，其中向列相液晶是液晶显示器件的主要材料。

液晶分子是在形状、介电常数、折射率及电导率上具有各向异性特性的物质，如果对这样的物质施加电场（电流），随着液晶分子取向结构发生变化，它的光学特性也随之变化，这就是通常说的液晶的电光效应。

液晶的电光效应种类繁多，主要有动态散射型（DS）、扭曲向列相型（TN）、超扭曲向列相型（STN）、有源矩阵液晶显示（TFT）、电控双折射（ECB）等。其中应用较广的有：TFT型——主要用于液晶电视、笔记本电脑等高档产品；STN型——主要用于手机屏幕等中档产品；TN型——主要用于电子表、计算器、仪器仪表、家用电器等中低档产品，是目前应用最普遍的液晶显示器件。TN型液晶显示器件显示原理较简单，是STN、TFT等显示方式的基础。本仪器使用的液晶样品即为TN型。

1. 液晶的工作原理

在涂覆透明电极的两层玻璃基板之间，夹有正介电各向异性的向列相液晶薄层，四周用密封材料（一般为环氧树脂）密封。玻璃基板内侧覆盖着一层定向层，通常是一薄层高分子有机物，经定向摩擦处理，可使棒状液晶分子平行于玻璃表面，沿定向处理的方向排列。上、下玻璃表面的定向方向是相互垂直的，这样，盒内液晶分子的取向逐渐扭曲，从上玻璃片到下玻璃片扭曲了90°，所以称为扭曲向列型，如图5.27所示。

图5.27 液晶的结构图

无外电场作用时，由于可见光的波长远小于向列相液晶的扭曲螺距，当线偏振光垂直入射时，若偏振方向与液晶盒上表面分子取向相同，则线偏振光将随液晶分子轴方向逐渐旋转 90°，平行于液晶盒下表面分子轴方向射出，如图 5.28（a）所示，其中液晶盒上、下表面各附一片偏振片，其偏振方向与液晶盒表面分子取向相同，因此光可通过偏振片射出。

若入射线偏振光偏振方向垂直于上表面分子轴方向，出射时，线偏振光方向也垂直于下表面液晶分子轴；当以其他线偏振光方向入射时，则根据平行分量和垂直分量的相位差，以椭圆、圆或直线等某种偏振光形式射出。

对液晶盒施加电压，当达到某一数值时，液晶分子长轴开始沿电场方向倾斜，电压继续增加到另一数值时，除附着在液晶盒上下表面的液晶分子外，所有液晶分子长轴都按电场方向进行重排列，见图 5.28（b），TN 型液晶盒 90° 旋光性随之消失。

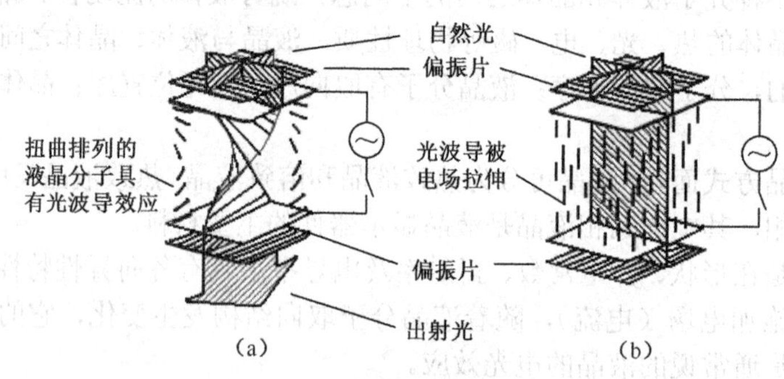

图 5.28　液晶的工作原理

2．液晶的电光特性

偏振片是用来将自然光转换成偏振光的光学器件，通常情况下根据偏振片的作用不同分为起偏器和检偏器两种。

若将液晶盒放在两片垂直偏振片之间，其偏振方向与上表面液晶分子取向相同。不加电压时，入射光通过起偏器形成的线偏振光，经过液晶盒后偏振方向随液晶分子轴旋转 90°，正好与下层的偏振片偏振方向一致，光能通过检偏器出射，这种液晶为常白模式；当施加电压后，透过检偏器的光强与施加在液晶盒上电压大小的关系如图 5.29 所示，其中纵坐标为透光强度，横坐标为外加电压。最大透光强度的 90%所对应的外加电压值称为阈值电压 U_H，表示了液晶电光效应有可观察反应的开始（或称起辉）。阈值电压小，是电光效应好的一个重要指标。最大透光强度的10%对应的外加电压值称为关断电压 U_L，表示了获得最大对比度所需的外加电压数值。U_L 小则易获得良好的显示效果，且降低显示功耗，对显示寿命有利。对比度为 $D=\frac{I_{MAX}}{I_{MIN}}$，其中 I_{MAX} 为 LCD 电源断开时的光强，I_{MIN} 为 LCD 电源接通时的光强。陡度 $\beta=\frac{U_H}{U_L}$ 即阈值电压与关断电压之比。

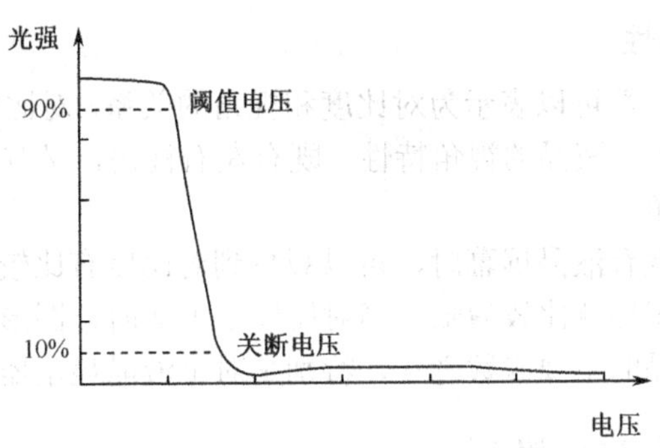

图 5.29 液晶的电光曲线

液晶显示器件结构见图 5.27，液晶盒上、下玻璃片的外侧均贴有偏光片，其中上表面所附偏振片的偏振方向总是与上表面分子取向相同。自然光入射后，经过偏振片形成与上表面分子取向相同的线偏振光，入射液晶盒后，偏振方向随液晶分子长轴旋转 90°，以平行于下表面分子取向的线偏振光射出液晶盒。若下表面所附偏振片偏振方向与下表面分子取向垂直（即与上表面平行），则为黑底白字的常黑型，不通电时，光不能透过显示器（为黑态），通电时，90° 旋光性消失，光可通过显示器（为白态）；若偏振片与下表面分子取向相同，则为白底黑字的常白型。TN-LCD 可用于显示数字、简单字符及图案等，有选择地在各段电极上施加电压，就可以显示出不同的图案。

3. 液晶的时间响应特性

加上或者去掉驱动电压能使液晶的开关状态发生改变，这是因为液晶的分子序列发生了改变，这种重新排序需要一定的时间，反映在时间响应曲线上，用上升时间和下降时间来描述。给液晶加一个如图 5.30（a）所示的方波电压，就可以得到如图 5.30（b）所示的液晶的时间响应曲线。

上升时间 τ_r：透过率由 10%上升到 90%所需的时间。

下降时间 τ_d：透过率由 90%下降到 10%所需的时间。

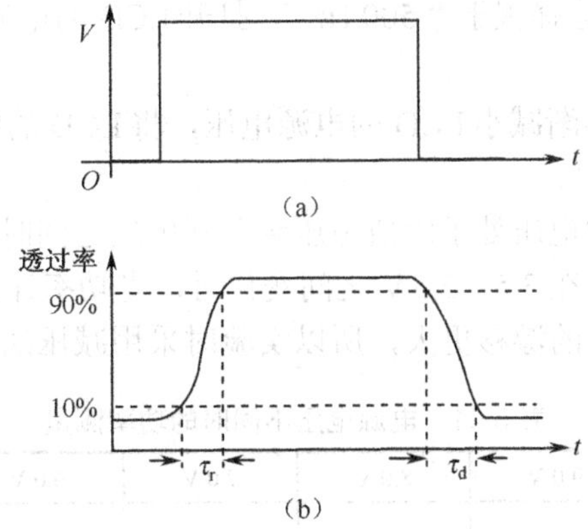

图 5.30 液晶驱动电压和时间响应曲线

液晶的响应时间越短，显示动态图像的效果越好。这是液晶显示器的重要指标。

4．液晶的视角特性

液晶开关的视觉特性可以表示为对比度和视角的关系。对比度表示为光开关打开与关断时透射光强度之比。液晶的视角特性，既有左右视角，又有上下视角。在实际应用中一般只考虑左右视角。

在不同的方向上观看液晶屏幕时，可以观察到对比度有比较大的变化。一般来讲，当对比度大于 5 时，图形就比较清晰；当对比度小于 2 时，图形就比较模糊。

视角特性也是液晶的主要参数之一，特别是对于液晶显示器件。

5.8.4 实验内容与步骤

1．准备工作

（1）了解仪器的结构，了解仪器各个按钮和开关的作用；

（2）将所有的开关都置于“关”，将所有的调节旋钮都逆时针调节到最小；

（3）用专用的导线将实验箱和测试台连接起来。

2．调整光路

（1）开启实验箱的电源开关，将光功率计的量程选择置于“ 200 μW ”挡位，将光功率计的探测孔用黑纸遮住，调节“光功率调零”旋钮，使光功率计显示为“ 0.00 ”。

（2）顺时针将“ LD 的电源调节”旋钮调节到最大。

（3）调节液晶盒的角度，使角度指针指示到“180 ”刻度处。调节半导体激光器外壳上的调节螺钉，使激光依次经过液晶盒和检偏器的中心，最后完全射入探测器的入射孔中。

（4）调节检偏器的角度，使光功率计的显示达到最大值。

3．测量液晶的电光特性曲线

（1）将光功率计量程选择置于“ 2 mW ”挡位，顺时针将“ LD 的电源调节”旋钮调节至最大。

（2）将 LCD 的频率选择置于“ 500 Hz ”，打开 LCD 的电源开关，将 LCD 的电源电压调节到最大。

（3）从10.0 V 开始逐渐减小 LCD 的电源电压，将 LCD 的电源电压和对应的光功率计的读数记录在表 5-11 中。

注意：当液晶的电源电压处于阈值电压到关断电压之间时，液晶处于不稳定状态。因此，当液晶的电源电压在 3.5～5.5 V 之间变化时，光功率计读数会产生一定的漂移，而且升压法比减压法产生的漂移更大，所以实验时采用减压法来测量。

表 5-11 电源电压不同时的功率测量

LCD 电源	10.0 V	9.0 V	8.0 V	7.0 V	6.0 V	5.5 V	5.0 V
光功率							
LCD 电源	4.5 V	4.0 V	3.5 V	3.0 V	2.0 V	1.0 V	0.0 V
光功率							

4．测量液晶的视角特性曲线

（1）将"LCD电源电压"调节到"10.0 V"，将"LCD电源开关"打开，将角度指针对准"−60°"，按照表5-12中所列举的角度，读取在每一个视角下的光功率计的读数I_{MIN}，并将数据记录在表5-12中。

（2）将"LCD电源开关"关闭，将角度指针对准"−60°"，按照表5-12中所列举的角度，读取在每一个视角下的光功率计的读数I_{MAX}，并将数据记录在表5-12中。

表5-12　视角不同时的功率测量

视角/（°）	−60	−50	−40	−30	−20	−10	0
I_{MAX}							
I_{MIN}							
D							
视角/（°）	0	10	20	30	40	50	60
I_{MAX}							
I_{MIN}							
D							

5．测量液晶的时间响应特性曲线

（1）先将LCD的电源置于"关"，调节LD的电源，使光功率计的显示值大于200 μW。

（2）打开LCD的电源并将LCD的电源电压调节到4.5 V，将频率选择置于"10 Hz"挡位，将光功率计量程选择置于"200 μW"挡位。

（3）将LCD的电源电压通过双Q9头连接到示波器的通道1，并将光功率计的输出连接到示波器的通道2，调节示波器的相关参数，就可以观测到液晶的时间响应特性曲线，参见图5.30。

5.8.5　数据处理

（1）根据表5-11中的实验数据，绘制液晶的电光特性曲线；

（2）根据实验测得的数据计算液晶的阈值电压、关断电压、对比度、陡度等参数；

（3）根据表5-12中的实验数据，计算不同视角下的对比度，并绘制液晶的视角特性曲线；

（4）根据液晶的时间响应曲线测量液晶的上升时间τ_r和下降时间τ_d。

5.8.6　注意事项

（1）调整光路时，通过调节LD外壳上的调节螺钉，务必使激光完全入射到光功率计的探测孔中。

（2）光功率计调零时，请务必将探测孔遮住，否则光功率计不能调零。

（3）保持液晶表面清洁，防止液晶受潮，防止液晶受阳光直射，切忌挤压液晶。

（4）切勿直视激光器，以免伤害眼睛。

（5）在测量液晶的电光曲线实验时，在 3.5～5.5 V 之间数据会产生漂移。在测量液晶的视角特性曲线时，当视角大于 40° 时数据会产生漂移。另外，液晶样品受温度等环境因素的影响较大，如 TN 型液晶的阈值电压在 0～40℃范围内漂移达 15%～35%，因此每次实验结果有一定出入为正常情况。

5.8.7 思考题

（1）常黑型液晶和常白型液晶有什么区别？

（2）单面附着偏振片的液晶在实验时应该如何放置？

（3）液晶为什么在 3.5～5.5 V 之间会产生漂移？

（4）液晶的电光特性曲线为什么存在凸起现象？

电光效应测试仪使用说明

1. 基本结构

实验箱包括 LD 电源、LCD 电源、光功率计。其中 LD 电源在 1.25～2.50 V 连续可调；LCD 电源为在 0.0～10.0 V 连续可调的方波，频率分 10 Hz、500 Hz 两挡；光功率计分为 0～200 μW 和 0～2 μW 两挡。

测试台包括 LD（半导体激光器）、液晶光阀和探测器。其中 LD 外壳带有调节装置，可以保证激光完全入射到探测孔中；LCD 外壳带有旋转机构，如图 5.31 所示。

2. 使用说明

1）实验台（见图 5.31）

（1）半导体激光器

半导体激光器采用的是波长 650 nm 的半导体激光头，调节 LD 外壳上的螺钉就可以确保激光与底板水平，从而完全射入探测器的接收孔中。

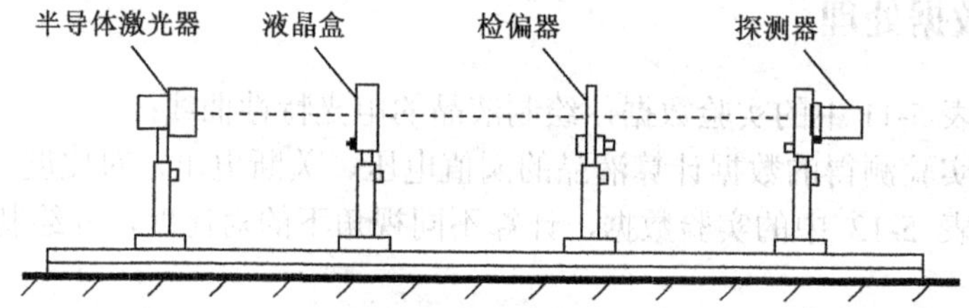

图 5.31 液晶电光效应测试台结构

（2）液晶光阀

液晶光阀包括两部分：液晶盒和检偏器。液晶盒是将液晶去除一面的偏振片，通过机械加工件定位，确保与底板的垂直关系，并且可以转动到需要的角度。检偏器实际上就是代替了液晶上被去除的偏振片。

（3）探测器

探测器采用硅二极管来测量接收到的光强，经过放大和定标，实现对光强的测量。

2）实验箱

（1）LD 电源包括输出接口和幅度调节两部分。幅度调节可以改变加在 LD 上的电压。

（2）LCD 电源包括 LCD 电源开关、输出接口、频率选择和幅度调节。其中频率选择可以实现 LCD 的动态响应和静态响应，幅度调节可以改变加在 LCD 上的电压值。

（3）光功率计包括调零、光功率输入、光功率输出和光功率量程选择。

3. 注意事项

（1）实验前一定要调整好光路，确保激光能够完全射入探测器的接收孔中；

（2）在测量液晶光阀的电光曲线时，要保证液晶光阀与激光光路保持垂直；

（3）在用示波器观察液晶光阀的响应曲线时，要先调节检偏器的透振方向与液晶光阀上的偏振片的透振方向保持垂直；

（4）实验中严禁直视激光束，防止伤害眼睛。

液晶显示器件电光参数标准测试方法浅析

扭曲向列型液晶显示器件的电光参数分为静态参数和动态参数两类，主要有对比度、阈值电压、饱和电压、工作频率范围、响应时间、功耗电流、视角和优值 M 等。

1. 对比度

由于液晶显示器件本身不发光，只能依靠透过器件的光强来显示（或靠衬底的反射），因而液晶显示器件没有亮度参数，为了表征液晶显示器件的工作性能，引入了对比度这一物理参数来比较器件的优劣。在电光学的范围内，广义“对比度”的定义有许多提法，要根据使用场合和需要来选择。目前比较通用的是采用对比度来表示。其定义为

$$对比度=\frac{最大亮度}{最小亮度}$$

在液晶显示器件生产和使用单位，大多数采用下面的定义

$$对比度=\frac{不加电压时的透过率}{加电压时的透过率}$$

这实际上与对比度的定义相吻合，从这一定义出发，在测试时实质上成为

$$对比度=\frac{不加电压时光电变换器的输出}{加电压时光电变换器的输出}$$

一般采用的测量系统为光线透过液晶显示器件被光电接收器接收的系统。由于接收器件应用在线性范围内，所以透过器件的光越多光电接收器的输出就越大，反之就越小。当液晶显示器件不加电压时，光源透过液晶显示器件的透过率最大，光电接收器输出的信号最大。当光源关闭时，光电接收器输出信号最小。当在液晶器件上加不同的电压时（此时光源打开，有光照），液晶显示器件透过率不同，光电接收器输出信号也有所不同。

2. 阈值电压和饱和电压

在液晶显示器件上所加电压大于某一电压值后才发生一定的电光效应，这个电压的最低限称

为阈值电压。不同液晶材料的阈值电压不同，不同电光效应的液晶显示器件的阈值电压也不相同。

开始透过率变化很小，随着所加电压的增加，经过阈值电压点以后，透过率随电压的增加而急剧下降，到某一数值后透过率变化又变得很小，这点的电压称为饱和电压。

3. 截止频率

频率响应是指液晶显示器件对各种不同频率的驱动信号表现出的性能，实验证明当其他条件不变时，液晶显示器件的对比度随着所加电压频率的升高而降低，当频率达到某一数值时液晶显示器件停止工作（实际上是液晶显示器件跟不上外加信号频率的变化），这一频率称为截止频率。

4. 响应时间

从广义而言液晶显示器件响应时间是指在液晶屏加上电压到液晶产生电光现象所需的时间称为上升时间，而去掉电压到液晶恢复原状所需的时间称为下降时间。

这是因为在电压下液晶分子的排列就会从一种状态转变为另一种状态，分子的运动状态的改变都需要一定的时间。众所周知，对于电子器件的响应时间一般由延迟时间、上升时间、存储时间、下降时间四部分组成。但从实用出发并考虑到人眼的视觉暂留特性（约 0.1 s），定义方波的前沿时刻到电光特性曲线前沿值的 90%处的时间间隔为上升时间；方波的后沿时刻到电光特性曲线后沿值的 10%处的时间间隔为下降时间。

5. 视角

视角就是观察方向与液晶显示器件屏面法线所成的夹角。

在大量的产品中，对每一个液晶显示器件都用仪器测试，既费时又费力，而且对一般的产品也没有必要。因此在标准中规定目测，这对有经验的检验员来讲并不困难，实践证明也是可行的。但是，视角与对比度有着密切的关系，因而为了科学地表征这一关系，在标准中规定了全视角等对比度图的测试方法，这就满足了各种不同场合的需要，如图 5.32 所示。

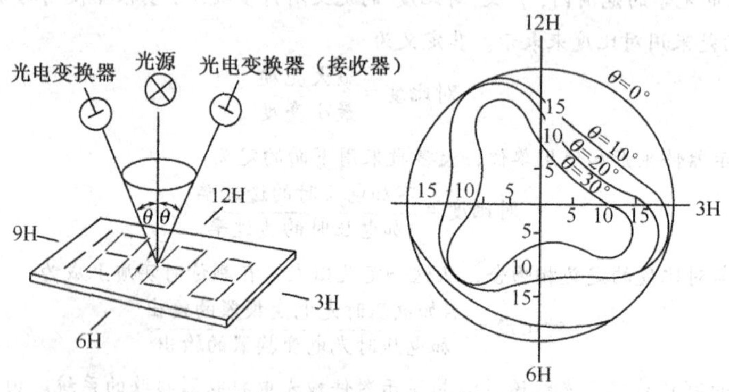

图 5.32 全视角等对比度测试系统及等对比度测试曲线

6. 功耗

功耗在液晶显示器件中指的是功耗电流，即液晶显示器件全部显示时流过该器件的电流。

7. 优值 M

优值 M 表征了液晶显示器件的品质因数，它保证液晶显示器件在一定的工作温度和视角范围内不会出现交叉效应。

电光特性曲线的凸起现象

为了解释这一现象，应从偏振光分析的角度开始。

入射光经过偏振片后变成一束线偏振光1投射到单轴各向异性介质上，可分解为两束分别沿光轴方向振动的线偏振光1′和垂直于光轴方向振动的线偏振光1″，且两束光的相位差为零，它们振幅的大小直接和线偏振光1与介质光轴的夹角θ有关。

以此为基础定性分析上述现象。单独就某一条电光特性曲线来看，这里所指的凸起现象明显与否是相对于关态时的透过率而言的。

未加电压时，随着θ角在0~45°逐渐增加，1′光振幅分量逐渐减小，1″光振幅分量逐渐增大；当$\theta=45°$时，1′光振幅大小与1″光振幅大小相等，经液晶层旋光作用和位相延迟后，出射时1′光和1″光将有一个相位差δ。这里δ与θ无关，而仅仅与液晶分子的分布有关，δ的值直接确定了出射椭圆偏振光的长轴方向。

由于两偏振片的偏振方向是垂直的，随着θ角在0~45°逐渐增大，出射椭圆偏振光的椭圆率增大，投影到偏振片上的振幅将逐渐减小，因而随着θ角在0~45°逐渐增大，光透过率降低。当电压增加到某一值时，液晶分子重新取向，液晶层对光的调制作用使得不论θ角多大，出射椭圆偏振光的长轴刚好平行于检偏偏振片的偏振方向，使得透过率出现一个峰值，即所谓的凸起。此峰值的高低取决于椭圆偏振光的椭圆率，它和θ角直接有关。

考虑到预倾角和液晶层对光的散射作用，再加上液晶层本身并非严格地满足Mauguin极限条件，不论θ角如何，总需要电场的调节，使得出射椭圆偏振光的长轴平行于检偏偏振片的偏振方向，所以电光曲线总会出现凸起。对θ角处于45~90°之间也可进行类似分析，并得出相同的结论。

随着波长的增加，出现凸起时的电压值逐渐降低。这是因为任何偏振光均可分解为两束垂直振动的线偏振光，经过液晶层后，这两束光的相位差可由下式给出：$\delta=\frac{2\pi}{\lambda}\Delta L=\frac{2\pi}{\lambda}\Delta nd=\frac{2\pi}{\lambda}(n_e-n_o)d$，其中$\lambda$为各个偏振光在真空中的波长，$\Delta n=n_e-n_o$是液晶层中两束光的折射率之差。对于不同波长的偏振光，出现凸起处其相位差相同。而在阈值电压附近，Δn随着电压的增加而减小，所以通过上式可得出结论：随着波长的增加，出现凸起处的电压必然降低。

实验得出，随着起偏偏振片和摩擦方向夹角θ在0~45°逐渐增大，TN-LCD电光特性曲线将越来越明显地出现凸起现象，而当θ在45~90°逐渐增大时，凸起现象逐渐减弱。这种凸起现象一方面是由于偏振片偏振方向与液晶盒内表面的摩擦方向非平行或非垂直所致，另一方面是由于关态下液晶层并非完全满足Mauguin旋光条件引起的。

事实上，即使将偏振片的偏振方向平行或垂直于摩擦方向放置，也会由于扭曲液晶层的不完全旋光性而出现凸起现象。而且，通过不同单色光的光电特性曲线的比较可发现：随着波长的增加，出现凸起处的电压将逐渐减小；另外由于预倾角的影响，当偏振片的偏振方向垂直于摩擦方向放置时，对比度比偏振片平行于摩擦方向放置时大。因此，很多商业化的液晶显示器件都采用起偏偏振片的偏振方向垂直于摩擦方向放置的方案。

第6章

综合性实验

本章选择了一些普通的物理综合性实验，有多普勒效应的研究、半导体温差发电的研究、磁悬浮的研究、黑体辐射、普朗克常量的测定等。它们多为近代物理学的高等实验，目的是提高学生对最新的实验原理和实验设计的掌握水平。

6.1 多普勒效应的研究

对于机械波和电磁波，当波源和观察者（或接收器）之间发生相对运动时，观察者接收到的频率和波源的频率不同，这种现象称为多普勒效应，它是 19 世纪奥地利物理学家多普勒发现的。

多普勒效应在核物理、天文学、工程技术、交通管理、医疗诊断等方面有着十分广泛的应用，如卫星测速、多普勒雷达、彩色多普勒超声诊断仪等。

本实验装置既可以验证多普勒效应，又可以通过多普勒效应研究物体的运动状态。

6.1.1 实验目的

（1）加深对多普勒效应的了解；

（2）验证多普勒效应；

（3）掌握利用多普勒效应研究物体运动的方法。

6.1.2 实验仪器

本实验装置由测试仪和实验仪组成。

1．实验仪

本实验仪的结构如图 6.1 所示。

（1）超声波发射传感器：根据测试仪的设置，发射频率为 f_0 的超声波。

（2）超声波接收传感器：接收超声波，输出信号到处理电路。

（3）小车：内置单片机和信号处理电路，利用 2.4 GHz 无线射频技术将测量频率值传给测试仪。

（4）步进电动机：通过同步带，拉动小车做匀速、匀加速等运动。

（5）限位开关和光电门：限制小车的运动范围，测量小车的速度。

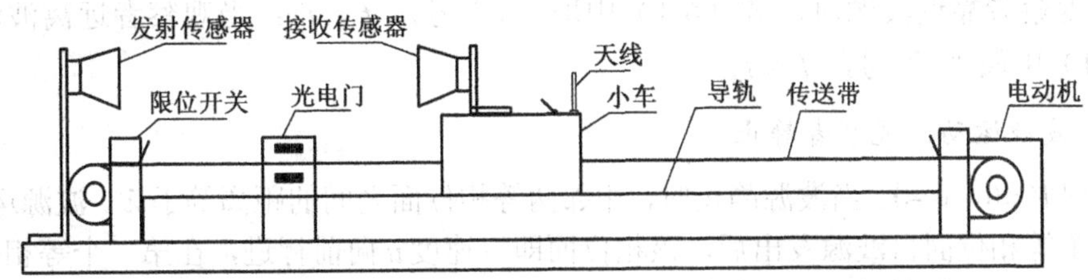

图 6.1　测试仪示意图

2．测试仪

本测试仪的操作面板如图 6.2 所示。

（1）128×64 点阵液晶屏：显示操作过程，查询实验数据，绘制关系曲线。

（2）按键：选择实验，输入数据，控制小车的运动。

（3）电路接口：和实验仪的对应接口相连，实现小车速度、位置信息的采集和发射传感器、步进电动机的控制。

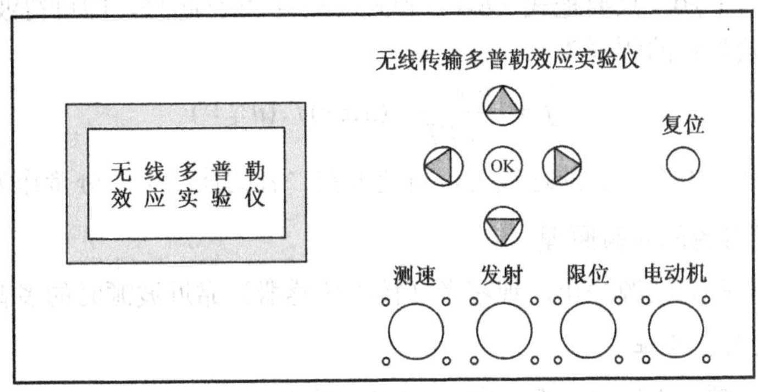

图 6.2　测试仪面板图

6.1.3　实验原理

1．声波多普勒效应原理

为简化分析，设波源和观察者的运动都在波源与观察者的连线上。以 v 表示观察者相对于空气的速度；以 V 表示波源相对介质的速度；以 u 表示空气中的声速；f_0 表示波源的发射频率；λ 表示波源的波长；T 表示波源的周期；f 表示观察者的接收频率；取 $\Delta f = f - f_0$，为多普勒差频。

1）波源静止，观察者运动

这时 $V=0$，$v \neq 0$。所谓观察者的接收频率，是单位时间内通过观察者的完整波长数。当观察者不运动时，波相对观察者的速度等于 u，观察者接收到的频率为 $u/\lambda = f_0$。由于观察者运动，波相对观察者的速度为 $u \pm v$，故观察者接收到的频率为

$$f=\frac{u\pm v}{\lambda}=\left(1\pm\frac{v}{u}\right)f_0 \tag{6-1}$$

当观察者靠近波源时，式（6-1）中取“+”号，$f>f_0$；当观察者远离波源时，式（6-1）中取“−”号，$f<f_0$。

2）*波源运动，观察者静止*

这时$V\neq0$，$v=0$。当波源静止时，相邻两等相位面之间的距离等于λ。波源运动时，当第一个等相位面自波源发出后，该相位面即以速度u向前行进，在第二个等相位面发出时，波源已向前移动了VT的距离，而这时第一个等相位面已向前行进了λ的距离，结果两等相位面之间的距离变为$\lambda\mp VT$，故观察者接收到的频率为

$$f=\frac{u}{\lambda\mp VT}=f_0\bigg/\left(1\mp\frac{V}{u}\right) \tag{6-2}$$

当波源靠近观察者时，式（6-2）中取“−”号，$f>f_0$；当波源远离观察者时，式（6-2）中取“+”号，$f<f_0$。

3）*波源和观察者都运动*

这时$V\neq0$，$v\neq0$，只要把式（6-1）和式（6-2）结合起来，即可得波源和观察者都运动时观察者接收到的频率为

$$f=\frac{u\pm v}{\lambda\mp VT}=(u\pm v)f/(u\mp V) \tag{6-3}$$

如果两者速度不在二者的连线上，将速度在二者的连线上的分量作为V和v即可。

2．本实验装置的实验原理

本实验装置研究波源静止，观察者（接收传感器）靠近波源时的多普勒效应。

1）*多普勒效应验证*

设多普勒差频：$\Delta f=f-f_0$，由式（6-1）可得

$$\frac{f_0}{u}=\frac{\Delta f}{v} \tag{6-4}$$

式（6-4）中的发射频率f_0已知；理论声速由$u=331\sqrt{1+t/273}$计算（t为室温，由测试仪内部的温度传感器自动测量）；用光电门测量小车的运动速度v；通过小车内的单片机计算接收差频Δf，作关系图Δf—v，即可直接验证多普勒效应。

2）*声速值的计算*

设$k=\dfrac{\Delta f}{v}$，由式（6-4）可得

$$u=\frac{f_0}{k} \tag{6-5}$$

其中，$k=\dfrac{\Delta f}{v}$，即关系图Δf—v的斜率。

由实验数据点，计算斜率，即可求出声速 u。

3）利用多普勒效应研究物体运动

由式（6-4）可得

$$v = \Delta f \frac{u}{f_0} \tag{6-6}$$

其中，u、f_0 均为已知量，根据接收的差频（$\Delta f = f - f_0$）就能计算出小车的运动速度。

6.1.4 实验内容

1．开机和设置

（1）连线。用专用连接线将测试仪上的接口（测速、发射、限位、电机）和实验仪上的接口（光电门、发射、限位、电机）对应连接。

（2）打开小车开关，小车指示灯开始闪烁。打开测试仪后面板上的电源开关，液晶屏显示仪器的型号和名称。若实验仪和测试仪连线正确，小车无线通信成功，液晶屏显示主菜单。否则，提示相应错误，直到连线正确，无线通信成功，才进入主菜单。

（3）主菜单下，按▲▼键选择实验菜单，按 OK 键进入“系统参数显示”。如果液晶屏显示的地址和小车车体标签上的地址不一致，用▲▼键移动光标，选中“CAR = XX”，按 OK 键，进入地址设置，按▲▼键将地址设为小车车体标签上的地址，再按 OK 键完成地址设置。用▲▼◀▶键移动光标，选中“返回”，按 OK 键返回主菜单。

注意：发射频率 f_0 出厂时已由专业人员设置为超声波传感器的谐振频率，不要轻易修改，以免影响实验效果。“t=XX.X℃”为开机时测试仪通过内部温度传感器测量的室温值。在下面的运算中，测试仪自动根据此温度修正声速值。

2．多普勒效应验证和声速计算

（1）主菜单下，按▲▼键选择实验菜单，按 OK 键进入“多普勒效应验证”。用▲▼◀▶键移动光标，选中上方第一行速度值（电动机的速度），按 OK 键进入速度设置，按▲▼键设置速度，再按 OK 键完成速度设置。用▲▼◀▶键移动光标，选中“开始”，按 OK 键。测试仪显示“运行中”，小车以设置的速度向左跑，经过光电门后，液晶屏显示小车经过光电门的平均速度和差频。运行到左端限位开关后，小车将反向以设置的速度向右跑，经过光电门后，液晶屏显示小车经过光电门的平均速度和差频。运行到右端限位开关后，小车停止运动，等待下一次操作。

注意：小车运行期间，液晶屏显示“运行中”，此时按键无效。

（2）重复步骤（1），选择不同的速度，多测几组数据。用▲▼◀▶键移动光标，选中“绘图”，按 OK 键。测试仪根据刚才的测量数据绘制 Δf—v 关系图。x 轴表示速度，0.005 m/s/点；y 轴表示差频，2 Hz/点。

观察 Δf—v 关系是否为直线，即可由式（6-4）$k = \frac{f_0}{u} = \frac{\Delta f}{v}$ 验证多普勒效应。

（3）按 OK 键，退出 Δf—v 关系图。用▲▼◀▶键移动光标，选中↑或↓，按 OK

键，查询实验数据，并记录入表 6-1。根据最小二乘法，利用表 6-1 中记录的数据拟合一条直线，根据式（6-5）计算出声速。

3．利用多普勒效应测量匀加速运动

（1）主菜单下，按▲▼键选择实验菜单，按 OK 键进入“变速运动研究”。用▲▼◀▶键移动光标，选中第一行加速度值（即 a=×.×× m/s^2），按 OK 键进入加速度设置，按▲▼键设置加速度，再按 OK 键完成加速度设置。用▲▼◀▶键移动光标，选中“开始”，按 OK 键。小车加速向左跑，测试仪显示“运行中”，每隔 200 ms 显示时间和速度（速度由式（6-6）自动计算）。小车运行到左端限位开关后，将反向以 0.3 m/s 的速度运行回右端限位开关，停止等待下一次操作。

（2）用▲▼◀▶键移动光标，选中“绘图”，按 OK 键。测试仪根据刚才的测量数据绘制 v–t 关系图。x 轴表示时间，50 ms/点；y 轴表示速度，0.01 m/s/点。观察 v–t 关系图。

（3）按 OK 键，退出 v–t 关系图。用▲▼◀▶键移动光标，选中↑或↓，按 OK 键，查询实验数据并记录入表 6-2。根据最小二乘法，利用刚才记录的数据拟合一条直线，其斜率就是加速度值。

（4）选择不同的加速度值，重复步骤（1）～（3）。

6.1.5 数据处理

1．多普勒效应验证和声速计算

主菜单下，按▲ ▼键选择实验菜单，按 OK 键进入“系统参数显示”，将发射频率 f_0 和温度 t 填入表 6-1。

表 6-1　多普勒验证实验数据表格

f_0= ______ Hz　　t= ____ ℃					
v/(m/s)					
Δf/ Hz					

用最小二乘法（参见 1.4.5 节和本节最后的阅读材料）处理测量数据，计算拟合直线。根据式（6-5），计算声速，并和理论声速值比较，其中 k 为拟合直线的斜率。

2．匀加速运动

将匀加速运动测量数据填入表 6-2 中。

表 6-2　利用多普勒效应测量匀加速运动数据表格

a = _____ m/s^2					
t/s					
v/(m/s)					

用最小二乘法处理测量数据，计算拟合直线，其斜率就是加速度值，并和设定的加速度值比较。

6.1.6 注意事项

（1）测试仪和实验仪的接口连接要正确；
（2）小车地址设置要正确，超声波发射频率要在传感器谐振频率附近；
（3）做完实验后要关闭小车电源。

6.1.7 实验报告要求

（1）记录数据，用最小二乘法计算拟合直线；
（2）列举生活中多普勒效应的应用实例。

6.1.8 思考题

（1）波源以速度 v 向观察者靠近和观察者以速度 v 向波源靠近，在这两种情况下，观察者接收到的频率相同吗？
（2）列举生活中多普勒效应的应用实例。

最小二乘法

如果两个物理量 x、y 满足线性关系，并由实验等精度地测得一组数据（x_i、y_i；$i=1$，2，3，…），如何画出一条最佳的符合所得数据的直线，以反映上述两变化量的线性关系？

除了作图法外，常用的还有最小二乘法。

最小二乘法中，如果最佳拟合直线为 $y=f(x)$，则测得的各 y_i 值与拟合直线上相应的各估计值 $\hat{y}_i=f(x_i)$ 之间的偏差的平方和为最小，即

$$s=\sum_{i=1}^{n}(y_i-\hat{y}_i)^2 \to \min s \text{（极小）} \tag{6-7}$$

因为测量总有不确定度存在，所以在 x_i 和 y_i 中都含有不确定度。为了讨论简便，假设各 x_i 值是准确的，所有的不确定度都只联系着 y_i。这样，当由 $\hat{y}_i=f(x_i)$ 所确定的值与实际测得的值 y_i 之间的偏差平方和最小，也就表示最小二乘法所拟合的直线是最佳的。

一般，可以将直线方程表示为

$$y=kx+b \tag{6-8}$$

其中，k 是待定直线的斜率，b 是待定直线的截距。如果设法确定这两个参数，该直线也就确定了，所以解决直线拟合的问题就变成了由所给实验数据组（x_i，y_i）来确定 k、b 的过程。将式（6-8）代入式（6-7）可得

$$s(k,b)=\sum_{i=1}^{n}(y_i-kx_i-b)^2 \to \min s(k,b) \tag{6-9a}$$

所求的 k 和 b 是下列方程组的解

$$\begin{cases}\dfrac{\partial s}{\partial k}=-2\sum(y_i-kx_i-b)x_i=0\\[2mm] \dfrac{\partial s}{\partial b}=-2\sum(y_i-kx_i-b)=0\end{cases} \tag{6-9b}$$

其中，$\sum$ 表示对 i 从 1 到 n 求和，将上式展开，约去未知数 b，可得

$$k=\frac{l_{xy}}{l_{xx}} \tag{6-10}$$

其中

$$l_{xx}=\sum(x_i-\overline{x})^2=\sum(x_i^2)-\frac{1}{n}(\sum x_i)^2$$

$$l_{xy}=\sum(x_i-\overline{x})\ (y_i-\overline{y})=\sum(x_iy_i)-\frac{1}{n}(\sum x_i\sum y_i)$$

将求得的 k 值代入方程组（6-9b），可得

$$b=\overline{y}-k\overline{x} \tag{6-11}$$

至此，所需拟合的直线 $y=kx+b$ 就被唯一地确定了。

由最终结果不难看出，最佳配置的直线必然通过 $(\overline{x},\overline{y})$ 这一点，因此在作图拟合时，拟合的直线必须通过该点。

为了验证拟合直线是否有意义，在数学上引入相关系数 r，它表示两变量之间的函数关系与线形函数的符合程度，具体定义为

$$r=\frac{l_{xy}}{\sqrt{l_{xx}-l_{yy}}} \tag{6-12}$$

其中，l_{yy} 的计算方法与 l_{xx} 类似。r 的值越接近于 1，表示 x 和 y 的线性关系越好；如果 r 接近于 0，就可以认为 x 和 y 之间不存在线性关系。

6.2 半导体温差发电的研究

6.2.1 实验目的

（1）了解塞贝克效应和半导体发电原理；

（2）学习半导体发电特性和应用，计算半导体发电系统卡诺效率；

（3）演示验证塞贝克效应。

6.2.2 实验仪器

半导体温差发电实验仪。

6.2.3 实验原理

1. 塞贝克效应（Seebeck Effect）

关于塞贝克效应原理的介绍参见本书 4.4.3 节。

对于 P 型半导体和 N 型半导体组成的电偶，其温差电动势率 a_{PN} 为

$$a_{PN} = a_P - a_N \tag{6-13}$$

半导体制冷片中用 P 型半导体和 N 型半导体组成电偶，两材料对应的 a_P 和 a_N，一个为负，一个为正，取其绝对值相加，并将 a_{PN} 直接简记为 a，有

$$a = |a_P| + |a_N| \tag{6-14}$$

塞贝克效应与帕尔贴效应都是温差电效应，二者有着密切的联系。事实上，它们互为逆效应，一个是说电偶中有温差存在时会产生电动势，一个是说电偶中有电流通过时会产生温差。

2. 半导体发电原理

半导体发电又称温差发电，它是利用热电效应的一种发电方法。半导体发电的基本原理是塞贝克效应，它是利用塞贝克效应将热能直接转换为电能而无须任何机械运动的一种新型的发电方式。半导体发电是塞贝克效应在工程技术上的具体应用。

半导体制冷片中把若干对半导体热电偶对在电路上串联起来，只要制冷片两端面有温差，回路中半导体热电偶两端就有电动势产生，整个回路中产生的电动势是串联的。只要制冷片两端面的温差一定，即冷端和热端保持一定的温度，回路中就能产生稳定的电动势。这就是半导体发电的工作原理。

半导体由于具备优异的热电性能，成为制作制冷片的首选材料。从应用的角度看，决定一种半导体热电材料的优劣不能仅凭其塞贝克系数的大小，还必须综合考虑其电导率、热导率等诸多因素。

3. 半导体发电系统（热机系统）

冷、热端温差对半导体发电的能力有很大的影响，利用半导体制冷片的发电原理，可以使半导体制冷片工作在热机状态，构成半导体发电系统，如图 6.3 所示。

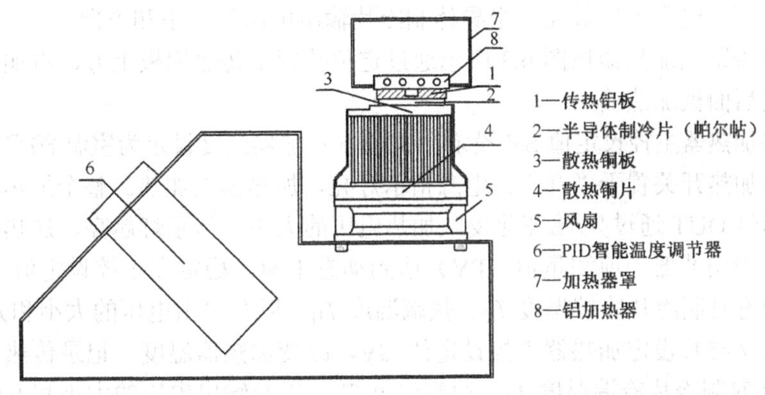

图 6.3 半导体制冷片作为热机构成的发电系统实验结构图

在图 6.3 中，由半导体制冷片（帕尔帖）、传热铝板、散热铜板、散热铜片、风扇组成热机系统。将带罩铝加热器通过定位孔置于传热铝板上方，传热铝板、PID 智能温度调节器、加热器罩、铝加热器、温度传感器组成控温系统。通过调节 PID 智能温度调节器参数，可以将传热铝板温度控制在室温为 80℃，散热铜板温度为室温，制冷片的上下表面产生温差，正负极间产生直流电。

热机系统发出稳定直流电驱动直流小电动机或 LED，可以研究热机系统发电带负载特性。通过 PID 智能温度调节器调节制冷片冷端控制温度，研究热机系统发电与冷热端温差大小的关系。此热机系统可以长时间可靠运行。

6.2.4 实验内容与步骤

1．半导体制冷、发电组合实验

实验步骤如下：

（1）使半导体制冷片先处于制冷状态，在半导体制冷片冷热端温差ΔT（℃）达到最大时，将半导体制冷片的工作方式从热泵切换到热机，此时半导体制冷片工作在热机发电状态。

（2）将直流数字电压表电压显示切换到输出电压，并根据输出电压大小通过按键选择合适的量程。

（3）分析半导体发电系统输出电压大小与温差的关系，输出电压极性与温差的关系。

2．半导体发电特性测试实验

实验步骤如下：

（1）将实验仪后面板电源开关打到开，加热开关打到关，实验仪上电，此时调节器上显示窗 PV 显示室温值。

（2）将半导体制冷片的工作方式切换到热机，此时半导体制冷片工作在热机发电状态。

（3）将直流数字电压表电压显示切换到输出电压，并根据输出电压大小通过按键选择合适的量程。电压表读数显示半导体制冷片输出电压的大小和方向。

（4）将带罩铝加热器按图 6.3 所示通过定位孔置于传热铝板上方，将加热器电源线接至实验仪后面板加热输出。

（5）将加热器主控设定值 SV 设定在 30℃（加热器温度设定为室温 80℃）上。

（6）将加热开关置于“开”，电源指示灯亮，加热器被加热。整个加热过程中，主控输出指示灯 OUT 通过亮/暗变化反映加热电压的大小，指示灯越亮，加热电压越大，反之越小。当调节器当前测量值（PV）达到动态平衡，稳定在主控设定值（SV）左右时，记录稳态时制冷片冷端温度 T_C、热端温度 T_H，以及输出电压的大小和方向。

（7）按 t=5℃设定加热器主控设定值 SV，改变加热器温度，记录传热铝板在室温至 80℃稳态时制冷片冷端温度 T_C、热端温度 T_H，以及输出电压的大小和方向。

3．半导体发电带负载演示实验

实验步骤如下：

（1）在半导体发电特性测试实验中，将热机输出接至直流电动机或 LED，分析半导体发电带负载能力。

（2）实验结束后，关闭所有电源，整理实验仪器。

6.2.5 实验报告

1．半导体发电特性测试实验

将 6.2.4 节的“2. 物体发电特性测试实验”中传热铝板在室温至 80℃稳态时制冷片冷端温度 T_C、热端温度 T_H、温差ΔT 以及输出电压 U（V）的大小和方向记录在表 6-3 中，用作图法作半导体发电 $U—T_C$、$U—T_H$、$U—\Delta T$ 特性曲线，研究半导体发电与冷热端温差ΔT 的关系。

表 6-3 半导体发电特性测试记录表

热端温度 T_H/℃	30	35	40	45	…	65	70	75	80
冷端温度 T_C/℃									
温差ΔT/℃									
输出电压 U/V									

2．卡诺效率测试实验

卡诺热机是假设没有由于摩擦、热传导、热辐射和装置内阻的焦耳热造成的能量损失的效率最高的热机。卡诺热机的最大效率只取决于引擎运转时的温度，而与引擎的工作方式无关。卡诺热机的最大效率可表示为

$$e_{\text{Carnot}} = \frac{T_H - T_C}{T_H} \tag{6-15}$$

式（6-16）中 T_C、T_H 的单位为 K。根据表 6-3 中记录的实验数据，计算热机的卡诺效率 e_{Carnot}。

6.2.6 注意事项

（1）实验前应仔细阅读实验仪的使用说明书；

（2）除 SP 参数外，PID 智能温度调节器其他参数在实验仪出厂前均已设置好，一般情况下不要随意更改；

（3）PID 智能温度调节器在实验仪出厂前均已自整定，如果因长期使用或其他因素导致加热源温度控制效果不好，可以按照调节器使用说明重新自整定，使温度控制精确；

（4）传热铝板和散热铜板中热电阻 Pt100 要完全插入测温孔中，如部分裸露在外，将导致测温不准；

（5）在做半导体发电实验时，只有将加热器置于传热铝板上方时，才能打开加热开关，一旦取下加热器，要关闭加热电源，并断开加热器电源线，否则单独给加热器加热会损坏加热器。

6.2.7 思考题

（1）什么是塞贝克效应，半导体发电的原理是什么？
（2）半导体发电系统的工作原理是什么？
（3）半导体发电与冷热端温差有什么关系？
（4）半导体发电系统应用中应该考虑哪些影响因素？

6.3 磁悬浮的研究

当今，在众多举世瞩目的近代科技成果中，磁悬浮列车以其悬空无接触运行、低噪声、无大气污染、节能、快速和舒适等独特优点赢得人们的青睐。

利用运动的车载磁体与导轨良导体中感生涡流之间的排斥力使车体悬浮是电动式悬浮。这种悬浮具有悬浮气隙大，静态稳定的特点。

本演示仪采用交流电源，当把良导体置于交流通电线圈上方时，良导体中感生涡流，感生涡流产生的附加磁场与交流通电线圈产生的磁场相互作用，产生排斥力。力的方向指向良导体，阻止良导体靠近电流线圈，从而将良导体悬浮在线圈之上。

6.3.1 实验目的

（1）验证法拉第电磁感应定律；
（2）了解电磁式磁悬浮系统的基本工作原理。

6.3.2 实验仪器

磁悬浮演示仪及配件。

6.3.3 实验原理

1．电磁感应现象

1820 年由奥斯特首次发现电流的磁效应。1822—1831 年英国物理学家法拉第进行了多次实验和研究，于 1831 年发现了电磁感应定律。

（1）磁铁（或通电线圈）与线圈相对运动时线圈中产生电流，如图 6.4（a）和图 6.4（b）所示。电流计的指针发生偏转，且运动方向不同，偏转方向也不同。

（2）线圈中电流变化时另一线圈中产生电流，如图 6.4（c）所示。

（3）闭合回路的一部分切割磁力线，回路中产生电流，如图 6.4（d）所示。

综上所述，无论什么原因使穿过闭合导体回路所包围面积内的磁通量发生变化（增加或减少），回路中都会出现电流，这种电流称为感应电流。在磁通量增加和减少的两种情况下，回路中感应电流的流向相反。感应电流的大小则取决于穿过回路中的磁通量变化的快慢，变化越快，感应电流越大；反之，就越小。

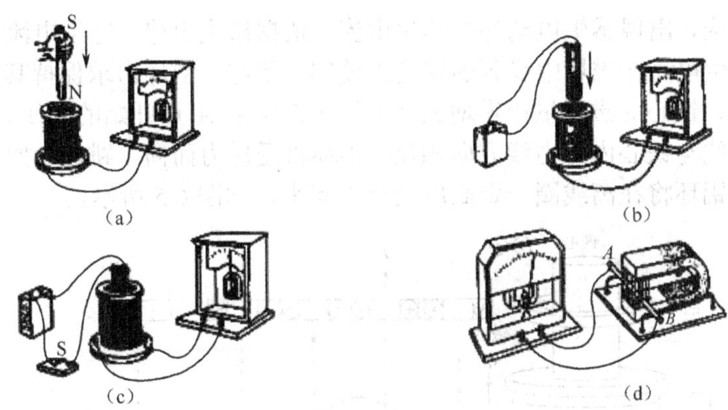

图 6.4 电磁感应现象中的感应电流

2. 电磁感应定律

当穿过闭合回路所围面积的磁通量发生变化时，无论这种变化是什么原因引起的，回路中都会建立起感应电动势，且此感应电动势正比于磁通量对时间变化率的负值。

$$\varepsilon_i = -\mathrm{d}\phi / \mathrm{d}t \tag{6-16}$$

其中，ε_i——感应电动势；

ϕ——通过闭合回路的磁通量；

负号反映感应电动势的方向与磁通量变化之间的关系，即选定回路 L 的绕行方向，规定：与绕行方向成右手螺旋关系的磁通量为正，反之为负。

如果回路由 N 匝密绕线圈组成，则通过线圈的磁通用磁链表示：$\psi = N\phi$。回路中的总电阻为 R，则回路中的感应电流为

$$I_{\mathrm{L}} = -\frac{1}{R} \cdot \frac{\mathrm{d}\psi}{\mathrm{d}t} \tag{6-17}$$

3. 楞次定律

楞次定律的两种表述为：

(1) 闭合回路中感应电流的方向，总是使得它所激发的磁场阻止引起感应电流的磁通量的变化。

(2) 感应电流的效果总是反抗引起感应电流的原因。

楞次定律的应用为：判断感应电动势的方向。

4. 电涡流及磁悬浮现象

根据法拉第电磁感应定律，当闭合导体回路中的磁通量变化时，回路中就会产生感应电动势，如果回路的电阻较小，则感应电动势将使回路中产生很大的感应电流。在大块导体中，因感应电流呈涡漩状，故称为电涡流。电涡流可使导体发热，也可以产生力效应。

在本实验中，将一个铝环套在线圈的铁心上，当线圈接通 50 Hz 的交流电时，插在线圈中的铁心中就有了交变磁场，套在铁心上的铝环中将产生电涡流。较大的电涡流可以使铝环迅速发热。同时，在线圈通电的瞬间，铝环中突然出现的磁通量的变化使铝环

中产生电磁感应，出现感生电动势和感生电流。依据楞次定律，感生电流总是抗拒磁通量的变化，感生电流在磁场中受到的安培力使铝环跳起，铝环力求保持其中无磁通。当线圈刚通电时，铁心的磁通量由零增大（见图 6.5 中从 A 点开始的曲线），铝环中电涡流产生的磁力线与铁心内磁力线方向相反。铝环将受斥力而向上跳起。如果将铝环挡住不让其跳出，铝环将在离线圈一定高度处悬浮起来，如图 6.5 所示。

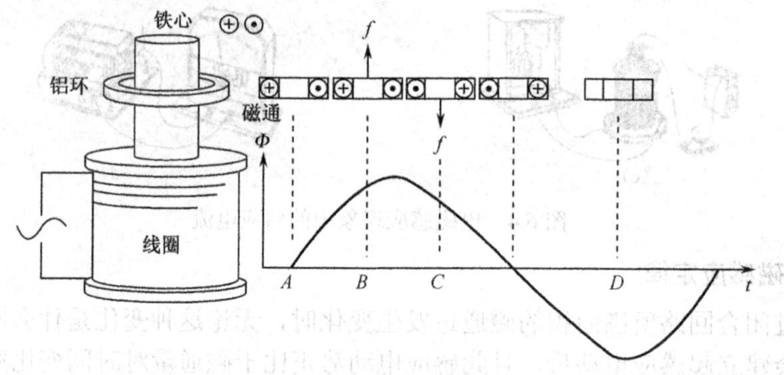

图 6.5　磁悬浮示意图

具体分析图 6.5 中显示出的 A，B，C，D 四个时刻对应的铁心内磁通（向上为正）和相应的铝环中电涡流的方向。

在 A 时刻，铁心磁通量为 0，但由于此时磁通量的变化率最大而使铝环中涡流最大，此时铝环不受力。

在 B 时刻，铝环中涡流的方向与 A 时刻的相同，而铁心内的磁通量向上，铝环受向上的力。

在 C 时刻，铁心内磁通量的方向仍未变化，但因为它在由强减弱，铝环中的涡流方向与 A 时刻和 B 时刻相反，故铝环受向下的力。

在 D 时刻，虽然铁心内磁通量达到极大，但因其变化率为零，铝环中无涡流，因此此时铝环将不受力。但铝环始终受重力的作用，而悬浮需要克服重力。

在实际中，铝环不会是一个电阻，如果铝环在受感应电动势的作用产生涡流的过程中可以看成一个严格的纯电阻，则其中的电涡流 I_0 将如图 6.6 所示，铝环在电磁感应过程中电涡流将严格超前 $\pi/2$，这样平均起来，铝环受到线圈磁场的作用力总是为零。

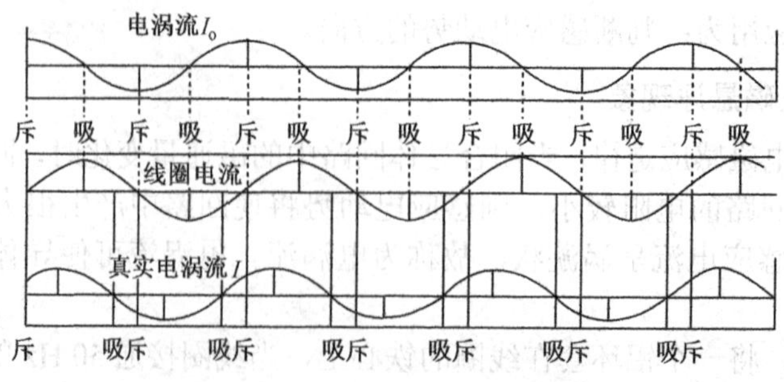

注：吸、斥与曲线对应的位置为该作用力开始的位置

图 6.6　铝环当做纯电阻时和考虑自感时的受力示意图

但是铝环自身已经构成了闭合回路，回路中电流（电涡流）的变化在它自己的闭合回路中也要产生磁通量，也就是铝环回路存在自感。自感的存在使铝环不等于一个纯电阻，而可以将其看做一个电阻与一个电感的串联，其效果将使铝环中的电涡流 I 比将铝环当成一个纯电阻时的电涡流 I_0 有一定的相位滞后，这样铝环受到向上的排斥力的时间就要比它受到向下的吸引力的时间多一些，如图 6.6 所示。排斥力和吸引力的变化较快（每秒 50 次），平均起来电磁作用使铝环受到了向上的推力，当推力与重力平衡时，铝环就悬浮起来了。

铝环本身具有电阻，有涡流流通时便会消耗一部分电磁能量。涡流引起的能量损耗，称为涡流损耗，其大小用涡流损耗功率表示。长时间处于悬浮状态，金属导体和扁平线圈会因为自身损耗而发热。利用热敏电阻的温度特性来控制系统的温度，避免发热量过大导致线圈烧毁。

6.3.4 实验内容与步骤

1．跳环实验

选取一只铝环套在软铁棒上，将软铁棒插到演示仪的励磁线圈内，打开演示仪电源，调节励磁电流到最大位置，打开励磁开关的瞬间，铝环跳起。选取其他材质的金属圆环做同样的实验，观察实验现象。

2．磁悬浮实验

选取一只铝环套在软铁棒上，将软铁棒插到演示仪的励磁线圈内，打开演示仪电源，调节励磁电流到最小位置，打开励磁开关，并逐渐增大线圈励磁电流，铝环逐渐悬浮起来，不同厚度和高度的铝环悬浮高度也不一样。

选取其他材质的金属圆环做同样的实验，观察实验现象。

3．电磁感应实验

将磁悬浮实验中的铝环换成带灯的线绕线圈，打开演示仪电源，调节励磁电流到最小位置，打开励磁开关，并逐渐增大线圈励磁电流，线圈上的小灯被点亮，调节励磁电流和线圈所处的高度，小灯的亮度发生明显变化。

注意：实验过程中，在给线圈通最大电流的情况下，禁止突然开关励磁开关。因为突然开关励磁开关使带灯线圈内产生的强大冲击电动势可能会烧毁小灯。

6.3.5 注意事项

如果线圈长时间通以较大电流，过热保护指示灯亮，此时不要用手去移动铝环及铁心，以免烫伤。需在系统冷却之后按“复位”按钮后方可重新开始实验。

6.3.6 思考题

（1）解释铝环能悬浮在插有铁心的通电线圈上的原因。

（2）为什么铁质圆环不能悬浮？

（3）通过观察到的实验现象，阐述电动式磁悬浮列车的悬浮原理。

6.4 黑体辐射

1900 年普朗克发表的黑体辐射公式在物理学上是一项划时代的成就。在此之前黑体辐射的波长分布虽然已经有了相当可靠的实验数据，但经典物理学的理论解释却导致了非常尖锐的矛盾。这一问题在经典物理学的范畴内是无法合理地解决的，普朗克引进了量子化的假设，推导出了黑体辐射波长分布公式。量子化假设已成为当代物理学的基石，对当代科学技术的发展产生了深远的影响。

6.4.1 实验目的

（1）研究物体的辐射面、辐射体温度对物体辐射能力的影响，并分析原因；

（2）测量改变测试点与辐射体距离时，物体辐射能量 W 和距离 L 及距离的平方的关系，并描绘 $W-L^2$ 曲线；

（3）依据维恩位移定律，测绘物体辐射能量与波长的关系图。

6.4.2 实验仪器

温度控制器、黑体辐射测试架、红外热辐射传感器、光学导轨（60 cm）和红外转换器等。

6.4.3 实验原理

真正进行热辐射的研究是从基尔霍夫开始的。1859 年他从理论上引入了辐射本领、吸收本领和黑体概念，他利用热力学第二定律证明了一切物体的热辐射本领 $r(\nu,T)$ 与吸收本领 $\alpha(\nu,T)$ 成正比，比值仅与频率 ν 和温度 T 有关，其数学表达式为

$$\frac{r(\nu,T)}{\alpha(\nu,T)}=F(\nu,T) \tag{6-18}$$

其中，$F(\nu,T)$ 是一个与物质无关的普适函数。1861 年他进一步指出，在一定温度下用不透光的壁包围起来的空腔中的热辐射等同于黑体的热辐射。1879 年，斯特藩从实验中总结出了黑体辐射的辐射本领 R 与物体绝对温度 T 的 4 次方成正比的结论。1884 年，玻耳兹曼对上述结论给出了严格的理论证明，其数学表达式为

$$R_T=\sigma T^4 \tag{6-19}$$

即斯特藩-玻耳兹曼定律，其中 $\sigma=5.673\times10^{-8}\,\mathrm{W/(m^2\cdot K^4)}$ 为玻耳兹曼常数。

1888 年，韦伯提出波长与绝对温度之积是一定的。1893 年维恩从理论上进行了证明，其数学表达式为

$$\lambda_{\max}T=b \tag{6-20}$$

其中，b=2.897 8×10^{-3}（m·K）为一普适常数，随温度的升高而升高，绝对黑体光谱亮度的最大值的波长向短波方向移动，即维恩位移定律。

图 6.7 显示了黑体不同色温的辐射能量随波长的变化曲线，峰值波长 λ_{max} 与它的绝对温度 T 成反比。1896 年维恩推导出黑体辐射谱的函数形式为

$$r_{(\lambda,T)}=\frac{ac^2}{\lambda^5}\mathrm{e}^{-\beta c/\lambda T} \tag{6-21}$$

其中，α,β 为常数。该公式与实验数据比较，在短波区域符合得很好，但在长波部分出现系统偏差。为表彰维恩在热辐射研究方面的卓越贡献，1911 年授予他诺贝尔物理学奖。

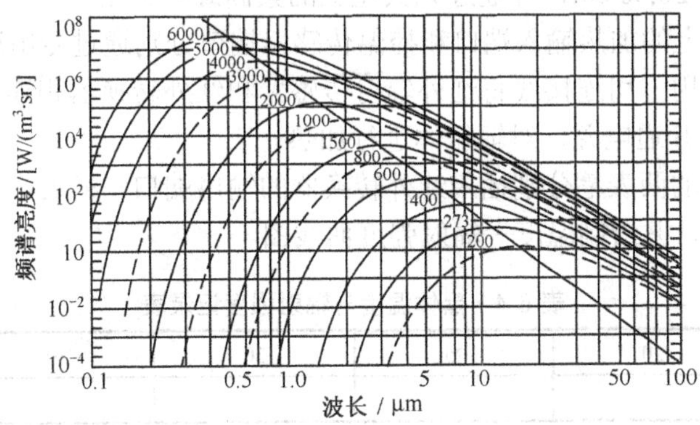

注：sr是球面角的单位符号。

图 6.7 辐射能量与波长的关系

1900 年，英国物理学家瑞利从能量按自由度均分定律出发，推出了黑体辐射的能量分布公式

$$r_{(\lambda,T)}=\frac{2\pi c}{\lambda^4}KT \tag{6-22}$$

式（6-22）被称为瑞利・金斯公式，该式在长波部分与实验数据较相符，但在短波部分却出现了无穷值，而实验结果趋于零。这部分严重的背离，被称为“紫外灾难”。

1900 年德国物理学家普朗克，在总结前人工作的基础上，采用内插法将适用于短波的维恩公式和适用于长波的瑞利金斯公式衔接起来，得到了在所有波段都与实验数据符合得很好的黑体辐射公式

$$r_{(\lambda,T)}=\frac{c_1}{\lambda^5}\cdot\frac{1}{\mathrm{e}^{c_2/\lambda T}-1} \tag{6-23}$$

（其中，c_1,c_2 均为常数）但其理论依据尚不清楚。

这一研究的结果促使普朗克进一步去探索式（6-23）所蕴涵的更深刻的物理本质。他发现，如果作如下“量子”假设：对一定频率 υ 的电磁辐射，物体只能以 $h\upsilon$ 为单位吸收或发射它，也就是说，吸收或发射电磁辐射只能以“量子”的方式进行，每个“量子”的能量为：$E=h\upsilon$，称为能量子。其中 h 是一个用实验来确定的比例系数，被称为普朗克常量，它的值是 $6.625\,59\times10^{-34}$ J・s。式（6-23）中的 c_1,c_2 可表述为：$c_1=2\pi hc^2$，$c_2=ch/k$，它们均与普朗克常量相关，分别被称为第一辐射常数和第二辐射常数。

6.4.4 实验内容

1. 物体温度对物体辐射能力的影响

实验步骤如下：

（1）将黑体辐射测试架和红外热辐射传感器安装在光学导轨上，调整红外热辐射传感器的高度，使其正对模拟黑体（辐射体）中心，然后调整黑体辐射测试架和红外热辐射传感器的距离为20.00 cm，并通过光具座上的紧固螺钉锁紧。

（2）将测试架上的加热输入端口和控温传感器端口分别通过专用连线和温度控制器的相应端口相连，用专用连接线将红外辐射传感器和红外转换器相连。检查连线是否有误，确认无误后，开通电源，对辐射体进行加热。

（3）将万用表的两表笔分别插入红外转换器的输出端口，记录不同温度时的辐射强度，填入表6-4中，并绘制温度—辐射强度曲线图。

表6-4 黑体温度与辐射强度记录表

温度/℃	20	25	30	…	80
辐射强度/（W/sr）					

2. 探究黑体辐射和距离的关系

实验步骤如下：

（1）将黑体辐射测试架紧固在光学导轨左端，红外辐射传感器探头紧贴对准辐射体中心，调整辐射体的位置，直至红外辐射传感器底座上的刻线对准光学导轨标尺上的一个整刻度，并以此刻度为距离零点。

（2）将红外辐射传感器移至导轨另一端，并将辐射体的黑面转动到正对红外辐射传感器。

（3）将控温表头设置在90℃，待温度控制好后，移动红外辐射传感器，每移动一定的距离后，记录相应的辐射度，并记录于表6-5中，绘制辐射强度—距离图及辐射强度—距离的平方图。

（4）分析所绘制的图形，看能从中得出什么结论，黑体辐射是否具有类似光强和距离的平方成反比的规律。

表6-5 黑体辐射与距离关系记录表

距离/mm	400	380	…	0
辐射强度/（W/sr）				

3. 依据维恩位移定律，测绘物体辐射能量与波长的关系图

实验步骤如下：

（1）利用实验内容“1. 物体温度对物体辐射能力的影响”中测得的不同温度时辐射体的辐射强度，确定辐射强度和辐射体温度的关系。

（2）根据式（6-20），求出不同温度时的λ_{max}。

（3）根据不同温度下的辐射强度和对应的 λ_{max} ，描绘 $W—\lambda_{max}$ 曲线图。

（4）分析所描绘图形，并说明原因。

6.4.5 注意事项

（1）在实验过程中，当辐射体温度很高时，禁止触摸辐射体，以免烫伤；

（2）当测量不同辐射表面对辐射强度的影响时，辐射温度不要设置得太高，转动辐射体时应带手套；

（3）在实验过程中，为避免万用表跳字严重，应尽量避免外界环境的影响；

（4）辐射体的光面光洁度较高，应避免其受损。

6.5 普朗克常量的测定

量子论是近代物理的基础之一，而光电效应可以给量子论以直观、鲜明的物理图像，随着科学技术的发展，光电效应已广泛用于工业和农业生产、国防以及许多科技领域。普朗克常量（公认值 h=6.626 19×10^{-34} J·s）是自然科学中一个很重要的常量，它可以用光电效应法简单而又准确地求出。所以，进行光电效应实验并通过实验求取普朗克常量，有助于学生理解量子理论和更好地认识 h 这个常量。

1887 年 H. 赫兹在验证电磁波存在时意外发现，一束光照射到金属表面，会有电子从金属表面逸出，这个物理现象被称为光电效应。

1888 年以后，W. 哈耳瓦克斯、A. T. 斯托列托夫和 P. 勒纳德等人对光电效应进行了长时间的研究，并总结了光电效应的基本实验事实：

（1）光电流与光强成正比；

（2）光电效应存在一个截止频率，当入射光的频率低于某一阈值 v_0 时，不论光的强度如何，都没有光电子产生；

（3）光电子的动能与光强无关，但与入射光的频率成正比；

（4）光电效应是瞬时效应，一经光线照射，立刻产生光电子，停止光照即无光电子产生。

6.5.1 实验目的

（1）通过对实验现象的观测与分析，了解光电效应的规律和光的量子性；

（2）观测光电管的弱电流特性，找出不同光频率下的截止电压；

（3）了解光的量子理论与波动理论，并验证爱因斯坦方程进而求出普朗克常量。

6.5.2 实验仪器

（1）普朗克常量测定仪、微电流测试仪；

（2）普朗克常量测定仪测试台。

6.5.3 实验原理

爱因斯坦认为从一点发出的光，不是按麦克斯韦电磁学说指出的那样以连续分布的形式把能量传播到空间，而是以$h\upsilon$为能量单位（光量子）的形式一份一份地向外辐射；至于光电效应，是具有能量 $h\upsilon$的一个光子作用于金属中的一个自由电子，并把它的全部能量都交给这个电子而造成的。如果电子脱离金属表面所需的能量为 W，则由光电效应中被光电打出来的电子的动能为

$$E=h\upsilon-W \text{ 或 } mv^2/2=h\upsilon-W \tag{6-24}$$

式中 h——普克朗常量，公认值为 6.629 16×10^{-34} J • s；

υ——入射光的频率，单位为 Hz；

m——电子的质量，单位为 kg；

v——光电子逸出金属表面时的初速度，单位为 m/s；

W——受光线照射的金属材料的逸出功（或功函数），单位为 J。

在式（6-24）中，$mv^2/2$ 是没有受到空间电荷阻止，从金属中逸出的电子的最大初动能。由式（6-24）可见，入射到金属表面的光频率越高，逸出来的电子最大初动能必然也越大。正因为光电子具有最大初动能，所以即使阳极不加电压也会有光电子落入而形成光电流，甚至阳极电位低于阴极电位时，也会有光电子落到阳极，直到阳极电位低于某一数值时，所有光电子都不能到达阳极，光电流才为零。这个相对于阴极为负值的阳极电位 U_S 被称为光电效应的截止电位（或截止电压）。

$$eU_S-\frac{1}{2}mv^2=0 \tag{6-25}$$

代入式（6-24）即有

$$eU_S=h\upsilon-W \tag{6-26}$$

由于金属材料的逸出功 W 是金属的固有属性，对于给定的金属材料，W 是一个定值，它与入射光的频率无关。令 $W_S=h\upsilon_0$，υ_0 是截止频率，即具有截止频率υ_0 的光子恰恰具有逸出功 W_S 而没有多余的动能。

将式（6-26）改写为

$$U_S=h\upsilon/e-W_S/e=h(\upsilon-\upsilon_0) \tag{6-27}$$

式（6-27）表明，截止电位 U_S 是入射光频率υ的线性函数。当入射光的频率 $\upsilon=\upsilon_0$ 时，截止电压 U_S=0 时，没有光电子逸出。比值 $k=h/e$ 是一个正常数，于是可以写成

$$h=ek \tag{6-28}$$

可见，只要用实验方法绘出不同频率下的 U_S—υ曲线，并求出此曲线的斜率 k，就可以通过式（6-28），求出普朗克常量 h 的数值，其中 e=1.60×10^{-19} C 是电子电荷量。

图 6.8 所示是用光电管进行光电效应实验，以测量普朗克常量的实验原理图。

频率为υ、强度为 P 的光线照射到光电管阴极上，即有光电子从阴极逸出，图 6.8 中在阴极 K 和阳极 A 之间加有反向电位 U_{KA}，它使电极 K 和 A 之间建立起的电场对光

电阴极逸出的电子起减速作用，随着电位 U_{KA} 的增加，到达阳极的光电子（光电流）将逐渐减小。

当 $U_{KA}=U_S$ 时，光电流降为零。图 6.9 所示的光电管的起始 $I—U_{KA}$ 特性，不同频率光的照射，可以得到与之相对应的 $I—U_{KA}$ 特性曲线和对应的 U_S 电压值。在直角坐标中绘出 $U_S—\upsilon$ 关系曲线，如果它是一根直线，就证明了爱因斯坦光电效应方程的正确。而由该直线的斜率 k 可求出普朗克常量（$h=ek$）。另外，由该直线与坐标横轴的交点，又可求出该光电阴极的截止频率（阈频率）υ_0。

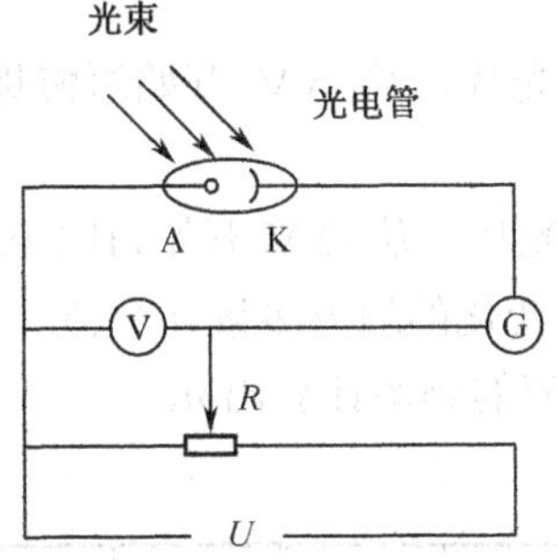

图 6.8　测量普朗克常量的实验原理图

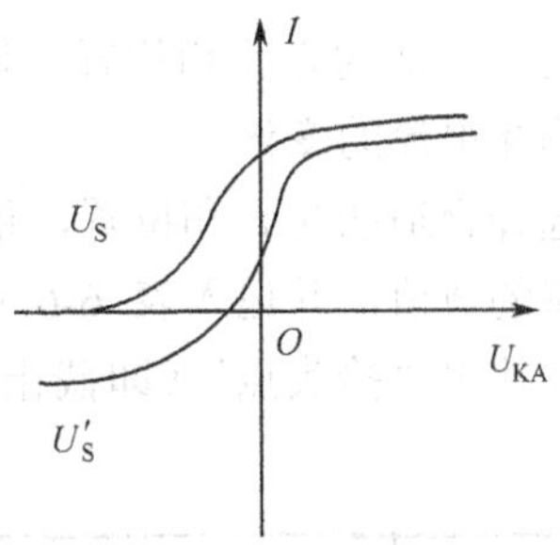

图 6.9　光电管的起始 $I—V$ 特性

必须指出，在实际测量时，因为光电流很小，需考虑由其他因素引起的干扰电流。

（1）暗电流：光电管在没有受到光照时，也会产生电流，称为暗电流。暗电流与外加电压成线性变化。它由热电流（在一定温度下，阴极发射的热电子形成的电流）和漏电流（由于阳极和阴极之间的绝缘材料不是理想的绝缘材料而形成的电流）组成。

（2）本底电流：因周围杂散光进入光电管而形成的电流。

（3）反向电流：在制作光电管时，阳极 A 上往往溅有阴极材料，所以当光射到 A 上时，阳极 A 上也会逸出光电子；另外，有一些由阴极 K 飞向阳极 A 的光电子会被 A 表面反射回来。当在 A、K 之间加反向电压 U 时，对 K 逸出的光电子来说起了减速作用，而对 A 逸出和反射的光电子来说却起了加速作用，于是形成反向电流。

由于上述干扰的存在，当分别用不同频率的入射光照射光电管时，实际测得光电效应的伏安特性曲线如图 6.9 所示。实测光电流曲线上的每一个点的电流为正向光电流、反向光电流、本底电流和暗电流的代数和，致使光电流的截止电压点也从 U_S 下移到 U'_S 点。它不是光电流为零的点，而是实测曲线中直线部分抬头和曲线部分相接处的点，称为“抬头点”。“抬头点”所对应的电压相当于截止电压 U_S。

6.5.4　实验内容与步骤

实验内容和步骤如下：

（1）测试前的准备。

① 安放好仪器，用随机附带的屏蔽线将测定仪的“电流输入”端和“电压输出”

端分别连接至光电管暗盒上的 K 和 A 端。

② 用转盘遮住光孔，接通电源，让微电流测定仪预热 20～30 min，汞灯预热 10 min 以上。

③ 充分预热后，先调整零点，后校正满度。

（2）任意选择一种滤光片，改变采光孔或者改变光电暗盒的位置，观察光电流的变化。

（3）任意选择一个采光孔并选择合适的光电暗盒的位置，依次改变滤光片观察光电流的变化。

（4）选择合适的光孔和位置，依次选取各种滤光片，从−5 V 开始缓慢地改变阳极电压，观测光电流的变化。

（5）选择合适的光孔和位置，依次选取各种滤光片，从−2 V 开始每隔 0.05 V 记录一次光电流的数值，并记入表 6-6 中（在电流开始变化的地方多读几个值）。绘制出相应的曲线并找出“抬头点”（即截止电压），根据相应的频率计算出 h。

表 6-6　数据记录

365 mm	U_{KA}/V	−2.0	−1.95	−1.90	−1.85	−1.80	−1.75	−1.70	−1.65	−1.60
	I_{KA}									
405 mm	U_{KA}/V	−1.60	−1.55	−1.50	−1.45	−1.40	−1.35	−1.30	−1.25	−1.20
	I_{KA}									
436 mm	U_{KA}/V	−1.40	−1.35	−1.30	−1.25	−1.20	−1.15	−1.10	−1.05	−1.00
	I_{KA}									
577 mm	U_{KA}/V	−0.60	−0.55	−0.50	−0.45	−0.40	−0.35	−0.30	−0.25	−0.20
	I_{KA}									

6.5.5　实验数据处理

1）绘制 U—I 关系曲线

由表 6-6 的数据，用 Excel 中的“图表向导”绘出不同频率下的 U—I 关系曲线，并从中找出曲线的“抬头点”所对应的截止电压 U_S，并记入表格 6-7 中。

表 6-7　数据记录

波长/nm	365	405	436	546	577	h（$\times10^{-34}$ J・s）	σ（%）
频率/$\times10^{14}$ Hz	8.22	7.41	6.88	5.49	5.20		
U_S/V							

2）绘制 U_S—υ 关系曲线

由表 6-7 的数据，用 Excel 中的“图表向导”绘制出 U_S—υ曲线，观察其线性，并求出直线的斜率。表 6-7 中的数据不可能完全在一条直线上，画直线时要尽量使各个点均匀地分布在直线两测。

3）计算普朗克常量 h

由求出的直线斜率，根据式（6-28）计算出普朗克常量 h，并与公认的值比较，计算其相对误差。

6.5.6 思考题

（1）写出爱因斯坦方程，并说明它的物理意义。

（2）实测的光电管的伏安特性曲线与理想曲线有何不同？“抬头点”的确切含义是什么？

（3）当加在光电管两极间的电压为零时，光电流却不为零，这是为什么？

（4）实验结果的精度和误差主要取决于哪几个方面？

第7章

世界十大经典物理实验

科学实验是物理学发展的基础，又是检验物理学理论的唯一手段，特别是现代物理学的发展，更和实验有着密切的联系。现代实验技术的发展，不断地揭示和发现了各种新的物理现象，日益加深了人们对客观世界规律的正确认识，从而推动了物理学的向前发展。

了解一些在物理学发展过程中起关键性作用的实验，对学习知识有着积极的意义。美国物理学家特里格曾编著了《20 世纪物理学的重要实验》和《现代物理学中的关键性实验》。

2002 年，美国两位学者在全美物理学家中做了一次调查，请他们提名有史以来最出色的十大物理实验，结果刊登在 2002 年 9 月的美国《物理世界》杂志上，其中多数都是我们耳熟能详的经典之作。令人惊奇的是十大经典物理实验的共同点是他们都“抓”住了物理学家眼中“最美丽的”科学之魂：用简单的仪器和设备，发现了最根本、最单纯的科学概念。十大经典物理实验犹如十座历史丰碑，扫开了人们长久的困惑和含糊，开辟了对自然界的崭新认识。从十大经典物理实验评选本身，我们也能清楚地看出两千年来科学家们最重大的发现轨迹，就像 “鸟瞰”历史一样。

7.1 托马斯·杨的双缝衍射应用于电子干涉实验

1807 年，托马斯·杨总结出版了他的《自然哲学讲义》，里面综合整理了他在光学方面的工作，并在里面第一次描述了双缝实验：把一支蜡烛放在一张开了一个小孔的纸前面，这样就形成了一个点光源（从一个点发出的光源）。现在在纸后面再放一张纸，不同的是第二张纸上开了两道平行的狭缝。从小孔中射出的光穿过两道狭缝投到屏幕上，就会形成一系列明、暗交替的条纹，这就是现在众人皆知的双缝干涉条纹。

在 20 世纪初的一段时间里，人们逐渐发现了微观客体（光子、电子、质子、中子等）既有波动性，又有粒子性，即所谓的“波粒二象性”。“波动”和“粒子”都是经典物理学中从宏观世界里获得的概念，与我们的直观经验较为相符。然而，微观客体的行为与人们的日常经验毕竟相差很远。如何按照现代量子物理学的观点去准确认识、理解微观世界本身的规律，电子双缝干涉实验就是一个典型实例。

杨氏的双缝干涉实验是经典的波动光学实验，玻尔和爱因斯坦试图以电子束代替光束来做双缝干涉实验，以此来讨论量子物理学中的基本原理。可是，由于技术的原因，当时它只是一个思想实验。直到 1961 年，约恩孙制做出长为 50 mm、宽为 0.3 mm、缝间距为 1 mm 的双缝，如图 7.1 所示，并把一束电子加速到 50 keV，然后让它们通过双缝。当电子撞击荧光屏时显示了可见的图样，并可用照相机记录图样结果。电子双缝干涉实验的图样与光的双缝干涉实验结果的类似性给人们留下了深刻的印象，这是电子具有波动性的一个实证。更有甚者，实验中即使电子是一个个地发射，仍有相同的干涉图样。但是，当我们试图确定电子究竟是通过哪个缝的时，不论用何手段，图样都立即消失，这实际告诉我们，在观察粒子波动性的过程中，任何试图研究粒子的努力都将破坏波动的特性，我们无法同时观察两个方面。要设计出一种仪器，它既能判断电子通过哪个缝，又不干扰图样的出现是绝对做不到的。这是微观世界的规律，并非实验手段的不足。

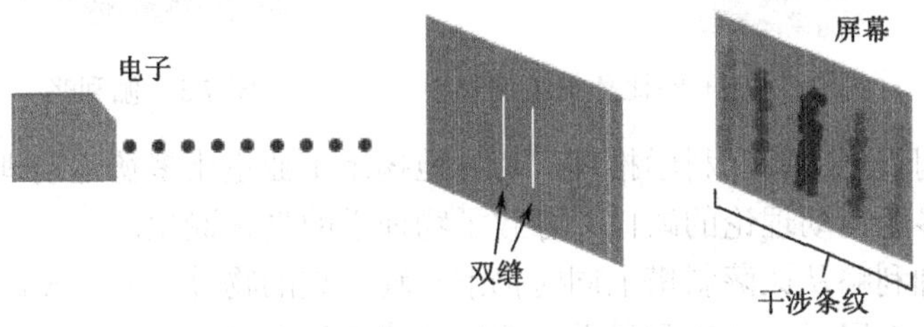

图 7.1 电子双缝干涉实验

7.2 伽利略的自由落体实验

伽利略（1564—1642）是近代自然科学的奠基者，是科学史上第一位现代意义上的科学家。他首先为自然科学创立了两个研究法则：观察实验和量化方法，创立了实验和数学相结合、真实实验和理想实验相结合的方法，从而创造了和以往不同的近代科学研究方法，使近代物理学从此走上了以实验精确观测为基础的道路。爱因斯坦高度评价道，“伽利略的发现及他所应用的科学推理方法是人类思想史上最伟大的成就之一。”

16 世纪以前，希腊最著名的思想家和哲学家亚里士多德是第一个研究物理现象的科学巨人，他的《物理学》一书是世界上最早的物理学专著。但是亚里士多德在研究物理学时并不依靠实验，而是从原始的直接经验出发，用哲学思辨代替科学实验。亚里士多德认为每一个物体都有回到自然位置的特性，物体回到自然位置的运动就是自然运动。这种运动取决于物体的本性，不需要外部的作用。自由落体是典型的自然运动，物体越重，回到自然位置的倾向越大，因而在自由落体运动中，物体越重，下落越快；物体越轻，下落越慢。

伽利略当时在比萨大学任职，他大胆地向亚里士多德的观点挑战。伽利略设想了一个理想实验：让一重物体和一轻物体束缚在一起同时下落，图 7.2 就是伽利略比萨斜塔实验的再现。按照亚里士多德的观点，这一理想实验将会得到两个结论。首先，由于这一连结，重物受到轻物的牵连与阻碍，下落速度将会减慢，下落时间将会延长；其次，也由于这一连结，连结体的重量之和大于原重物体，因而下落时间会更短。显然这是两个互相矛盾的结论。伽利略的画像如图 7.3 所示。

图 7.2　伽利略比萨斜塔实验

图 7.3　伽利略

伽利略利用理想实验和科学推理，巧妙地揭示了亚里士多德运动理论的内在矛盾，打开了亚里士多德运动理论的缺口，导致了物理学的真正诞生。

人们传说伽利略从比萨斜塔上同时扔下一轻一重的物体，让大家看到两个物体同时落地，从而向世人展示了他尊重科学，不畏权威的可贵精神。

7.3　罗伯特·密立根的油滴实验

很早以前，科学家就在研究电。人们知道这种无形的物质可以从天上的闪电中得到，也可以通过摩擦头发得到。1897 年，英国物理学家托马斯已经得知如何获取负电荷电流。同年汤姆逊发现了电子的存在，一个电子所带的电荷量是现代物理学重要的基本常数之一。1909 年美国科学家罗伯特·密立根（1868—1953）开始测量电流的电荷。他首先设计并完成了密立根油滴实验，采用了宏观的力学模型来研究微观世界的量子特性。它证明了带电体所带的电荷都是某一最小电荷的整数倍，明确了电荷的量子化，并精确地测定了基本电荷 e 的数值。实验设计巧妙，将微观测量量转化为宏观量的测量，在近代物理学的发展史上具有里程碑式的意义。密立根本人也因此荣获 1923 年诺贝尔物理学奖。

他用一个香水瓶的喷头向一个透明的小盒子里喷油滴。小盒子的顶部和底部分别放有一个通正电的电极和一个通负电的电极。当小油滴通过空气时，就带了一些静电，它们下落的速度可以通过改变电极的电压来控制，如图 7.4 所示。当去掉电场时，测量油滴在重力作用下的速度可以得出油滴半径；加上电场后，可测出油滴在重力和电场力共同作用下的速度，并由此测出油滴得到或失去电荷后的速度变化。这样，他可以一次连续几个小时测量油滴的速度变化，即使工作因故被打断，被电场平衡住的油滴经过一个多小时也不会跑多远。

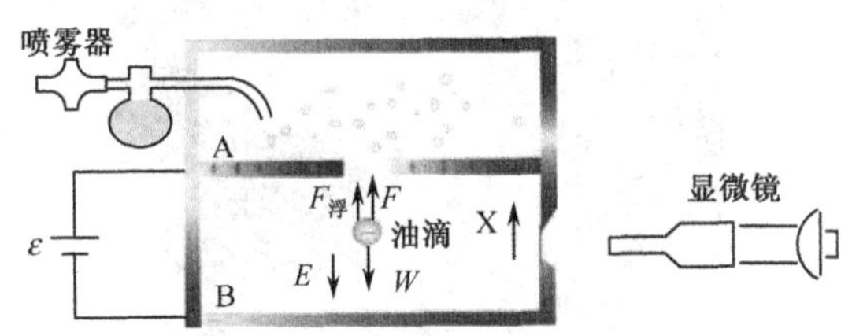

图 7.4 密立根的油滴试验

经过反复试验，密立根得出结论：电荷的值是某个固定的常量，最小单位就是单个电子的带电量。他认为电子本身既不是假想的也不是不确定的，而是一个“我们这一代人第一次看到的事实”。他在诺贝尔奖获奖演讲中强调了他的工作的两条基本结论，即“电子电荷总是元电荷的确定的整数倍而不是分数倍”和“这一实验的观察者几乎可以认为是看到了电子”。

“科学是用理论和实验这两只脚前进的”密立根在他的获奖演说中讲道，“有时这只脚先迈出一步，有时另一只脚先迈出一步，但是前进要靠两只脚：先建立理论然后做实验，或者是先在实验中得出了新的关系，然后再迈出理论这只脚并推动实验前进，如此不断交替进行”。他用非常形象的比喻说明了理论和实验在科学发展中的作用。作为一名实验物理学家，他不但重视实验，也极为重视理论的指导作用。

后来，人们用类似的方法测定基本粒子夸克的电量。

7.4 牛顿的棱镜分解太阳光

艾萨克·牛顿（1642—1727）出生那年，伽利略与世长辞。对光学问题的研究是牛顿工作的重要部分之一，也是他最后未完成的课题。牛顿 1665 年毕业于剑桥大学的三一学院，当时大家都认为白光是一种纯的没有其他颜色的光；而有色光是一种不知何故发生变化的光（亚里士多德的理论）。1665—1667 年间，年轻的牛顿独自做了一系列实验来研究各种光现象。如图 7.5 所示他把一块三棱镜放在阳光下，透过三棱镜，光在墙上被分解为不同颜色，后来我们将其称做光谱。在他的手里首次使三棱镜变成了光谱仪，真正揭示了颜色起源的本质。

1672 年 2 月，牛顿怀着揭露大自然奥秘的兴奋和喜悦，在第一篇正式的科学论文《白光的结构》中，阐述了他的颜色起源学说，“颜色不像一般所认为的那样是从自然物体的折射或反射中所导出的光的性能，而是一种原始的、天生的性质”。“通常的白光确实是每一种不同颜色的光线的混合，光谱的伸长是由于玻璃对这些不同的光线折射本领不同”。

图 7.5　牛顿的棱镜分解太阳光

牛顿《光学》著作于 1704 年问世，其中第一节专门描述了关于颜色起源的棱镜分光实验和讨论，肯定了白光由 7 种颜色组成。他还给这 7 种颜色进行了命名，直到现在，全世界的人都在使用牛顿命名的颜色。牛顿指出，“光带被染成这样的彩条：紫色、蓝色、青色、绿色、黄色、橙色、红色，还有所有的中间颜色，连续变化，顺序连接”。正是这些红、橙、黄、绿、青、蓝、紫基础色不同的色谱才形成了表面上颜色单一的白色光，如果你深入地看看，会发现白光是非常美丽的。

这一实验后人可以不断地重复进行，并得到与牛顿相同的实验结果。自此以后 7 种颜色的理论就被人们普遍接受了。通过这一实验，牛顿为光的色散理论奠定了基础，并使人们对颜色的解释摆脱了主观视觉印象，从而走上了与客观量度相联系的科学轨道。同时，这一实验开创了光谱学研究，不久，光谱分析就成为光学和物质结构研究的主要手段。

7.5　托马斯·杨的光干涉实验

牛顿在其《光学》的论著中认为光是由微粒组成的，而不是一种波。因此在其后的近百年间，人们对光学的认识几乎停滞不前，没有取得什么实质性的进展。1800 年英国物理学家托马斯·杨（1773—1829）向这个观点提出了挑战，光学研究也获得了飞跃性的发展。

杨在“关于声和光的实验与研究提纲”的论文中指出，光的微粒说存在着两个缺陷：一是既然发射出光微粒的力量是多种多样的，那么，为什么又认为所有发光体发出的光都具有同样的速度？二是透明物体表面产生部分反射时，为什么同一类光线有的被反射，有的却透过去了呢？杨认为，如果把光看成类似于声音那样的波动，上述两个缺陷就会避免。

为了证明光是波动的，杨在论文中把“干涉”一词引入光学领域，提出光的“干涉原理”，即“同一光源的部分光线当从不同的渠道，恰好由同一个方向或者大致相同的方向进入眼睛时，光程差是固定长度的整数倍时最亮，相干涉的两个部分处于均衡状态时最暗，这个长度因颜色而异”。杨氏对此进行了实验，他在百叶窗上开了一个小洞，然后用厚纸片盖住，再在纸片上戳一个很小的洞。让光线透过，并用一面镜子反射透过的光线。然后他用一个厚约 1/30 英寸（1 英寸=0.025 4 米）的纸片把这束光从中间分成两束，结果看到了相交的光线和阴影。这说明两束光线可以像波一样相互干涉。这就是著名的“杨氏干涉实验”。

杨氏实验是物理学史上一个非常著名的实验，杨氏以一种非常巧妙的方法获得了两束相干光，观察到了干涉条纹。他第一次以明确的形式提出了光波叠加的原理，并以光的波动性解释了干涉现象，如图 7.6 所示，在屏幕上呈现了等间距的明暗相间的条纹。随着光学的发展，人们至今仍能从中提取出很多重要概念和新的认识。无论是经典光学还是近代光学，杨氏实验的意义都是十分重大的。爱因斯坦（1879—1955）指出：光的波动说的成功，在牛顿物理学体系上打开了第一道缺口，揭开了现今所谓的场物理学的第一章。这个试验也为一个世纪后量子学说的创立起到了至关重要的作用。

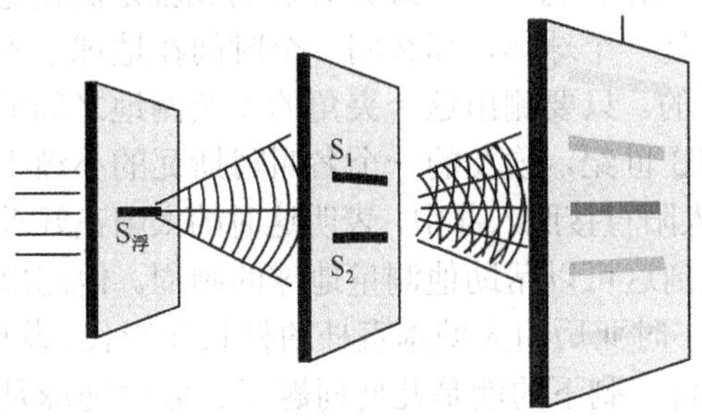

图 7.6　杨氏双缝干涉实验

7.6　卡文迪什扭矩实验

牛顿的万有引力理论指出：两个物体之间的吸引力与它们质量的乘积成正比，与它们距离的平方成反比。但是万有引力到底多大？18 世纪末，英国科学家亨利·卡文迪什（1731—1810）决定要找到一个计算方法。如图 7.7 所示，他把两头带有金属球的 6 英尺（1 英尺=0.304 8 米）长的木棒用金属线悬吊起来，再用两个 350 磅（1 磅=0.453 6 千克）重的皮球分别放在两个悬挂着的金属球足够近的地方，以吸引金属球转动，从而使金属线扭动，然后用自制的仪器测量出微小的转动。

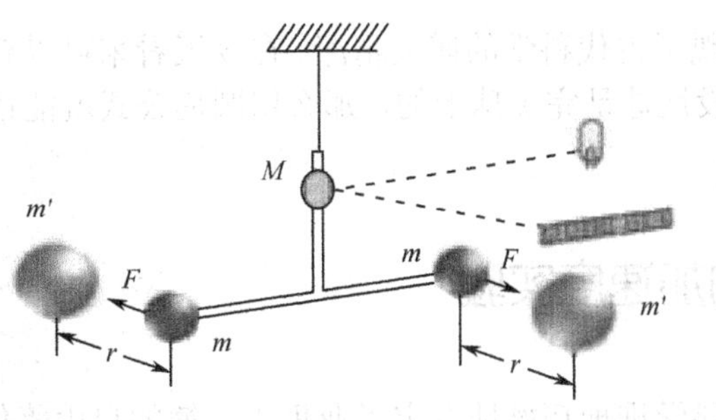

图 7.7　卡文迪什扭矩实验

测量结果惊人的准确，他测出了万有引力的引力常数 G。牛顿万有引力常数 G 的精确测量不仅对物理学有重要意义，同时也对天体力学、天文观测学，以及地球物理学具有重要的实际意义。人们在卡文迪什实验的基础上可以准确地计算地球的密度和质量。

7.7 埃拉托色尼测量地球圆周

埃拉托色尼（约公元前 276—约公元前 194）公元前 276 年生于北非城市塞里尼（今利比亚的沙哈特），其画像如图 7.8 所示。他兴趣广泛，博学多才，是古代仅次于亚里士多德的百科全书式的学者。只是因为他的著作全部失传，才使得今天的我们对他不太了解。

埃拉托色尼的科学工作极为广泛，最为著名的成就是测定地球的大小，其方法完全是几何学的。假定地球是一个球体，那么同一个时间在地球上不同的地方，太阳光线与地平面的夹角是不一样的。只要测出这个夹角的差及两地之间的距离，地球周长就可以计算出来了。在公元前 3 世纪，埃及的一个名叫阿斯瓦的小镇上，夏至正午的阳光悬在头顶。物体没有影子，太阳直接照入井中，表明这时的太阳正好垂直塞恩的地面，如图 7.9 所示。埃拉托色尼意识到这可以帮助他测量地球的圆周。他测出了塞恩到亚历山大城的距离，又测出夏至正中午时亚历山大城垂直杆的杆长和影长，发现太阳光线有稍稍偏离，与垂直方向大约成 7° 角。剩下的就是几何问题了。假设地球是球状，那么它的圆周应是 360°。如果两座城市成 7° 角（7/360 的圆周），就是当时 5 000 个希腊运动场的距离，因此地球圆周应该是 25 万个希腊运动场，约合 4 万千米。今天我们知道埃拉托色尼的测量误差仅仅在 5%以内，即与实际只差 100 多千米。

图 7.8 埃拉托色尼

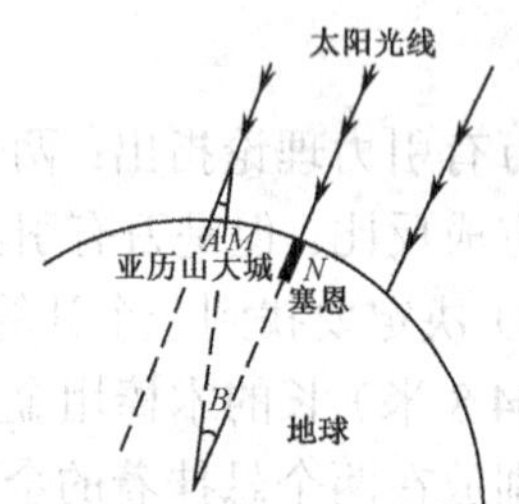

图 7.9 埃拉托色尼测量地球圆周

这种跨越时间的测量体现了古代科学的博大精深。在今天看来可以有更多的更精确或更简单的测量方法，如假设地球是完美球形的，那么用圆周公式就能使精确度达到一定值。

7.8 伽利略的加速度实验

伽利略利用理想实验和科学推理巧妙地否定了亚里士多德的自由落体运动理论。那么正确的自由落体运动规律应是怎样的呢？由于当时测量条件的限制，伽利略无法用直接测量运动速度的方法来寻找自由落体的运动规律。因此他设想用斜面来“冲淡”重力，“放慢”运动，而且把对速度的测量转化为对路程和时间的测量，并把自由落体运动看成倾角为 90° 的斜面运动的特例。如图 7.10 所示，在这一思想的指导下，他做了一个 6 m 多长，3 m 多宽的光滑直木板槽，再把这个木板槽倾斜固定，让铜球从木槽顶端沿斜面滚下，然后测量铜球每次滚下的时间和距离的关系，并研究它们之间的数学关系。亚里士多德曾预言滚动球的速度是均匀不变的：铜球滚动两倍的时间就走出两倍的路程。伽利略却证明铜球滚动的路程和时间的平方成比例：两倍的时间里，铜球滚动 4 倍的距离。他把实验过程和结果详细记载在 1638 年发表的著名的科学著作《关于两门新科学的对话》中。

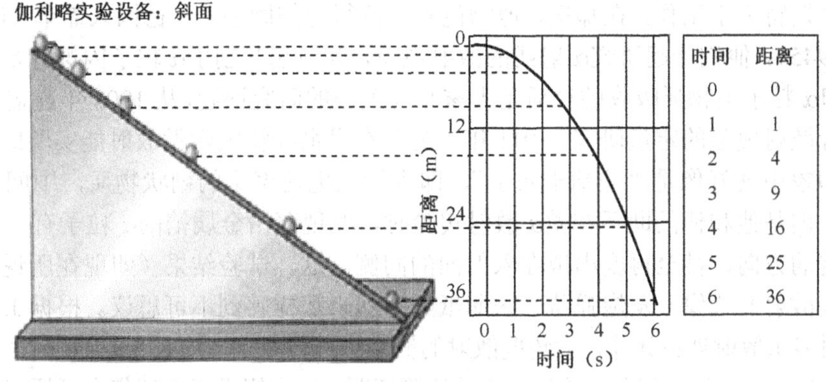

图 7.10 伽利略加速度实验

伽利略在实验的基础上，经过数学的计算和推理，得出假设；然后用实验加以检验，由此得出正确的自由落体运动规律。这种研究方法后来成了近代自然科学研究的基本程序和方法。

伽利略的斜面加速度实验还是把真实实验和理想实验相结合的典范。伽利略在斜面实验中发现，只要把摩擦减小到可以忽略的程度，小球从一斜面滚下之后，可以滚上另一斜面，而与斜面的倾角无关。也就是说，无论第二个斜面伸展多远，小球总能达到和出发点相同的高度。如果第二斜面水平放置，而且无限延长，则小球会一直运动下去。这实际上是我们现在所说的惯性运动。因此，力不再是亚里士多德所说的维持运动的原因，而是改变运动状态（加速或减速）的原因。

把真实实验和理想实验相结合，把经验和理性（包括数学论证）相结合的方法，是伽利略对近代科学的重大贡献。实验不是也不可能是自然现象的完全再现，而是在人类理性指导下的对自然现象的一种简化和纯化，因而实验必须有理性的参与和指导。伽利略既重视实验，又重视理性思维，强调科学是用理性思维把自然过程加以纯化、简化，从而找出其数学关系的。因此，是伽利略开创了近代自然科学中经验和理性相结合的传统。这一结合不仅对物理学，而且对整个近代自然科学都产生了深远的影响。正如爱因斯坦所说，“人的思维创造出一直在改变的宇宙图景，伽利略对科学的贡献就在于毁灭直觉的观点而用新的观点来代替它。这就是伽利略的发现的重要意义。”

7.9 卢瑟福散射与原子的有核模型

卢瑟福（Ernest Rutherford，1871.8.30—1937.10.19）是英国物理学家。他对放射性问题很有研究。1899 年，他发现铀放射出来的射线是多种多样的，根据射线的不同性质，分别命名为α 射线、β 射线和 γ 射线。1902 年，他和英国的年轻化学家合作发现一些放射性元素在放出射线后，会逐渐减弱其放射性强度，最后变成另一种元素。在此基础上，他们提出了原子的自发蜕变理论。1908 年，卢瑟福因“在元素蜕变及其放射化学方面的研究”而获诺贝尔化学奖。卢瑟福最著名的贡献是提出了原子有核模型。1907 年，卢瑟福去曼彻斯特大学工作，在那里，他物色到一位得力的助手——德国人盖革（H.Geiger，1882—1945），他们一起研究α 射线的散射现象，并一起开创了α 粒子闪烁计数法。由于α 散射和α 粒子被物质吸收的性质是大家共同关心的研究课题，从 1908 年起盖革就有计划地进行散射现象的定量研究。1911 年卢瑟福在曼彻斯特大学做放射能实验时，原子在人们的印象中就好像是“葡萄干布丁”，即大量正电荷聚集的糊状物质，中间包含着电子微粒，但是他和他的助手在做α 散射实验时，发现轰击金属箔的α 粒子有一小部分改变了行进的方向，甚至再度出现在入射面的同侧。这一试验结果（即现在所说的α 粒子的大角度散射）就像一发炮弹从一张薄纸反弹回来那样感到不可思议。根据 J.汤姆孙模型，利用多重散射理论计算，大角度散射的概率极其微小，平均 8 000 个α 粒子中有一个会大角度散射。这使他们非常吃惊。通过计算证明，只有假设正电球集中了原子的绝大部分质量，并且它的直径比原子直径小得多时，才能正确解释这个不可思议的实验结果。卢瑟福α 粒子散射实验的示意图如图 7.11 所示，α 粒子的有核模型如图 7.12 所示。

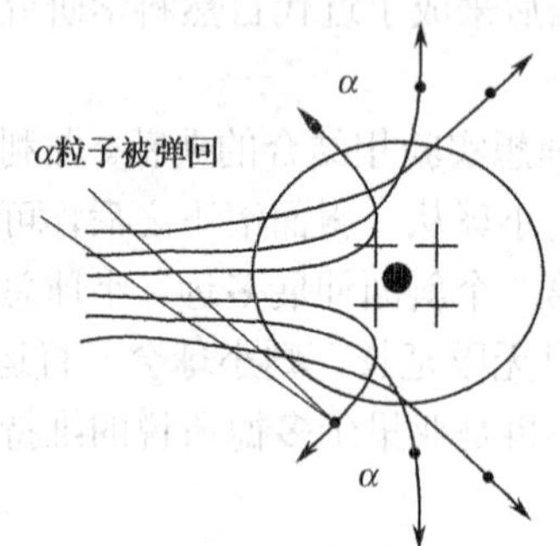

图 7.11　卢瑟福α 粒子散射实验

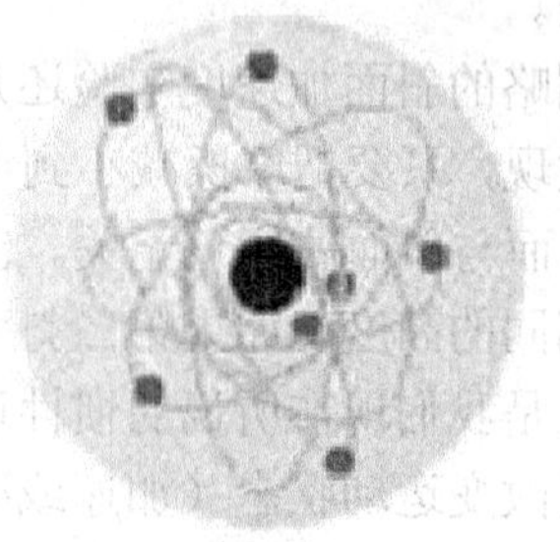

图 7.12　卢瑟福α 粒子有核模型

根据这一实验结果，卢瑟福意识到原子必定是一个仅通过一次碰撞就可把α 粒子挡回去的强电场的“座”。这个“座”是什么？经过至少半年的时间，卢瑟福终于想到原子中可能有一个核（“核”这个词是以后用的，而不是他在 1911 年的论文中提出的）。据盖革回忆，当时卢瑟福激动地声称自己已经知道原子是什么样子的了，这是在 1911 年元旦的前后。1911 年 3 月，卢瑟福把这一结果摘要报告了曼彻斯特文学哲学会，而较详细的报告则发表在同年 5 月的《哲学杂志》上。在这一基础上，卢瑟福进行了理论研究工作，确定了散射角 θ 和α 粒子入射路径与核的距离（即“瞄准距离”p）之间的关系。由此建立了卢瑟福的原子有核模型，表明原子中央有一个带正电荷的核，而电子是围绕它运动的。

这一结果，由盖革和马斯顿在 1913 年通过实验加以验证，进一步肯定了卢瑟福的理论。卢瑟福提出有核原子模型是经过深思熟虑的，他清楚地知道，这个模型面临与经典理论相矛盾的危险，因为正负电荷之间的电场力无法满足稳定性要求。卢瑟福在论文最后特别提到“长岗曾从数学上考虑过‘土星’原子的性质”，他肯定知道长岗的土星模型和佩兰 1901 年提过的核模型都因上述困难而未获成功。但他却大胆、坚决地站在他们这一边，勇敢地向经典理论挑战，因为他有大角度α 散射的实验事实作为依据。

他相信自己的散射理论要比 J.J.汤姆生的散射理论更具有普遍性，既能解释α 大角度散射，又能解释 β 散射，是经得起实践检验的。不过，在论文中他的提法很谨慎，只是确认“正电荷集中在原子中心”这一点，并没有作更多的推断。至于稳定性问题，他并不讳言，在论文一开始，就申明：“在现阶段，不必考虑所提原子的稳定性，因为显然这将取决于原子的细微结构和带电的组成部分的运动。”卢瑟福有自知之明，知道自己的原子模型还很不完善。1911 年 4 月 11 日在给友人波尔特武德（Boltwood）的信中写到，“希望在一两年内能对原子构造说出一些更明确的见解。”卢瑟福严谨的科学态度，从他的著作中也可看出一二，不论是 1911 年的论文，还是 1913 年的专著都没有“核”这个词。在那本 700 页的专著中，只有 4 页介绍了这个重要问题。不过他很中肯地指出：“从原子内部结构获取信息的最有力的方法之一，在于研究高速粒子穿过物质的散射，例如，α 和 β 粒子。由于它们的巨大运动能量，高速 α 或 β 粒子一定会穿过挡在其路途中的原子。与原子碰撞的结果就是带电粒子偏离其直线轨道，这就可以搞清楚原子中造成偏折的电力的强度和分布。”卢瑟福的方法和理论开辟了一条正确研究原子结构的途径，为原子科学的发展树立了不朽的功勋。然而在它提出之初，竟遭到了为时不短的冷遇。

例如，1911 年第一届索尔威国际物理讨论会，卢瑟福参加了，但在会议记录中竟没有提到卢瑟福的新近工作。1913 年，J.J.汤姆生在作原子模型系列讲座时，也没有提到。有人查过当年的报刊文献，对卢瑟福的原子模型理论几乎没有任何反响。也许当时人们觉得卢瑟福的理论过于粗糙，把它置于形形色色的假说和猜想之列，认为它无非是一种说法而已，所以不值得一提。然而，以卢瑟福为核心的曼彻斯特大学物理实验室的同事们继续坚定地走了下去。盖革和马斯登为检验卢瑟福散射理论进行了系统实验研究，全面肯定了这个理论的正确性，从丹麦来的玻尔（Niels Bohr）十分敬佩卢瑟福和他的学说。玻尔把放射现象解释为核的反应，将量子学说应用于有核模型，并且成功地解释了氢原子光谱。依万士（E.J.Evans）的氦光谱实验证实了玻尔关于匹克林（Pickering）谱系的预见。莫塞莱（H.G.J.Moseley）测定了各种元素的 X 射线标识谱线，证明它们具有确定的规律性，为卢瑟福和玻尔的原子理论提供了有力证据。1914—1915 年，这个理论终于得到了世人的公认。这是一个开创新时代的实验，是一个导致原子物理和原子核物理起始的具有里程碑性质的重要实验。同时他推演出一套可供实验验证的卢瑟福散射理论。以散射为手段研究物质结构的方法，对近代物理有相当重要的影响。一旦我们在散射实验中观察到卢瑟福散射的特征，即所谓“卢瑟福影子”，则可预料到在研究的对象中可能存在着“点”状的亚结构。此外，卢瑟福散射也为材料分析提供了一种有力的手段。根据被靶物质大角散射回来的粒子能谱，可以研究物质材料表面的性质（如有无杂质及杂质的种类和分布等），按此原理制成的“卢瑟福质谱仪”已得到广泛应用。

7.10 米歇尔·傅科钟摆实验

有没有一种不利用天文学的观测，而测得地球自转的方法呢？回答是肯定的。最早发明这种方法的人是法国著名物理学家米歇尔·傅科，他利用一种简单的类似钟摆的器械，实现了整个测量过程。

傅科 1819 年出生于巴黎一个出版商家庭，他按照父亲的意愿，最初当了一名医生，但时间并不长，因为他实在难以忍受医院中血淋淋的情景。随后，他开始转向照相术和物理学方面的实验研究。从此，傅科把他的毕生精力都献给了物理学，成为当时最多才多艺的实验物理学家之一。

1853 年，傅科由于光速的测定获得物理学博士学位，并被拿破仑三世委任为巴黎天文台物理学教授。他最早对光速进行了精确的测量，并且证实了光在空气中的运行速度比在水中快这一原理。这是光波理论的一次胜利，这一结果也很好地说明了光是以波的形式传播的，而不是像微粒子理论所描述的以粒子流形式传播。傅科最终证明了微粒子理论是错误的。

由于傅科的博学多才，并且拥有多项发明成果，因而备受各国科学界的垂青，1864 年当选为英国皇家学会会员，成为柏林科学院、圣彼得堡科学院院士。1868 年，又被选为巴黎科学院院士。但是，傅科最让人难忘的还是测量地球自转的傅科摆。

1514 年，波兰天文学家哥白尼提出了地球自转的同时围绕太阳公转的观点。这一观点与当时天文学的观点是背道而驰的。后来，科学家们通过天文观测，逐渐接受了哥白尼的观点。但是，他们还是缺少实际地球运行情况的展示。

傅科偶然发现了一个展示地球自转的方法。他首先在自己家中的实验室进行了试验。用一个很重的锤挂在一个钟摆上，就像他自己所想到的，地球自转时，这一钟摆就会在空间的同一平面摆动。1851 年，傅科在巴黎国葬院安放了一个钟摆装置，摆的长度为 67 m，底部的摆锤是重 28 kg 的铁球，在铁球的下方镶嵌了一枚细长的尖针。他想利用这样一个巨大的装置证明地球的自转。他设想，钟摆摆动时，在没有外力的作用下，将保持固定的摆动方向。如果地球在转动，那么钟摆下方的地面将旋转，而悬在空中的摆具有保持原来摆动方向的趋势，对于观察者来说，钟摆的摆动方向将会相对于地面发生变化。

原理找对了，实验却并不好做。由于钟摆方向的改变是细微的，所以稍强一点的气流就会使实验结果发生变化。由于摆臂越长，实验效果越明显，所以为了观察到方向的改变，实验地点一定要设置在顶棚很高的厅堂中，顶棚用来悬挂钟摆。傅科最后选择了巴黎高耸的国葬院作为实验场所，并在摆的下方安置了一个沙盘。摆运动时，摆尖会在沙盘上划出一道道的痕迹，从而记录了摆动方向。

实验的结果与傅科的设想完全吻合，摆的摆动显示为由东向西的、缓慢而持续的方向旋转。傅科的演示直接证明了地球自西向东的自转，所以人们称呼实验中的钟摆为“傅科摆”。傅科的实验引发了全世界的一股实验热潮，各地的人们纷纷效仿傅科，用长长的钟摆来揭示地球的自转。人们发现，在地球的两极，傅科摆的摆动平面 24 小时转一圈，而在赤道上，傅科摆没有方向旋转的现象；在两极与赤道之间的区域，傅科摆方向的旋转速度介于两者之间。

地球每 24 小时自转一周，由于赤道的周长约 4 万千米，因此人们有“坐地日行八万里”的说法。在赤道上的一点，速度是每秒接近 500 m，这是子弹出膛时的速度。人像子弹一样地飞驰，却没有一丝感觉，这是由于在惯性的影响下，周围的物体都跟随地球高速转动，彼此之间不即不离。

傅科摆在地球的不同地点旋转的速度是不同的，这说明了地球表面不同地点的线速度不同，因此，傅科摆不仅能够验证地球自转，也可以用于发现摆所处的纬度。

傅科摆，这样一种简单的摆，在许多不同的领域都能起到很大的作用。最简单的就是物理学中常见的共振现象。它也可能用来计时，甚至可以利用它来测量由于地心引力产生的加速度。

附录A

中华人民共和国法定计量单位

（1984年2月27日国务院公布）

我国的法定计量单位（以下简称法定单位）包括：

（1）国际单位制的基本单位，见表A-1；

（2）国际单位制的辅助单位，见表A-2；

（3）国际单位制中具有专门名称的导出单位，见表A-3；

（4）国家选定的非国际单位制单位，见表A-4；

（5）由以上单位构成的组合形式的单位；

（6）由词头和以上单位构成的十进倍数和分数单位（词头见表A-5）。

法定单位的定义、使用方法等，由国家计量局另行规定。

表A-1　国际单位制的基本单位

量的名称	单位名称	单位符号
长度	米	m
质量	千克（公斤）	kg
时间	秒	s
电流	安[培]	A
热力学温度	开[尔文]	K
物质的量	摩[尔]	mol
发光强度	坎[德拉]	cd

表A-2　国际单位制的辅助单位

量的名称	单位名称	单位符号
平面角	弧度	rad
立体角	球面度	sr

表 A-3　国际单位制中具有专门名称的导出单位

量的名称	单位名称	单位符号	其他表示实例
频率	赫[兹]	Hz	s^{-1}
力；重力	牛[顿]	N	$kg·m/s^2$
压力，压强；应力	帕[斯卡]	Pa	N/m^2
能量；功；热量	焦[尔]	J	N·m
功率；辐射通量	瓦[特]	W	J/s
电荷量	库[仑]	C	A·s
电位；电压；电动势	伏[特]	V	W/A
电容	法[拉]	F	C/V
电阻	欧[姆]	Ω	V/A
电导	西[门子]	S	A/V
磁通量	韦[伯]	Wb	V·s
磁通量密度；磁感应强度	特[斯拉]	T	Wb/m^2
电感	亨[利]	H	Wb/A
摄氏温度	摄氏度	℃	K
光通量	流[明]	lm	cd·sr
光照度	勒[克斯]	lx	lm/m^2
放射性活度	贝可[勒尔]	Bq	s^{-1}
吸收剂量	戈[瑞]	Gy	J/kg
剂量当量	希[沃特]	Sv	J/kg

表 A-4　国家选定的非国际单位制单位

量的名称	单位名称	单位符号	换算关系和说明
时　间	分	min	1 min＝60 s
	[小]时	h	1 h＝60 min＝3 600 s
	天（日）	d	1 d＝24 h＝86 400 s
平面角	[角]秒	（″）	1″＝（π/648 000）rad （π 为圆周率）
	[角]分	（′）	1′＝60″＝（π/10 800）rad
	度	（°）	1°＝60′＝（π/180）rad
旋转速度	转每分	r/min	1 r/min＝（1/60）s^{-1}
长　度	海里	n mile	1 n mile＝1 852 m（只用于航程）
速　度	节	kn	1 kn＝1 n mile/h ＝（1 852/3 600）m/s（只用于航程）
质　量	吨	t	1 t＝10^3 kg
	原子质量单位	u	1 u≈1.660 565 5×10^{-27} kg
体　积	升	L，(l)	1 L＝1dm^3＝10^{-3} m^3
能	电子伏	eV	1 eV≈1.602 189 2×10^{-19} J
级　差	分贝	dB	
线密度	特[克斯]	tex	1 tex＝1 g/km
面积	公顷	hm^2	1 hm^2=10^4 m^2

表 A-5 用于构成十进倍数和分数单位的词头

所表示的因数	词头名称	词头符号
10^{18}	艾[可萨]	E
10^{15}	拍[它]	P
10^{12}	太[拉]	T
10^{9}	吉[咖]	G
10^{6}	兆	M
10^{3}	千	k
10^{2}	百	h
10^{1}	十	da
10^{-1}	分	d
10^{-2}	厘	c
10^{-3}	毫	m
10^{-6}	微	μ
10^{-9}	纳[诺]	n
10^{-12}	皮[可]	p
10^{-15}	飞[母托]	f
10^{-18}	阿[托]	a

注：

① 周、月、年（年的符号为 a）为一般常用时间单位。

② [ ]内的字，是在不致混淆的情况下，可以省略的字。

③（ ）内的字为前者的同义语。

④ 角度单位度、分、秒的符号不处于数字后时，用括号。

⑤ 升的符号中，小写字母 l 为备用符号。

⑥ r 为“转”的符号。

⑦ 人民生活和贸易中，质量习惯称为重量。

⑧ 公里为千米的俗称，符号为 km。

⑨ 10^4 称为万，10^8 称为亿，10^{12} 称为万亿，这类数词的使用不受词头名称的影响，但不应与词头混淆。

法定计量单位的使用，可查阅 1984 年国家计量局公布的《中华人民共和国法定计量单位使用方法》。

附录B

物理常量表

表 B-1　固体的密度

物质	密度/（g·cm^{-3}）	物质	密度/（g·cm^{-3}）	物质	密度/（g·cm^{-3}）
银	10.492	铅锡合金⑦	10.6	软木	0.22～0.26
金	19.3	磷青铜⑧	8.8	电木板（纸层）	1.32～1.40
铝	2.70	不锈钢⑨	7.91	纸	0.7～1.1
铁	7.86	花岗岩	2.6～2.7	石蜡	0.87～0.94
铜	8.933	大理石	1.52～2.86	蜂蜡	0.96
镍	8.85	玛瑙	2.5～2.8	煤	1.2～1.7
钴	8.71	熔融石英	2.2	石板	2.7～2.9
铬	7.14	玻璃（普通）	2.4～2.6	橡胶	0.91～0.96
铅	11.342	玻璃（冕牌）	2.2～2.6	硬橡胶	1.1～1.4
锡（白、四方）	7.29	玻璃（火石）	2.8～4.5	丙烯树脂	1.182
锌	7.12	瓷器	2.0～2.6	尼龙	1.11
黄铜①	8.5～8.7	砂	1.4～1.7	聚乙烯	0.90
青铜②	8.78	砖	1.2～2.2	聚苯乙烯	1.056
康铜③	8.88	混凝土⑩	2.4	聚氯乙烯	1.2～1.6
硬铝④	2.79	沥青	1.04～1.40	冰（0℃）	0.917
德银⑤	8.30	松木	0.52		
殷钢⑥	8.0	竹	0.31～0.40		

注：① Cu70%，Zn30%；
② Cu90%，Sn10%；
③ Cu60%，Ni40%；
④ Cu4%，Mg0.5%，Mn0.5%其余为 A1；
⑤ Cu26.3%，Zn36.6%，Ni36.8%；
⑥ Fe63.8%，Ni36%，C0.2%；
⑦ Pb87.5%，Sn12.5%；
⑧ Cu79.7%，Sn10%，Sb9.5%，P0.8%；
⑨ Cr18%，Ni8%，Fe74%；
⑩水泥 1 份，砂 2 份，碎石 4 份

表 B-2　液体的密度

物质	密度/（g·cm^{-3}）	物质	密度/（g·cm^{-3}）	物质	密度/（g·cm^{-3}）
丙酮	0.179*	甲苯	0.866 8*	海水	1.01～1.05
乙酮	0.789 3*	重水	1.105*	牛乳	1.03～1.04
甲醇	0.791 3*	汽油	0.66～0.75		
苯	0.879 0*	柴油	0.85～0.90		
三氯甲烷	1.489*	松花油	0.87		
甘油	1.261*	蓖麻油	0.96～0.097		

注：标有“*”的为温度在 20℃的值。

表 B-3　水的密度/（kg/m^3）

压力 P/MPa	温度 t/℃									
	0	10	20	30	40	50	60	70	80	90
0.001	999.800 0	—	—	—	—	—	—	—	—	—
0.005	999.800 0	999.700 0	998.302 8	—	—	—	—	—	—	—
0.01	999.800 0	999.800 0	998.302 9	995.718 4	992.260 4	—	—	—	—	—
0.05	999.800 0	999.800 0	998.302 9	995.718 4	962.260 4	988.044 7	983.187 5	977.708 3	971.628 4	—
0.1	999.800 0	999.800 0	998.302 9	995.718 4	992.260 4	988.044 7	983.187 5	977.708 3	971.628 4	965.157 8
0.15	999.900 0	999.800 0	998.302 9	995.817 6	992.358 8	988.044 7	983.187 5	977.708 3	971.722 9	965.157 8
0.20	999.900 0	999.800 0	998.402 6	995.817 6	992.358 8	988.142 3	983.187 5	977.708 3	971.722 9	965.157 8
0.25	999.900 0	999.900 0	998.402 6	995.817 6	992.358 8	988.142 3	983.284 2	977.803 9	971.722 9	965.157 8
0.3	999.900 0	999.900 0	998.402 6	995.817 6	992.358 8	988.142 3	983.284 2	977.803 9	971.722 9	965.251 0
0.4	1 000	999.900 0	998.502 2	995.916 7	992.457 3	988.239 9	983.284 2	977.803 9	971.817 3	965.251 0
0.5	1 000	1 000	998.502 2	995.916 7	992.457 3	988.239 9	983.380 9	977.899 5	971.817 3	965.344 1
0.6	1 000.1	1 000	998.502 2	996.015 9	992.555 8	988.239 9	983.380 9	977.899 5	971.911 8	965.344 1
0.7	1 000.1	1 000.1	998.602 0	996.015 9	992.555 8	988.337 6	983.477 6	977.995 1	971.911 8	965.437 3
0.8	1 000.2	1 000.1	998.602 0	996.015 9	992.555 8	988.337 6	983.477 6	977.995 1	972.006 2	965.437 3
0.9	1 000.2	1 000.2	998.701 7	996.115 2	992.654 4	988.435 3	983.574 3	978.090 8	972.006 2	965.530 6
1.0	1 000.3	1 000.2	998.701 7	996.115 2	992.654 4	988.435 3	983.574 3	978.090 8	972.100 7	965.530 6
1.1	1 000.3	1 000.3	998.801 4	996.214 4	992.752 9	988.533 0	983.574 3	978.186 4	972.100 7	965.623 8
1.2	1 000.4	1 000.3	998.801 4	996.214 4	992.752 9	988.533 0	983.671 1	978.186 4	972.185 2	965.623 8
1.3	1 000.4	1 000.4	998.901 2	996.313 6	992.851 5	988.630 7	983.671 1	978.186 4	972.195 2	965.717 0
1.4	1 000.5	1 000.4	998.901 2	996.313 6	992.851 5	988.630 7	983.767 8	978.282 1	972.289 7	965.717 0
1.5	1 000.5	1 000.5	999.001	996.412 9	992.950 1	988.728 5	983.767 8	978.282 1	972.289 7	965.810 3
1.6	1 000.6	1 000.5	999.001	996.412 9	992.950 1	988.728 5	983.864 6	978.377 9	972.384 3	965.810 3
1.7	1 000.6	1 000.5	999.001	996.412 9	992.950 1	988.728 5	983.864 6	978.377 9	972.384 3	965.903 6
1.8	1 000.7	1 000.6	999.101	996.512 2	993.048 7	988.826 3	983.961 4	978.473 6	972.478 8	965.903 6
1.9	1 000.7	1 000.6	999.101	996.512 2	993.048 7	988.826 3	983.961 4	978.473 6	972.478 8	965.996 9
2.0	1 000.801	1 000.7	999.201	996.612	993.147 3	988.924 1	984.058 3	978.569 3	972.573 4	965.996 9
2.1	1 000.801	1 000.7	999.201	996.612	993.147 3	988.924 1	984.058 3	978.569 3	972.573 4	966.090 2
2.2	1 000.901	1 000.801	999.301	996.710 9	993.245 9	989.021 9	984.155 1	978.665 1	972.573 4	966.090 2
2.3	1 000.901	1 000.801	999.301	996.710 9	993.245 9	989.021 9	984.155 1	978.665 1	972.668 0	966.183 6
2.4	1 000.001	1 000.901	999.400 4	996.810 2	993.344 6	989.119 7	984.155 1	978.760 9	972.668 0	966.183 6
2.5	1 001.001	1 000.901	999.400 4	996.810 2	993.344 6	989.119 7	984.252 0	978.760 9	972.762 6	966.276 9
2.6	1 001.101	1 001.001	999.500 3	996.810 2	993.344 6	989.119 7	984.252 0	978.856 7	972.762 6	966.276 9
2.7	1 001.101	1 001.001	999.500 3	996.909 6	993.443 3	989.217 5	984.348 9	978.856 7	972.875 3	966.370 3
2.8	1 001.201	1 001.101	999.500 3	996.909 6	993.443 3	989.217 5	984.348 9	978.856 7	972.875 3	966.370 3

表 B-4 水银的密度

温度℃	0°	10°	20°	30°	40°	50°
密度/（g·cm^{-3}）	13.595 1	13.570 5	13.546 0	13.521 6	13.497 1	13.472 7
温度℃	60°	70°	80°	90°	100°	
密度/（g·cm^{-3}）	13.448 4	13.424 1	13.99 9	13.375 7	13.351 7	

表 B-5 空气的密度/（kg·m^{-3}）

压强/Pa 温度/℃	95 960	97 300	98 630	99 960	101 290	102 630	103 960
0	1.225	1.242	1.259	1.259	1.276	1.293	1.327
4	1.207	1.224	1.241	1.241	1.258	1.274	1.308
8	1.190	1.207	1.223	1.223	1.240	1.256	1.289
12	1.173	1.190	1.206	1.206	1.222	1.238	1.271
16	1.157	1.173	1.189	1.189	1.205	1.221	1.253
20	1.141	1.157	1.173	1.173	1.189	1.205	1.236
24	1.126	1.141	1.157	1.157	1.173	1.188	1.220
28	1.111	1.126	1.142	1.142	1.157	1.173	1.203

表 B-6 气体的密度（在 101 325 Pa、0℃下）

物质	密度/（kg·cm^{-3}）	物质	密度/（kg·cm^{-3}）
Ar	1.783 7	Cl_2	3.214
H_2	0.089 9	NH_3	0.771 0
He	0.178 5	乙炔	1.173
Ne	0.900 3	乙烷	1.356（10℃）
N_2	1.250 5	甲烷	0.716 8
O_2	1.429 0	丙烷	2.009
CO2	1.977		

表 B-7 各种固体的弹性模量

名称	杨氏模量 E/（10^{10}N·m^{-2}）	切变模量 G/（10^{10}N·m^{-2}）	泊松比 σ
金	8.1	2.85	0.42
银	8.27	3.03	0.38
铂	16.8	6.4	0.30
铜	12.9	4.8	0.37
铁（软）	21.19	8.16	0.29
铁（铸）	15.2	6.0	0.27
铁（钢）	20.1～21.6	7.8～8.4	0.28～0.30
铝	7.03	2.4～2.6	0.355
锌	10.5	4.2	0.25

（续表）

名称	杨氏模量 $E/(10^{10}N\cdot m^{-2})$	切变模量 $G/(10^{10}N\cdot m^{-2})$	泊松比 σ
铅	1.6	0.54	0.43
锡	5.0	1.84	0.34
镍	21.4	8.0	0.336
硬铝	7.14	2.67	0.335
磷青铜	12.0	4.36	0.38
不锈钢	19.7	7.57	0.30
黄铜	10.5	3.8	0.374
康铜	16.2	6.1	0.33
熔融石英	7.31	3.12	0.170
玻璃（冕牌）	7.1	2.9	0.22
玻璃（火石）	8.0	3.2	0.27
尼龙	0.35	0.122	0.4
聚乙烯	0.077	0.026	0.46
聚苯乙烯	0.36	0.133	0.35
橡胶（弹性）	$(1.5\sim5)\times10^{-4}$	$(1.5\sim5)\times10^{-5}$	0.46～0.49

表 B-8　固体的摩擦因数（物体Ⅰ在物体Ⅱ上静止或运动的情况）

Ⅰ	Ⅱ	静摩擦因数		动摩擦因数	
		干燥	涂油	干燥	涂油
钢铁	钢铁	0.7	0.005～0.1	0.5	0.03～0.1
钢铁	铸铁	—	0.18	0.23	0.13
钢铁	铅	0.95	0.5	0.95	0.3
镍	钢铁	—	—	0.64	0.18
铝	钢铁	0.61	—	0.47	—
铜	钢铁	0.53	—	0.36	0.18
黄铜	钢铁	0.51	0.11	0.44	—
黄铜	铸铁	—	—	0.30	—
铜	铸铁	1.05	—	0.29	—
铸铁	铸铁	1.10	0.2	0.15	0.070
铝	铝	1.05	0.30	1.4	—
玻璃	玻璃	0.94	0.35	0.4	0.09
铜	玻璃	0.68	—	0.53	—
聚四氟乙烯	聚四氟乙烯	0.04	—	0.04	—
聚四氟乙烯	钢铁	0.04	—	0.04	—

表 B-9 液体的黏度/（Pa·s）

温度/℃	水 $\times10^4$	水银 $\times10^4$	乙醇 $\times10^4$	氯苯 $\times10^4$	笨 $\times10^4$	四氯化碳$\times10^4$
0	17.94	16.85	18.43	10.56	9.12	13.5
10	13.10	16.15	15.25	9.15	7.58	11.3
20	10.09	15.54	12.0	8.02	6.52	9.7
30	8.00	14.99	9.91	7.09	5.64	8.4
40	6.54	14.50	8.29	6.34	5.03	7.4
50	5.49	14.07	7.06	5.74	4.42	6.5
60	4.70	13.67	5.91	5.20	3.91	5.9
70	4.07	13.31	5.03	4.76	3.54	5.2
80	3.57	12.98	4.35	4.38	3.23	4.7
90	3.17	12.68	3.76	3.97	2.86	4.3
100	2.84	12.40	3.25	3.67	2.61	3.9

表 B-10 气体的黏度（在 101 325 Pa、20℃条件下）

物质	黏度/（10^{-7} Pa • s）	物质	黏度/（10^{-7} Pa • s）
Ar	222.86	Cl^2	133.0
H^2	88.77	NH^3	97.4
He	196.14	空气	181.92
Ne	313.8	乙炔	93.5（0℃）
N^2	175.69	乙烧	91.0
O^2	203.31	甲烷	109.8
CO^2	146.63	丙烷	80.0

表 B-11 液体的表面张力

物质	接触气体	温度/℃	表面张力系数 /（10^{-3} N • m^{-1}）
水	空气	10	74.22
水	空气	30	71.18
水	空气	50	67.91
水	空气	70	64.4
水	空气	100	58.9
水银	空气	15	487
乙醇	空气	20	22.3
甲醇	空气	20	22.6
乙醚	蒸气	20	16.5
甘油	空气	20	63.4

表 B-12　固体中的声速（沿棒传播的纵波）

固体	声速/（m·s^{-1}）	固体	声速/（m·s^{-1}）
铝	5 000	锡	2 730
黄铜（Cu70%,Zn30%）	3 480	钨	4 320
铜	3 750	锌	3 850
硬铝	5 150	银	2 680
金	2 030	硼硅酸玻璃	5 170
电解铁	5 120	重硅钾铅玻璃	3 720
铅	1 210	轻氯铜银冕玻璃	4 540
镁	4 940	丙烯树脂	1 840
莫涅尔合金	4 400	尼龙	1 800
镍	4 900	聚乙烯	920
铂	2 800	聚苯乙烯	2 240
不锈钢	5 000	熔融石英	5 760

表 B-13　液体中的声速（在 20℃条件下）

液体	声速/（m·s^{-1}）	液体	声速/（m·s^{-1}）
CCl_4	935	$C_3H_8O_3$（甘油）	1 923
C_6H_6	1324	CH_3OH	1 121
$CHBr_3$	928	C_2H_5OH	1 168
$C_6H_5CH_3$	1 327.5	CS_2	1 158．0
CH_3COCH_3	1 190	H_2O	1 482．9
$CHCl_3$	1 002.5	Hg	1 451．0
C_6H_5Cl	1 284.5	NaCl4.8%水溶液	1 542

表 B-14　气体中的声速（在 101 325Pa、0℃条件下）

气体	声速/（m·s^{-1}）	气体	声速/（m·s^{-1}）
空气	331.45	H_2O（水蒸气）（100℃）	404.8
Ar	319	He	970
CH_4	432	N_2	337
C_2H_4	314	NH_3	415
CO	337.1	NO	325
CO_2	258.0	N_2O	261.8
CS_2	189	Ne	435
Cl_2	205.3	O_2	317.2
H_2	1269.5		

表 B-15 水的饱和蒸汽压与温度的关系

温度/℃	压强/（kg/cm²）	温度/℃	压强/（kg/cm²）	温度/℃	压强/（kg/cm²）	温度/℃	压强/（kg/cm²）
100	1.033 2	185	11.456	145	4.237	225	26.007
105	1.231 8	188	12.248	150	4.854	230	28.531
110	1.460 9	190	12.800	155	5.540	235	31.239
115	1.723 9	195	14.265	160	6.302	240	34.140
120	2.024 5	200	15.857	165	7.146	245	37.244
125	2.366 6	205	17.585	170	8.076	250	40.56
130	2.754 4	210	19.456	175	9.101	255	44.10
135	3.192	215	21.477	180	10.225	260	47.87
140	3.685	220	23.659				

表 B-16 水的沸点与压强的关系

P/（10^5Pa）	0.946	0.960	0.973	0.986	0.999	1.013	1.026	1.040	2.026	3.039	4.052
t/℃	98.11	98.50	98.88	99.26	99.63	100	100.4	100.7	120	133	143

表 B-17 在 101 325 Pa 下一些元素的熔点和沸点

元素	熔点/℃	沸点/℃	元素	熔点/℃	沸点/℃
铜	1 048.5	2 580	金	1 064.43	2 710
铁	1 535	2 754	银	961.93	2 184
镍	1 455	2 731	锡	231.97	2 270
铬	1 890	2 212	铅	327.5	1 750
铝	660.4	2 486	汞	−38.86	356.72
锌	419.58	903			

表 B-18 固体的线胀系数（在 101 325 Pa 条件下）

物质	温度/℃	线胀系数 /（10^6 ℃$^{-1}$）	物质	温度/℃	线胀系数 /（10^6 ℃$^{-1}$）
金	20	14.2	炭素钢	—	约 11
银	20	19.0	不锈钢	20～100	16.0
铜	20	16.7	镍铬合金	100	13.0
铁	20	11.8	石英玻璃	20～100	0.4
锡	20	21	玻璃	0～300	8～10
铅	20	28.7	陶瓷	—	3～6
铝	20	23.0	大理石	25～100	5～16
镍	20	12.8	花岗岩	20	8.3
黄铜	20	18～19	混凝土	-13～21	6.8～12.7
殷钢	-250～100	-1.5～2.0	木材（平行纤维）	—	3～5
锰铜	20～100	18.1	木材（垂直纤维）	—	35～60

（续表）

物质	温度/℃	线胀系数 / （10^6 ℃$^{-1}$）	物质	温度/℃	线胀系数 / （10^6 ℃$^{-1}$）
磷青铜	—	17	电木板	—	21～33
钢	16～38	130.3	橡胶	—	50～80
石蜡	0	52.7	硬橡胶	—	45.6

表 B-19　液体的体胀系数（在 101 325 Pa 条件下）

物质	温度/℃	体胀系数 / （10^3 ℃$^{-1}$）	物质	温度/℃	体胀系数 / （10^3 ℃$^{-1}$）
丙酮	20	1.43	水	20	0.207
乙醚	20	1.66	水银	20	0.182
甲醇	20	1.19	甘油	20	0.505
乙醇	20	1.08	苯	20	1.23

表 B-20　物质的比热容

元素	温度/℃	比热容 / （10^2 J • kg^{-1} • ℃$^{-1}$）	元素	温度/℃	比热容 / （10^2 J • kg^{-1} • ℃$^{-1}$）
Al	25	9.04	水	25	41.73
Ag	25	2.37	乙醇	25	24.19
Au	25	1.28	石英玻璃	20～100	7.87
C（石墨）	25	7.07	黄铜	0	3.70
Cu	25	3.850	康铜	18	4.09
Fe	25	4.48	石棉	0～100	7.95
Ni	25	4.39	玻璃	20	5.9～9.2
Pb	25	1.28	云母	20	4.2
Pt	25	1.363	橡胶	15～200	11.3～20
Si	25	7.125	石蜡	0～20	29.1
Sn（白）	25	2.22	木材	20	约 12.5
Zn	25	3.89	陶瓷	20～200	7.1～8.8

表 B-21　气体导热系数（在 101 325 Pa 条件下）

物质	温度/K	导热系数 / （10^{-1} W • m^{-1} • ℃$^{-1}$）	物质	温度/K	导热系数 / （10^{-1} W • m^{-1} • ℃$^{-1}$）
CH_4	300	3.43	Hg	476	0.77
C_6H_6	300	1.04	N_2	300	2.598
C_2H_5OH	373	2.09	O_2	300	2.674
H_2	300	18.15	空气	300	2.61
H_2O	380	2.45	空气	1 000	6.72

表 B-22 液体的导热系数

物质	温度/K	导热系数 /（10^{-2} W·m^{-1}·K^{-1}）	物质	温度/K	导热系数 /（10^{-2} W·m^{-1}·K^{-1}）
C_6H_6	300	1.44	甘油	293	2.83
C_2H_5OH	293	1.68	石油	293	1.50
H_2O	273	5.62	硅油	293	1.50
H_2O	293	5.97	（分子量）162	333	0.993
H_2O	360	6.74	（分子量）1200	333	1.32
Hg	273	84	（分子量）15 800	333	1.60

表 B-23 固体的导热系数

元素	温度/℃	比热容 /（10^{-2} W·m^{-1}·$℃^{-1}$）	元素	温度/℃	比热容 /（10^{-2} W·m^{-1}·$℃^{-1}$）
Ag	273	4.28	锰铜	273	0.22
Al	273	2.35	康铜	273	0.22
Au	273	3.18	不锈钢	273	0.14
C（金刚石）	273	6.60	镍铬合金	273	0.11
C（石墨）	273	2.50	硼硅酸玻璃	300	0.011
Ca	273	0.98	软木	300	0.000 42
Cu	273	4.01	耐火砖	500	0.0021
Fe	273	0.835	混凝土	273	0.0084
Ni	273	0.91	玻璃布	300	0.00034
Pb	273	0.35	云母（黑）	373	0.0054
Pt	273	0.73	花岗岩	300	0.016
Si	273	1.70	赛璐璐	303	0.0002
Sn	273	0.67	橡胶（天然）	298	0.0015
水晶（//c）	273	0.12	杉木	293	0.00113
水晶（⊥c）	273	0.068	棉布	313	0.0008
石英玻璃	273	0.014	呢绒	303	0.00043
黄铜	273	1.20			

表 B-24 铜-康铜热电偶分度表

温度/℃ 热电动势/mV 温度/℃	0	-1	-2	-3	-4	-5	-6	-7	-8	-9
-40	-1.475	-1.510	-1.544	-1.579	-1.614	-1.648	-1.682	-1.717	-1.751	-1.785
-30	-1.121	-1.157	-1.192	-1.228	-1.263	-1.299	-1.334	-1.370	-1.405	-1.440
-20	-0.757	-0.794	-0.830	-0.867	-0.903	-0.904	-0.976	-1.013	-1.049	-1.085
-10	-0.383	-0.421	-0.458	-0.495	-0.534	-0.571	-0.602	-0.646	-0.683	-0.720
0-	-0.000	-0.039	-0.077	-0.116	-0.154	-0.193	-0.231	-0.269	-0.307	-0.345

（续表）

热电动势/mV 温度/℃ \ 温度/℃	0	1	2	3	4	5	6	7	8	9
0+	0.000	0.039	0.078	0.117	0.156	0.195	0.234	0.273	0.312	0.351
10	0.391	0.430	0.470	0.510	0.549	0.589	0.629	0.669	0.709	0.749
20	0.789	0.830	0.870	0.911	0.951	0.992	1.032	1.073	1.114	1.155
30	1.196	1.237	1.279	1.320	1.361	1.403	1.444	1.486	1.528	1.569
40	1.611	1.653	1.695	1.738	1.780	1.822	1.865	1.907	1.950	1.992
50	2.035	2.078	2.121	2.164	2.207	2.250	2.294	2.337	2.380	2.424
60	2.467	2.511	2.555	2.599	2.643	2.687	2.731	2.775	2.819	2.864
70	2.908	2.953	2.997	3.042	3.087	3.131	3.176	3.221	3.266	3.312
80	3.357	3.402	3.447	3.493	3.538	3.584	3.630	3.676	3.721	3.767
90	3.813	3.859	3.906	3.952	3.998	4.044	4.091	4.137	4.184	4.231
100	4.277	4.324	4.371	4.418	4.465	4.512	4.559	4.607	4.654	4.701
110	4.749	4.796	4.844	4.891	4.939	4.987	5.035	5.083	5.131	5.179
120	5.227	5.275	5.324	5.372	5.420	5.469	5.517	5.566	5.615	5.663
130	5.712	5.761	5.810	5.859	5.908	5.957	6.007	6.056	6.105	6.155
140	6.204	6.254	6.303	6.353	6.403	6.452	6.502	6.552	6.602	6.652
150	6.702	6.753	6.803	6.853	6.903	6.954	7.004	7.055	7.106	7.150
160	7.207	7.258	7.309	7.360	7.411	7.462	7.513	7.564	7.615	7.660
170	7.718	7.769	7.821	7.872	7.924	7.975	8.027	8.079	8.131	8.183
180	8.235	8.287	8.339	8.391	8.443	8.495	8.548	8.600	8.652	8.705
190	8.757	8.810	8.863	8.915	8.968	9.021	9.074	9.127	9.180	9.233
200	9.286	9.339	9.392	9.446	9.499	9.553	9.606	9.659	9.713	9.767
210	9.820	9.874	9.928	9.982	10.036	10.090	10.144	10.198	10.252	10.306
220	10.360	10.414	10.469	10.523	10.578	10.632	10.687	10.741	10.796	10.851
230	10.905	10.960	11.015	11.070	11.128	11.180	11.235	11.290	11.345	11.401
240	11.450	11.511	11.566	11.622	11.677	11.733	11.788	11.844	11.900	11.956

注：查表方法为行温度加列温度所对应的热电动势。例如，行温度是10℃，列温度1℃，即11℃时热电动势为0.430 mV。

参 考 文 献

[1] 陆廷济等. 物理实验教程. 上海：同济大学出版社，2005.

[2] 李水泉. 大学物理实验. 北京：机械工业出版社，2000.

[3] 丁红旗等. 大学物理实验. 北京：清华大学出版社，2010.

[4] 霍剑青等. 大学物理实验（第四册）. 北京：高等教育出版社，2006.

[5] 王国栋. 大学物理实验. 北京：高等教育出版社，2008.

[6] 张进治. 大学物理实验. 北京：电子工业出版社，2003.

[7] 徐扬子. 大学物理实验. 北京：科学出版社，2006.

[8] 方利广. 大学物理实验. 第 2 版. 上海：同济大学出版社，2009.

[9] 吕斯华等. 基础物理实验. 北京：北京大学出版社，2002.

[10] 丁慎训，张连芳. 物理实验教程. 北京：清华大学出版社，2002.

[11] 魏计林等. 大学物理实验学. 北京：中国铁道出版社，2002.

[12] 谈欣柏. 大学物理实验. 天津：天津大学出版社，2000.

[13] 江影等. 普通物理实验. 哈尔滨：哈尔滨工业大学出版社，2002.

[14] 张兆奎等. 大学物理实验. 上海：华东理工大学出版社，1990.

[15] 李秀燕. 大学物理实验. 北京：科学出版社，2001.

[16] 周孝安等. 近代物理实验教程. 武汉：武汉大学出版社，1998.

[17] 戴乐山等. 近代物理实验. 上海：复旦大学出版社，1995.

[18] 吴思成等. 近代物理实验. 北京：北京大学出版社，1995.